“十二五”国家重点图书出版规划项目
中国古代建筑精细测绘与营造技术研究丛书
国家文物局指南针中国古建筑精细测绘项目

武当山古建筑群的测绘与研究

主　　编　黎朝斌　王风竹
副 主 编　吴　晓
执行主编　丁　援　赵本新　万　谦
　　　　　王少华　王　吉

执笔人（按姓氏笔画排列）：
丁　援　万　谦　王少华　王　吉　邓蕴奇
李　杰　吴莎冰　陈文明　杨　牧　姜一公
赵本新　袁　红　雷祖康　黎正远

图片来源：
武当山文物局

东南大学出版社
南京

图书在版编目（CIP）数据

武当山古建筑群的测绘与研究／黎朝斌，王风竹主编．—南京：东南大学出版社，2015.10

（中国古代建筑精细测绘与营造技术研究丛书）

ISBN 978-7-5641-6067-8

Ⅰ．①武… Ⅱ．①黎… ②王… Ⅲ．①武当山—古建筑—建筑测量 ②武当山—古建筑—研究 Ⅳ．① TU-092.2

中国版本图书馆CIP数据核字（2015）第242059号

武当山古建筑群的测绘与研究

出版发行 东南大学出版社
出 版 人 江建中
责任编辑 杨 凡
社　　址 南京市四牌楼2号
邮　　编 210096

经　　销 全国各地新华书店
印　　刷 利丰雅高印刷（深圳）有限公司
开　　本 889 mm × 1194 mm 1/16
印　　张 15.25
字　　数 469千字
书　　号 ISBN 978-7-5641-6067-8
版　　次 2015年10月第1版
印　　次 2015年10月第1次印刷
定　　价 168.00元

（本社图书若有印装质量问题，请直接与营销部联系。电话：025-83791830）

序

说到文化遗产的保护，普通人一般会想到满眼沧桑、价值连城的古物，或者是白发苍苍的专家。这些年来，人们对于文化遗产的关注越来越多，对于文化遗产的认识也越来越深入。其实我们今天谈论的文化遗产和文物的概念，已经从早先的单体的物质杰作，扩展到了建筑群、文化景观；而从事文化遗产保护的工作人员也不仅仅手拿书本、引经据典，而且还要能掌握高科技，与时代的发展保持一致。科学技术的引入一方面帮助我们更准确地认识文化遗产的价值，另一方面还可以帮助我们对文化遗产价值进行更深层次的挖掘、更多样化的展示和更加久远的传承。湖北武当山古建筑群的精细测绘工作就是科技与文化结合、产学研携手的生动案例。

武当山古建筑群历经600年的岁月积淀，成为集历史、科学、艺术价值于一身的国之瑰宝，被联合国教科文组织（UNESCO）誉为“集中体现了中国元、明、清三代世俗和宗教建筑的建筑学和艺术成就。古建筑群坐落在沟壑纵横、风景如画的湖北省武当山麓，在明代期间逐渐形成规模，其中的道教建筑可以追溯到公元七世纪，这些建筑代表了近千年的中国艺术和建筑的最高水平”。然而，客观地说，一直以来我们对于武当山古建筑群的认识和研究还很不够，对比“北建故宫、南修武当”的明代第二个大型工程北京故宫，今天的人们对武当山的了解太有限、价值的评估也很不足。

这本研究武当山的书是“十二五”国家重点出版项目《中国古代建筑精细测绘与营造技术研究》丛书的其中一本。我们的研究是依托国家文物局首批“指南针计划专项——中国古建筑精细测绘”项目，选取武当山两仪殿这个非常完整的明代建筑，首次采用三维激光扫描和近景摄影测量等高新勘察测绘技术与传统测绘手段结合进行精细测绘，“全面、完整、精细地记录文物建筑的现存状态及其历史信息”，“从而揭示中国传统营造技术对于文明发展的贡献，推进激光测绘技术在古建筑精细测绘领域的研究和应用，促进遗产保护的科学化”。可以说，这是国家文物局部署的一次重要的带有实验性、开拓性的工作。在这次工作中，我们与清华大学、北京大学、东南大学、北京建筑大学、颐和园等全国著名的文化遗产保护研究单位并肩共同作战，也是锻炼队伍、提高水平的好机会。

好的题目不等于好的结果，武当山古建筑群的精细测绘工程地处绝壁（著名的龙头香之处），涉及因素复杂，牵涉面广，工程难度大，质量要求高。要做好这样一个题目，需要具体的设计者和实践者对于各方面知识的了解，需要社会各界力量的整合，需要跨学科、跨行业联手。这次我们工作组是由三家单位联合组成，各取所长，正好弥补了测量人员、建筑技术人员和文物保护人员学科上的弱势。

更重要的是，不同专业的技术人员都能以保护文化遗产为己任，在实测和研究过程中，以敬畏的心态，通过科学的手段，为保护和传承中华民族优秀的历史文化遗产而不遗余力！

我觉得参与这次工作的湖北的科技人员是有幸的：他们能和志同道合的同仁合作，能与全国最高水平的研究人员比肩，共同完成一项有意义的工作，并能够看到大家都把研究、实践过程中的积累、思考和成果结集出版，为后人留下宝贵文献！ 虽然过程艰辛，然功莫大焉，善莫大焉！

是为序。

黎朝斌

2015 年 9 月

目录

上篇

下篇

上篇

第一章　武当山古建筑群概述

1.1　自然环境

武当山，又名太和山、谢罗山、参上山、仙室山，古有“太岳”、“玄岳”、“大岳”之称，位于湖北省西北部，丹江口市境内，汉江南岸，是著名的道教圣地。

武当山属秦岭印支褶皱系秦岭带，大巴山脉延北支，山系呈东西方向展布，主峰天柱峰海拔 1612.1 米。武当山雄、奇、幽、秀，经过长期雨水、河流及自然地质变化，造就了众多奇峰幽涧、岩、潭、泉、石，形成了“七十二峰朝大顶”的壮丽景象。武当山地区属亚热带季风气候，又濒临丹江口水库——亚洲第一大淡水库气候特征从山底至天柱峰呈明显的气候垂直层带。由此带来的山体地质、森林风貌与气候垂直变化、动物、冰川遗迹等融为一体，形成绚丽的自然景观。

民国之前，武当山林木繁茂，生态系统稳定，之后随着战祸不断，山林覆盖每况愈下。新中国成立以后，又逢 1958 年开始的“大跃进”，致使武当山森林遭到了更大范围的人工破坏，山腰以下几乎荡然无存，后随着“文革”结束，林区生态开始恢复，现整个武当山植被长势良好，生态系统开始恢复，据初步考察统计，全山有植物大约 758 种，其中有国家一级保护植物水杉、珙桐，还有不少为珍贵药材，如天麻、灵芝等。植被的恢复带来了动物的繁衍生息，现在武当山活跃的各种动物达 49 种之多，其中有国家一级保护动物金钱豹，二级保护动物猕猴、水獭、金猫，鸟类 130 种，其中有国家二级重点保护动物如红腹锦鸡、凤头鹰、领鸺鹠等。

1.1.1　地质地貌

武当山地处昆仑、秦岭褶皱东西段南缘，主体底层为 10 亿 ~13 亿年前的中上元古界中酸性火山喷发岩、基性岩和沉积砂岩构成，后随着地壳变化使岩石的结构、构造、成分变质形成武当群变质岩系，主要构成为火山碎屑岩组、组云母石英片岩组和变质火山岩组。

武当山地区受构造运动影响，震荡频繁，经历了四次上升期和三次稳定最终造成了汉江两岸的多级阶梯形地貌。武当山清晰地反映了这种地质运动，从武当山山麓至最高峰垂直方面保留有三级平面：最高一级海拔 1500~1600 米，次一级 800 米，最低一级 165~200 米，而在沿汉江河谷则保留有四级阶地，各级不同海拔标高为：第一级 97~105 米，第二级 119~120 米，第三级 131~141 米，最高一级 146~165 米。不同时期的地质构造运动以及随后持续的地质活动，再加上地质应力的作用，使得武当山地区的地质构成以近北西、北东方向形成地质断裂，而在局部又衍生出东西向、北西向、北东向等规模较小的断层及节理裂隙。在这里外在和内在多重作用下，武当山地区地层岩形成了支离破碎大小不等的块体，内外作用力冲击、岩石的裂变形成了武当山雄奇壮观的峰林石柱，自此，武当山之后所有的宏伟景观都在这样的基质上开始孕育萌芽。

图 1-1　地质地貌

图 1–2　七十二峰朝大顶

图1-3　七十二峰朝大顶

图 1-4　七十二峰朝大顶

图 1-5　七十二峰朝大顶

历经千百万年，随着地质不断活动，冰川、河流雕琢，日积月累，岩块风化崩塌，最终形成了嶙峋的地貌，构成了二十四涧、三十六岩的壮丽景观以及天柱峰、金童峰、玉女峰、绣球峰、香炉峰等塔形群峰。

武当山著名的“二十四涧”发源于武当山及东西两侧，沿途汇流，与草店附近及石板滩汇入了汉水，由于河流的侵蚀作用，该区区域河道弯曲，河滩发育形成河谷平地，此后古均州州府设立于此。自河谷向上，至武当山有“甲天下”之称的胜景——南岩，该处岩石断层清晰，壁立千仞，从此处至飞升岩是一条东西向的断层，断层面倾向被，近 70 度倾角。南岩附近的七星树是观赏武当群山的绝佳观景点，此处峻峭峰岭拔地而起，主峰——天柱峰两侧的峰林近东西向一字排开，天柱峰以东，峰坡西陡东缓；天柱峰以西，峰坡东陡西缓，形成了两侧峰群向天柱峰朝拜之姿，众峰颔首之势，即令人惊艳的“七十二峰朝大顶”的壮丽景观。

山因水而活，水得山而媚。作为大自然的杰作，武当山的水是必不可少的，在天柱峰周围，河谷深切，溪涧纵横，以武当山为发源地的水系主要有 3 条——剑河、东河和九道河，其二级、三级支流有五条——观音堂沟、冷水沟、黄连树沟、沙河沟及东淘河。因为这些河流的存在武当山的自然生态如此丰富。

以下简要介绍武当山著名的“七十二峰三十六岩二十四涧”。

表 1–1 七十二峰

序号	名称	别名	地理位置	景观描述	建筑遗迹和建造时间	备注
1	天柱峰	参岭	居七十二峰之中，上应三天，当翼轸之次，俯眺豫雍之野	晨夕见日月之降升，常有彩云密覆其岭	永乐十年，奉敕冶铜为殿，重檐叠栱	上应三天
2	显定峰	副顶	在大顶之北	翠巘倚空，人迹不及。祥云瑞气，弥覆其间		上应显定极风天
3	万丈峰		在大顶之东北	万仞耸云，时闻鹤唳猿啼，俱莫能至		
4	狮子峰		在大顶之北，第一天门之上	苍峦突出，踞镇云端，俨然狮子之形		
5	皇岩峰		在大顶之北	金壁嶂空，瑞光交映，夕阳回景，辉射九霄。雨霁之间，飞虹绚彩，可仰而不可及		上应太安皇崖天
6	小笔峰		在大顶东	孤岑卓立如毫端		
7	紫霄峰		在大顶东北	石作金星银星之色，竹木交翠，巨虬异蛇，盘穴其间		
9	贪狼峰	右七峰 七星峰	在大顶之北	若北斗棋极之象。昂霄耸汉，左参右立，云开雾幕， 绰约璇枢		
10	巨门峰					
11	禄存峰					
12	文曲峰					
13	廉贞峰					
14	武曲峰					
15	破军峰					
16	中笏峰		在大顶之北	石如圭锁，鞠恭朝顶，类进趋之势		
17	千丈峰		在大顶之西，群山之下		其右为神仙房陵朱仲所居	
18	大莲峰	右二峰	在大顶之西	相望并秀，棱层崔巍，亭亭然如影映清波。春夏之时，明媚尤绝		
19	小莲峰					
20	大笔峰	右二峰	相对峙于莲峰之间	千仞石笋，倒倚拈松，毛颖中书，乌能比拟		
21	小笔峰					
22	落帽峰		在中笔峰北	巨灵镇立，险绝难攀		
23	白云峰		在大顶之西	俯视万方，松风哮吼，涧云交飞	陈希夷辟谷，三迁于此次	

续表 1–1

序号	名称	别名	地理位置	景观描述	建筑遗迹和建造时间	备注
24	紫盖峰		在大顶之西，五龙宫之南二十里	横立太空，若牙纛森列。清晓紫气腾覆；夜间频现 仙灯往来	昔有隐者刘道人， 结庵于下久之	
25	松萝峰		在紫盖峰之西	松萝此峰最盛		
26	桃源峰		在紫盖峰之北	地势阔远	古有道域安众，以奉岁祀。昔陈希夷遁迹再迁，诵《易》于此，今台址岿然	
27	叠字峰		在五龙顶南	上窥空焢，石磴攀缘，松竹扶疏		
28	金鼎峰		在叠字峰西	山形类鼎，时喷云烟。甫近龙顶，阴气逼人		
29	伏龙峰		在龙顶峰西	山势曲伏。瞻望四表，龙湫密迩，人迹少到		
30	五龙峰	五龙顶		五峰分列，中有灵池，大旱不竭	石庙一区，名曰真源之殿，即五气龙君神寓之所。常建殿宇，即为风雷所移	上应龙变梵度天
31	灵应峰		在五龙宫后	松抄接翠，上凌星斗		
32	隐仙峰		在龙顶之北			
33	阳鹤峰		在龙顶之西北	连峰叠嶂，修竹茂林，寿杉数株，皆有瑞鹤巢宿于上		
34	健人峰		在大顶之东北，三公山之右	上控云霄，仰卫斗牛。堂堂如天丁棋立之状		
35	太师峰	三公山	在大顶之东	在紫霄宫之前，如玉笋分班。极天下峻秀，无以加此		
36	太傅峰					
37	太保峰					
38	始老峰	右五峰 五老峰	在大顶东南	五峰列居，宛然笔架		
39	真老峰					
40	皇老峰					
41	玄老峰					
42	元老峰					
43	仙人峰	右二峰	在大顶之南	大岭高山，仅能企仰		
44	隐士峰					
45	大明峰		在大顶之西	数峰矗矗，正处阳明。竹木泉石，森天荫日，山深路僻，畲原沃壤，学道者多卜居之	中有一庵，名曰王母宫，传昔圣母善圣太后，寻访玄帝于此	
46	中鼻峰	右五峰	在大顶之东南	一岭南飞，五峰分布。崇岗峻堑，迢遥数里		
47	聚云峰					
48	手扒峰					
49	竹篆峰					
50	搓牙峰					
51	灶门峰		在大顶之东南	云岭横铺，怪石巩竖。岚烟瘴雾，清晨如炊		
52	九卿峰		在大顶之南	峰峦秀丽，葱蒨奇特，松篁花卉，分置内外		
53	伏魔峰		在大顶之南	山势威雄，林木挺秀		
54	玉笋峰	石人山	在大顶之南	其峰峦类人		
55	拄笏峰	右二峰	在大顶之西南	望天柱嵩副之巘，岗岭平夷，其横如带。一峰回仰，浑如搢笏；一峰坦然，如掌托天		
56	大夷峰					
57	把针峰		在大顶之西	岑小而高，颖秀可敬		
58	丹皂峰		在大顶之西	其山类偃月之体。昏晓之交，间有青烟紫雾，人谓之丹灶凝烟，足迹不可及		

续表 1-1

序号	名称	别名	地理位置	景观描述	建筑遗迹和建造时间	备注
59	天马峰	马嘶山 西望峰	在大顶之西百里	武当来山之正脉		
60	鸡鸣峰	右二峰 大鸡鸣 小鸡鸣	在大顶之西，天马峰之北，当均房官道	夏秋水泛，澎湃湍急，怀山襄陵，商旅经月不可渡		
61	鸡笼峰					
62	眉棱峰		在五龙顶之西	房陵登山之路，高低昂藏，萦纡盘曲，三十余里而至五龙宫。两涧列乎左右，群山耸其高低。黑虎啸风，顽嚣凶狠之人，虽欲进登，悉皆逐去		
63	复朝峰	外朝山	当均房官道	其北平田敞豁，桑麻蔽野，鸡犬相闻。自山而南，崎岖百里，直至房县		
64	香炉峰		在大顶东北，仙关之南	巉岩磊落，浮岚晻霭，千态万状		
65	九渡峰	仙关	在大顶之东，紫霄宫之正路	峭峰屹巇，上摩青苍，石径湾还，白云来去。游人到此，万虑豁然		
66	展旗峰		在大顶之东	一柱擎天，万仞如削，东铺翠嶂，如帜飞空，宛如皂纛之形。烟霭岚横，人间紫府		
67	金锁峰		在展旗峰之北	地形类阁，上倚苍穹，下临青涧，石如刀剑，藤若纲罗。凛凛有不可近之势		
68	青羊峰		在金锁峰之北	高耸突兀，林木蔚畅		
69	七星峰		在隐仙岩北，竹关之下	一径七里，百步九折，越山度岭，即钻天五里		
70	系马峰		在接待庵西北，当登山正路	一峰特起，即天马台		
71	会仙峰		在登山大道间	仙木铺地，橡木映天	昔宋瑞平中（1235 年左右），主山曹观妙迎三毛真君于此。今列祠于此	
72	茅阜峰	福地初门		上有守山土地灵官之祠，灵异异常		

表 1-2　三十六岩

序号	名称	别名	地理位置	景观描述	建筑遗迹和建造时间
1	玉虚岩	俞公岩	在仙关之东，九渡涧之上	石壁半空，岩高百仞。涧声雷震，万壑风烟	永乐十年（1412 年），敕建玄帝殿宇，五百位灵官圣像
2	太子岩		在紫霄宫之后	上倚展旗峰，下瞰禹迹桥	旧有铁范圣像。永乐十年（1412 年），敕建玄帝砖殿一座，并山门“太子岩”三金字为额
3	紫霄岩	南岩 独阳岩	在大顶之北，更衣台之东，欻火岩之西，仙侣岩之南	当阳虚寂，上倚云霄，下临虎涧，高明豁敞，石精玉莹，皆自然做鸾凤之形。万壑松风，千崖浩气	元贞乙未（1295 年），……于庐陵铸成（佑圣铜像）。至元甲申（1284 年），住岩张守清大兴修造，……以太和紫霄名之。永乐十年（1412 年），敕建重修石殿。宣德乙西（1429 年），用石开凿五百灵官，圣像以金饰之，永为南岩供奉
4	崇福岩		在南岩南天门里		永乐十年（1412 年），敕建殿宇，以奉玄帝香火
5	滴水岩		在南岩宫之下	其岩虚敞，常有泉滴其池，寒夏不竭	旧有祠宇，俱废。永乐十年（1412 年），敕建殿宇，精严香火。又置道房，以道士焚修
6	仙侣岩		在青羊涧之上，白云岩之左	其岩爽朗虚明	旧有像设，香火俱废。永乐十年（1412 年），敕建殿宇，以奉高真香火。复置道房，以道士焚修
7	灵应岩	五龙岩	在五龙顶		永乐十年（1412 年），敕建殿宇，以奉玄帝香火
8	灵虚岩		在五龙宫西南山凹		永乐十年（1412 年），敕建庙宇，以奉玄帝、文昌帝君、祖天师、孙陈二仙。钦选道士焚修香火

续表 1–2

序号	名称	别名	地理位置	景观描述	建筑遗迹和建造时间
9	隐仙岩	尹仙、北岩	在竹关之上		永乐十年（1412 年），敕建砖殿三座，以奉玄帝，邓、辛天君，钟吕二仙。又置道房三间，钦选道士焚修
10	太上岩	玉清岩 太清岩 太上观	去太玄观东二里许	山峰围绕，地势高耸。上接紫霄，下瞰碧涧，和气盎然，草木葱蔚	宋天圣九年（1031 年），高士任道清、王道兴，用工开凿岩龛，斫成太上尊像，岩前创建殿宇。大明宣德元年（1426 年）……尽数存留在山修葺。令道士焚修
11	卧龙岩		在松萝峰东北	豁达高洁，霜天月夜，鹤唳猿啼，清幽无此，不让南阳气象	
12	尹喜岩	仙岩	在展旗峰北	翠峦耸笔，玉简调琴，昔有问是真人隐此	
13	沈仙岩		在飞升台西，桃源洞相对	石室偃仰，泉溜清幽。昔有沈仙成道于此	
14	欻火岩	雷洞	在南岩之北	石如火焰，树如龙爪；中有灵池，水能疗疾	
15	黑龙岩		在仙关九渡峰南，龙潭之上	二岩俱近龙室，不可居止	
16	白龙岩		在飞升台下，龙潭之南		
17	黑虎岩		在黑虎洞上	大林巨石之中，黑虎所栖之地	
18	风岩		在大顶之下，万虎涧滨	石穴噫气，震响林壑，人莫能近	
19	皇后岩		在皇崖峰下	绝壁凌空，若非体未洞真，焉能寝息	
20	白云岩		在白云峰下	虚寂轩豁	
21	三公岩		在三公山下	山高云深，阳光难驻	
22	朱砂岩		右七峰（贪狼峰、巨门峰、禄存峰、文曲峰、廉贞峰、武曲峰、破军峰）之西	石为日华所烁，其色如之	
23	天马岩	崖屋	在天马峰西涧西下	行旅多宿于内	
24	霁云岩	藏云	金鼎峰下	皆非寻常栖隐之地	
25	隐士岩		在仙人峰、隐士峰之下	神仙出没，人多见之	
26	云母岩	右二岩	在五龙宫东二百步	二岩对立，桃花夹径，云龛月席，面棋峰峦，松竹交青，四时如一	
27	杨仙岩				
28	常春岩	长春岩	右七峰（贪狼峰、巨门峰、禄存峰、文曲峰、廉贞峰、武曲峰、破军峰）之南	向明高敞，常如阳春	
29	集云岩		在聚云峰下	蛇虎所居，非修炼之所	
30	谢天地岩		在玄帝更衣台下	为悬空石室	
31	北斗岩		右七峰（贪狼峰、巨门峰、禄存峰、文曲峰、廉贞峰、武曲峰、破军峰）之北	上极太虚，皆非中下士修炼之地	
32	升真岩		在五老峰下	其水环崖飞湍，由九渡涧而出	
33	碧峰岩		在玉笋峰下	地僻土肥，亦堪修养	
34	九卿岩		九卿峰下	昔有道流游宿岩畔，夜闻金钟玉磬之声。下有深潭，人莫能至	
35	雷岩	灵岩	在叠字峰西	自上贯绳而下，石皆作火焰之状，有坐形足迹存。神风凛凛，心胆震栗	
36	仙龟岩		在金锁峰下	石如神龟，含烟喷雾，人少近焉	

表 1-3　二十四涧

序号	名称	别名	地理位置	景观描述	建筑遗迹和建造时间
1	磨针涧		起自龙顶，会于白龙潭		永乐十年敕建姥姆殿一座，内设仙像
2	青羊涧	青羊河	自大顶之北，会诸涧而出滔河	蛟室龙宫，分列上下。春夏水泛，喷雪轰雷。久现虹霓，朝腾烟雾。石鱼金鲤，神兽幽禽，仿佛在桃源之境也	
3	万虎涧		在大顶之北，会于青羊涧	风雪震怒，如万虎之咆哮	
4	牛槽涧		自尹喜岩飞湍，西入青羊涧		
5	桃源涧		自紫盖峰发源，由龙潭东入于青羊涧		
6	黑虎涧		起自龙顶，会于白龙潭		
7	阳鹤涧		自阳鹤峰下穿林麓，东入于青羊涧		
8	金锁涧	右三涧瀑布涧又名水帘	起于金锁、青羊二峰之左右，俱入青羊涧		
9	飞云涧				
10	瀑布涧				
11	青羊涧		在五龙顶之北。诸峰之水汇入，北入蒿口，会于蒿谷涧		
12	会仙涧				
13	蒿谷涧		自梅溪之东，诸山之水西入于青羊涧，会于淄河		
14	武当涧		在大顶之东。皇崖诸峰之水，北入于紫霄涧		
15	紫霄涧		三公之水，转自紫霄宫南迤，北会于诸涧，入九渡涧		
16	黑龙涧		香炉诸峰之水，会前二涧，自龙潭飞流，东入九渡涧		
17	白云涧		自五老峰出，接九渡涧		
18	九渡涧		会诸涧而出梅溪涧		
19	梅溪涧		出梅溪而为淄河		
20	西涧		自马嘶山龙井发源，而北总出西诸涧		
21	金鸡涧		自大小鸡鸣峰之水，会于西涧		
22	雷涧		自叠字峰雷洞之水，由南汇于五龙涧		
23	五龙涧		自伏龙诸峰之水，由雷涧出西涧，自蒿口会青羊涧、梅溪涧，合于淄河、滔河，东北入于汉水		
24	鬼谷涧		自大顶之南发源，会山南诸峰之水，东会双溪涧		

1.1.2　地势植被

武当山复杂的气候环境造就了丰富的植物资源，植物区系又因地域不同而呈现出不同的特点和物种。武当山植物区系主要分为西南、西北和东部三部分。

西南——大巴山脉区系成分

武当山虽为秦岭余脉，但距离大巴山主脉比秦岭更近，植物成分在一定程度上与大巴山和川东地区的植被相近，与我国西南地区植被特性相似，如楠木、川桂、杜仲、巫山松、峨眉蔷薇、四川清风藤、巴山榧树、巴山松、杜鹃等。

西北——秦岭山脉区系成分

武当山是秦岭山脉余脉，植物成分与秦岭植物成分极为亲密，主要表现在二者的主要种群，如在海拔 1700 米以下都是栓皮栎林，而且代表性植物也很丰富，如白皮松、黄连木、华山松、光皮桦、山合欢等。

东部——华中区系成分

图 1-6　山顶植被

图 1-7　山腰植被

武当山东南紧邻长江、汉水，具有典型的华中区域气候特征，植被也有华中区域的代表性品种，如马尾松、青檀、野鸦椿、大血藤等。

武当山植被垂直分布也是其一大特点，从海拔 170 米（山脚）至海拔 1612 米（山顶），分布着北亚热带、暖温带和温带三个不同生物气候带的植被。

高处不胜寒——针叶、落叶阔叶林地带

在武当山海拔 1200 米以上的高山区域，属温带气候，冬季严寒时期较长，全年平均气温较低，年降水量较多，因此在该地带植被保护较好，分布着一定量的天然次生林，主要建群种是桦树、鹅耳枥、灯台树、巴山松等，这些树木大都是参天大树，枝干粗壮，常见的有巴核桃、漆树、山梅花、枫香、卫矛、冻绿等，林下植物主要有连翘、接骨木、野蔷薇、葛藤、青风藤、香叶树等。其中分布着较多的药用植物，如七叶一枝花、党参、天南星、百合等。

中山多有势——阔叶落叶林地带

在武当山中山部分，海拔分布 800~1200 米地段，属于暖温带气候，该地带地势险峻，人烟稀少，主要建群种为栓皮栎、枫香、化香、亮叶桦、领春木、漆树等，常见分布的有五角枫、山合欢、巴核桃、楸树、野樱桃等，针叶树种有巴山松、马尾松、白皮松、杉木，林下灌木主要杜鹃、黄栌、卫矛等，藤木主要为葛藤、爬山虎、五味子、三叶木通、猕猴桃等。

低山多舛——常绿、落叶阔叶林地带

武当山海拔 800 米以下的区域主要表现为北亚热带气候，全年降水量偏少，且分布不均，已发生干旱，另外该地带人类活动极为频繁，植被遭破坏程度极大。目前该地带的建群种以栓皮栎、黄栌、盐肤木为主，林内零星分布有落叶、常绿阔叶树种，如山合欢、菱叶海桐、牡荆、化香、樱桃等，在一些缓坡、丘陵地带，多被开垦为农地。森林植被以人工林为主，树种较为单一，主要为马尾松、杉木、侧柏、黑松等，除此之外还有一些经济林，主要种植柑橘、山楂、油桐等。在该区域可划分为四种林型：黄栌、盐肤木、槲栎为优势的灌木林，马尾松、栎类组成的针阔混交林，马尾松、杉木、侧柏组成针叶林及松柏混交林。

1.1.3 气象胜景

武当山地处亚热带季风气候，从丹江口水库至天柱峰气候呈明显的垂直变化，随着地势的变化和周边环境的影响形成了许多局部小气候，这些小气候的多样性和武当山特有的日照、气温、降水、风、云雾和地形地势造就了独特的自然景观。自然景观与人文传说交相辉映，形成了武当山特有的变幻莫测的奇观胜景。以下是武当山最为有名的几类胜景：

天柱晓晴

每当黎明时，峰驻月驾，大地还是灰蒙一片，而天柱峰之巅却受曙光照射，灿烂夺目，景色如画。

陆海奔腾

亦名武当云海。在天柱峰巅扶栏观景，众峰争奇、千壑幽深的武当山出现浩渺千里的云海。云海随着季节、阳光、风等自然气候变化，造化出千姿百态的奇景。

平地惊雷

亦名万壑惊雷。夏秋雷雨季节，在金顶瞭望，千山万壑均沉没云海，遍地闪光，漫天震响，惊雷炸耳。

雷火炼殿

图 1-8　气象胜景

每当雷雨交加时，天柱峰上金殿雷声震天，闪电撕地。无数个盆大火球，在金殿周围滚荡。

祖师映光

此景是指天柱峰真武神像放出稍纵即逝的光华，此景发生在雨后初晴之时。据有关专家解释，是因为雨后放晴时，阳光透过不同密度的空气层，发生折射，把金殿及周围景观反射显示在云端，形成奇异幻景。

空中悬松

南岩空中悬松，位于海拔 890 米的南岩顶上，约生于明宣德年间，树龄 500 多年，树根紧咬岩石，倾身悬在空中，虬枝伸展，苍劲古朴，刚毅挺拔。

海马吐雾

在金殿的四脊上，饰有许多珍禽异兽，闪闪发光，栩栩如生。其中的海马，有时竟能口中吐雾，咴咴地对天长啸。

飞蚁来朝

每年夏季，嚣雨初晴，金顶上就会出现数以百万计的飞蚁，或成群击翅飞舞，或成行成线爬行。一时间，金顶似乎成了它们朝拜真武大帝的演绎场。

祖师出汗

“祖师”是信士对天柱峰金殿内供奉的真武神像的尊称。每当下雨之前，金殿内空气中所含水分，受气压突变的影响，遇冷则凝固，聚合为晶莹的水珠布满神像，看上去俨然是神像在“出汗”。

避风仙珠

在天柱峰上金殿内藻井中，挂着一颗鎏金铜珠，明制。大如足球，名叫定风仙珠。相传此珠为天帝所赐宝物，可以定风，使山风不能进入殿内，确保神灯长明不灭。至今殿外再大风呼啸，而殿内火苗却纹丝不动、不拽不摇，冬日大雪亦不能飘入殿内。

龟脖吐水

在紫霄宫背后建有“天乙真庆泉”，地涌甘泉，终年不竭。泉旁置石雕断头龟蛇，龟头放在一旁，每遇雷雨，龟脖便吐出一股清水。

日池观鱼

紫霄殿前大院左的“日池”，承天乙真庆泉之水，常年不涸。水中有“五色鱼”。相传为神话中织女的绣花针所变，是紫霄宫内一景。

双瀑悬空

紫霄宫前，有金水渠和紫霄涧，每遇大雨，两条瀑布泻下悬岩，势若天河开闸，极为壮观。

金蛙叫朝

在紫霄宫大院中轴线的石板处，游人用脚一跺，便发出蛙鸣声，叫声逼真。

1.2 文化背景

1.2.1 神话传说

“非真武不当”之山——武当非真武不足以当之，简称武当。武当山行如火焰，真武神为北方水神，有水火既济、阴阳调和之意。

武当山现在最为人熟知的神话故事就是真武修仙的故事了，这个故事的形成经历了漫长的时期。根据史料文献可知，北宋尚未出现玄武神话以前，武当山已经成为道教的名山。武当山成为祀奉玄武的圣地应该是在《元始天尊说北方真武妙经》出现以后。宋徽宗宣和年间（1119—1125 年）在武当山大顶之北创建紫霄宫祭祀玄武，可能是武当山上首座以祭祀玄武为主的宫观。到了南宋，玄武的信仰已经非常普遍，玄武修道武当山的传说已经深入民心。董素皇的《玄帝实录》对太和山，即武当山有较详细的描述，说明了武当山的地理位置是在海外，位于翼轸二星的下方。而且增加了玉清圣祖紫元君传授玄武道法，命他到武当山修行的情节。《玄帝实录》记载：“王子（玄武）十五岁辞父母，离宫寻访幽谷。于是感动玉清圣祖紫元君授无极上道。元君曰：子可越海往东，在翼轸之下有山……子可入是山，择众峰之中冲高紫霄者居之。……王子乃依师语，越海东，果见师告之山。山水藏没，有七十二峰，一峰耸翠，上凌云霄，当阳虚寂。于是采师之诫，目山曰太和山，峰曰紫霄峰。岩曰紫霄岩，因卜居焉。潜虚玄一，默会万真，四十二年，大得上道。”

1267 年元世祖忽必烈定都于燕京。1269 年冬天，有龟蛇出现在燕京西郊高梁河，众人以为是玄武显灵，象征元王朝国运兴隆，元帝室因而崇奉玄武。1270 年在高梁河筑昭应宫以祭祀玄武。

元代，武当山因帝王的崇拜及诸道士的经营使香火更加兴盛，玄武与武当山的关系传说也有新的发展。刘道明撰《武当福地总真集》对武当山名称的由来提出了新的看法。他认为武当山原名太和山，由于玄武在此修道成功，飞升之后，此山非玄武不足以当之，而改名为武当。其书中充满了玄武在武当山修道降魔的遗迹。

据可能是董素皇撰的《五龙观记碑》所载，五龙观兴建的原因是由于姚简到武当山祷雨有验，将此灵异奏闻唐太宗（627–649 年在位）。太宗降旨就武当山建观以表其圣迹。南宋末，王象之等附会五龙观为玄武隐居的地方。刘道明更据此而编造出玄武得道飞升的时候，有五条龙掖驾上升，所以在他旧隐的地方建五龙观以祭祀之。

成书稍后于《武当福地总真集》的《玄天上帝启圣录》，在修道武当山的故事，添饰了历经考验的情节，使玄武的传记更符合道教神仙传记的惯用结构，即修道者从开始修道，历经考验，最后升登仙界。而且新增加的情节都注明有遗迹。

所以就形成了现在为人熟知的真武修仙的故事：武当山，相传是真武大帝修仙得道之地。有“非真武不足当之”之谓，故名。那么，真武又是从何而来呢？这要从他的出生说起。

原来天的西头，大海的那边有一个美丽的净乐国，国王为政清廉，善胜皇后心地善良，他们把这个国家治理得国泰民安。那一天，善胜皇后正在御花园里游玩观景，忽听得空中一声巨响，只见青天闪开一个门，众位仙人捧出红红的太阳朝下一扔，一道金光飞到她的面前，刹那间那太阳变成了一个红果子，“哧溜”钻进她嘴里，“咕嘟”滑进了肚里。从此，善胜皇后便有了身孕。整整怀了十四个月，到了次年三月初三的正当午时，善胜皇后忽然感到肚子痛起来，同时天地猛一亮，皇后左胁便裂开一个大口子，从里面跳出一个又白又胖的娃娃，那娃娃落地就懂人事，先亲亲热热喊了一声“爹爹”，又亲亲热热喊了一声“妈妈”。顿时引来了龙飞凤舞，百花盛开，山欢水笑。举国上下都在欢庆：真武太子降生了。

真武生来聪明，读了很多很多的书，过目成诵；他身材魁梧，相貌出众，还学了一身好武艺，人们都称赞他、敬仰他，说他定是将来的好国王。可是他偏偏不肯继承王位，却到处求师学道，想要成仙升天。国王和皇后都曾百般劝阻，可他怎么也不听，执意走自己选定的道儿。

一天，他来到御花园，花丛中忽然走出一位紫衣道人，对太子说：“想得道成仙，得要断绝酒色财气，避开红尘世界，越过大海往东走，那里有一座武当山，是你修道的好地方。”说罢，就不见了。原来那道人是玉清圣祖紫元君的化身。

那时候，太子才十五岁。他离开了娇养他的父母，舍弃了优厚的皇家生活，孤身一人乘舟渡海，来到了武当山。

善胜皇后舍不得儿子离开，太子在前面走，她在后边追，不避风雨，也不分昼夜，追啊追，一直追到武当山的山坡上，眼看太子就在对面，她就大声喊：“儿呀，快转来！”喊了十八声，却下了十八步。太子在对面连应了十八声，却连上了十八步，不让母亲追上他。这地方就是现在的“太子坡”和“上下十八盘”。

善胜皇后喊不转儿子，心里急，跑得快，越追越近，到底抓住了他的衣角，拼死不放，非要他回宫不可。太子爱母亲，不愿让她伤心落泪，可又觉得修炼要紧，不肯轻易改变主意。于是，他拔出宝剑，扭回头，朝着母亲拉着的衣角轻轻一挑，割开了。皇后落了空，松开手，那衣角便腾空飞起来，随风飘荡，最后落到汉江上游的江水中，变成了“大袍山”和“小袍山”。

常言说：母子连心。看着儿子就要丢失了，皇后还是不死心，继续追赶。她越跑越快，一心要扑上去，把儿子拉住。这时候，太子举起宝剑照着身后的大山猛一劈，只听“轰”的一声震天价响，高山立刻分成了两半，中间现出一条河来，把母子分隔在了两岸。这条河就叫“剑河”。

皇后见再也追不上儿子了，恸哭不止，泪如雨下，竟在地下冲了个大坑。后来，人们就在这里修了个“滴泪池”。

真武终于登上武当山，苦苦修炼了好几年，把道经念得滚瓜烂熟，倒背如流，可还是没能得道成仙，难呀！他丧气了，心想：深山修炼，远远不如坐享荣华富贵，还是回宫去当太子吧。便下山往回走去。

一路上只见天空阴沉，耳边乌鸦“哇哇”叫个不停。他心里乱糟糟的感到烦恼，想找人说说心事，商量商量。可是，这里是荒山野坳，从来不见人烟，能和谁去商谈呢？

说来也巧，这时候，前边不远突然出现了一个老太太，她低着头，双手抱个铁杵，正在井边的石头上，不紧不慢地磨呢。太子觉得奇怪，上前问道：“您磨这么大的铁杵做什么呀？”老太太头也不抬，边磨铁杵，这回答他说：“想磨成一根绣花针哩！”太子觉得好笑，说道：“您太迂腐了，只怕到您入土，也磨不成针呢。老太太呀，我看您就别费这冤枉工夫啦！”老太太既不生气，也不泄气，还是不紧不慢地磨着铁杵说：“磨一下，它就小一点，只要工夫深，自会磨成绣花针嘛。”

真武心里猛然一亮，想：“修仙求道不也和这铁杵磨针的道理一样吗？”想要感谢老太太的指教时，那老太太已经升上云头，她说道：“聪明人，一句嫌多；糊涂人，百句嫌少。”哈哈一笑，就不见了。原来，那老太太又是紫元君来点化真武的，紫元君留下的两根铁杵，至今还放在“磨针井”大殿门口。

真武省悟了，复回山中，住在南岩认真修炼。他从早到晚，静心端坐，任凭鸟儿在头上做窝、生蛋、孵化，也一动不动。身边的荆棘由小长大，通过他的脚板，又沿着脉络，从胸口长出来，开花结果，他依然聚精会神地修道。他常年不吃五谷，肚子和肠子在肚里闹腾，他就把肠子和肚子抓出来扔了。就这样，他整整修炼了四十二年。

那一天，九月初九，天上布满祥云，空中散着天花，林间仙乐缭绕，谷里异香扑鼻。真武只觉心里特别明，眼特别亮，胸中恍若水晶，一尘不染；身躯像是流云，随时都可飘飞。他知道，这是要升仙了，准备腾空飞去。这时候，忽然有一个绝代美女来到面前。她手捧金盘、玉杯，娇声娇气请真武用茶。真武丝毫不为那女子所动，只是觉得她轻浮、讨厌。他“嗖”的一声拔出宝剑，喝道：“你要是良家女子，就该庄重、自爱。若再敢轻举妄动，定斩不饶！”

那女子又怕又羞，满脸通红，简直无地自容了。她纵身一跳，扑下了万丈悬崖。

真武后悔起来，觉得不该逼人丧生；认为只有赔她一条性命，才不愧这修行四十二年的功德。于是，便也随着她朝崖下跳去。哪想却被五条龙捧住，又见那女子也站在云头上。原来她还是紫元君变的，是最后来试他的心。“徒弟，你到底得道成仙了！”紫元君非常高兴地说，说着便引真武升上天宫。后来，人们就把这个地方叫“飞升崖”。

真武被五龙捧圣，来到玉皇大帝御案前，被封为亚帝，并命他坐镇武当，镇守北方，成为后来道教信奉的北方之神。

真武大帝受封后，为了感激五条青龙，便在南岩宫后面修了一座五龙宫。后世的人们，在那姑娘替他梳头的地方筑台修庙，叫梳妆台；称那姑娘和他跳崖的地方，叫飞升崖；崖头那块半悬的石板叫“试心石”。

1.2.2 道教文化

1. 明代以前的概况

道教产生于东汉中晚期。公元2世纪中期汉灵帝时，信奉黄老道的张角创立太平道，并于公元184年发动黄巾起义。张鲁奉行其祖张陵创立的尊老子李耳为教主、以《道德经》为主要经典的五斗米道（称张陵为天师，后又称为天师道），与太平道相呼应。黄巾起义失败后，太平道走向衰微，五斗米道的张鲁割据汉中，建立政教合一的政权和基层传教组织。民心向往，政局稳定。割据三十余年。后张鲁归阵曹操，五斗米道取得合法地位，得以公开传播，并成为道教的唯一教派。在此以后，靠近汉中的武当山便有了道教活动。如《后汉书·朱晖附孙朱穆传》称：“时（按约当桓帝时）同郡（按指南阳郡）赵康叔盛者，隐于武当山，清静不仕，以经传教授。穆时年五十，乃奉书称弟子。及康殁，丧之如师。其尊德重道，为当时所服。”可见武当山由于较为偏僻的地理位置和清幽的自然环境，已成为当时隐居修行的场所，从传文“以经传教授”及朱穆“奉书称弟子”的情形看，似乎在隐居者赵康周围还聚集了一批人，俨然成为南阳郡一个修行的中心。魏晋南北朝时期，武当山已颇有名气，来此山隐居修道者明显增多。《太平御览》卷 43“武当山”条历引诸书，记录武当山大约有二事，一是说武当山风景秀丽，宜于修行。郦道元《水经注·沔水篇》亦称武当山“一曰‘太和山’，亦曰‘参上山’。山形特秀，又曰‘仙室’。《荆州图副记》曰：山形特秀，异于众岳，峰首状博山香炉，亭亭远出，乐食延年者萃焉。晋咸和中，历阳谢允舍罗邑宰，隐遁斯山，故亦曰‘谢罗山’焉。”《方舆胜览》卷 33“均州”条引《荆州记》至称武当山为“嵩高之参佐，五岳之流辈”。可见武当山在当时已享盛誉。其二是说学道者人数众多，已见上引。此二事相辅相成，汉末以至六朝时期，社会动荡，道教始兴，武当山因其地理位置和自然风光，吸引大批学道修行者，又经修行道士的鼓吹，武当山益为时人所知，名声更大了。相传晋谢允、唐吕洞宾、五代宋初陈抟、明张三丰等著名道士，均曾修炼于此。《南雍州记》载：来武当学道者常数百，相继不绝。可见其影响之大。

隋唐五代时期，尤其是唐代，我国道教进入了全面发展时期。武当在这一时期也有所发展，值得一提的是由于求雨得应，唐太宗李世民下旨修建五龙祠，这是武当山志记载的由皇帝敕建的第一座建筑。到唐末五代时期，著名道士杜光庭编写的《洞天福地岳渎名山记》，将武当山列为道教三十六洞天七十二福地中的第九福地，在道教名山中的地位已明显提高。姚简、孙思邈、郭无为、陈抟等著名道士隐居武当修道。尤其是陈抟在武当山隐居长达二十年，传太极图，被称为宋代“图书”之说的始祖。

北宋初年，流传于世的《道经》称武当山为真武修炼和上升之地，例如今存河南嵩山、刻于北宋元符二年（1099）的《元始天尊说北方真武经》即称真武“入武当山中修道，四十二年功成果满”。此说很快在民间流布。张端义《贵耳集》（卷下）：“均州武当山，真武上升之地，其灵应如响。”《方舆胜览》引《道书》云：“真武开皇三年三月三日生，生而神灵，誓除妖孽，救护群品，舍俗入道，居武当山。四十三年功成飞升，遂镇北方，人如而至，语以其故，妖氛遂息。因曰：‘尔后每庚申、甲子及三十日，当下人间，断灭不祥。’五龙观即其隐处，在武当山上，有三石门。”我们知道，两宋文治极盛，武功却乏善可陈，其边患始终来自北方，真武作为北方之神，此时附会于武当山，这对于武当山地位的尊崇，其影响是不言而喻的。之后，则正式形成了以武当山为本山，以崇奉真武、重视内丹修炼、擅长符箓禳禬、强调忠孝伦理为主要特征的武当道教。

元朝时，武当道士编刊了《武当福地总真集》、《玄天上帝启圣录》等经书，使真武神在武当山修仙得道的故事更为丰满完善，真武附着武当的观念愈益深入人心；甚至还认为武当之得名便是“以玄武神居之”（程钜夫《雪楼集》卷 5《均州武当山万寿宫碑》）。武当山成了世人崇奉的真武道场，香火也比宋时更旺。统治者或加封神号，或修宫赐额，或召道士祷雨却疾，或遣使奉香建醮，尤其是元仁宗生日与真武圣诞日相同，具有司命职能的真武便备受尊崇。朝廷每年都派遣使者到武当山建金箓大醮，“自是累朝岁遇天寿节，一如故事”。也就是说，仁宗以后的皇帝，每年三月三日都要遣使到武当山致祭，他们自己的“天寿节”也要遣礼部官乘驿传、奉御香到武当山建金箓大醮，为皇帝祝延圣寿。甚至一年要建四次金箓大醮，如荆襄道教都提点唐洞云于延祐（1314—1320）中奉诏，“遇天寿节乘传函香，醮襄阳之武当。岁数四，率以为常”，这实际上成了皇室的惯例，盛行不衰。道教法事活动的频繁举行，使武当山道教教团势力日益扩张，武当山作为道教名山的地位大为提高，成了与正一道本山龙虎山齐名的道教圣地，如《元史·泰定帝纪》载泰定二年（1325）七月，遣使“代祭龙虎、武当二山”。《元史·文宗纪》载天历二年（1329）十一月“命帝师率群僧作佛事七日于大天源延圣寺，道士建醮于玉虚、天宝、太乙、万寿四宫及武当、龙虎二山”。《元史·顺帝纪》载至元二年（1366）四月，“遣使以香币赐武当、龙虎二山”。又如张德隆“数被上旨，函香代祀岳镇、海渎、汾阴、后土、龙虎、武当诸山”。当时传说，武当山就是真武大帝的神山，于是，当时五龙观道士张洞渊就趁机利用了这一传言，把武当山搞得突然神圣起来（赵孟頫《松雪斋集》卷6《玄武启圣记序》）。随着武当山地位的上升，文人骚客开始为武当山宫观撰碑写序、吟诗作赋。这与唐宋时期著名文人很少光顾武当山的情形是不相同的。据统计，元代著名文人为武当道教所作诗文有二十余篇，其中有翰林学士程钜夫、大书法家赵孟頫、地理学家朱思本等。

元代，武当道教发展到了繁荣兴旺的顶峰。元代时，它已经后来居上，争得了与龙虎山、大茅山同等的地位。明代它更是脱颖而出，在道教领域中取得了独尊的地位。明皇室大规模兴建武当宫观，扶植武当道教，使武当道教在全国道教逐渐衰落之时呈现出前所未有的兴盛局面，武当山也相继被敕封为“大岳太和山”、“太岳太和山”，成了明皇室钦定的“天下第一名山”。武当建成了中国最大的宗教建筑群，囊括了道教领域中几乎所有的道派，拥有的道众达两千余人，其影响波及全国，甚至扩展到日本和东南亚地区。

2. 明代地位的尊崇

由于明成祖把真武神作为明皇室的特殊保护神而大加崇奉，因此，真武修真得道飞升之处的武当山也受到特别的重视与礼遇。早在迁都北京之前的永乐十年（1412）三月初六日即下诏曰：“奉天靖难之初，北极真武玄帝显彰圣灵，始终佑助，感应之妙，难尽形容，怀报之心，孜孜未已。又以天下之大，生齿之繁，欲为祈福于天，使得咸臻康遂，同乐太平。朕闻武当紫霄宫、五龙宫、南岩宫道场，皆真武显圣之灵境。今欲重建，以伸报本祈福之诚。”命孙碧云审度地形，相其广狭，制定规划。七月即公布黄榜，申称靖难之初，就想在北京建庙，因内难未平，只得作罢。即位后，“思想武当正是真武显化去处，即欲兴工创造，缘军民方得休息，是以延缓到今。如今起倩此军民，去那里创建宫观，报答神惠”。成祖下令大规模营建武当山宫观后，任命隆平侯张信、驸马都尉沐昕为总提调，参与修建活动的中央和地方官员有400多人，高峰时期，参加的各色人员多达30余万人。修建武当宫观的工程巨大，所需用材浩繁，除大部分石料来自于本地外，其余用料均从全国各地调运而来。次年八月二十五日，明成祖谈到他大修武当宫观的缘由时指出：“武当天下名山，真武成道灵应感化之地。元末宫观悉毁于兵，遂使羽人逸士、修炼学道者，无所依仰。朕积诚于中，命创建宫观，上以资荐皇考皇妣在天之灵，下为天下生灵祈福，俾雨旸时若，灾沴不生，年谷丰登，家给人足。”

武当宫观，从永乐十年（1412）七月动工，主体工程于永乐十七年（1419）完成，附属工程于永乐二十一年（1423）完成，共建9宫9观33处建筑群，大小为楹1800多间。明王世贞《弇州四部稿》卷174《宛委余编》载“当永乐中，建真武庙于太和，几竭天子之府库”。其规模不仅在当地前所未有，在当时也是独一无二的，以致王士性感叹道：“至宫廷之广，土木之丽，神之显于前代亡论，其在今日可谓用物之宏也矣。《志》云聚南五省之财，用人二十一万，作之十四年而成，大哉我文皇之烈乎。非神道设教，余山安望其俦匹耶？”武当宫观以后历代多有增修，其中以明世宗嘉靖年间（1522—1566）增修规模最大。明嘉靖三十一年（1552）二月二十九日下诏：“朕成祖大建玄帝太和山福境，安绥华夷，显灵赫奕。计今百数十年，必有弗堪者。朕今命官奉修，便行与湖广抚按官督同该道官，诣山勘视应合修理处所。估计公费，限四十日以内回奏工部知道。”当地官员接旨后，立即勘查，奏称除金殿外，其余均需修理，共需银十万四千二百五十余两。世宗共发内帑银十一万两，命侍郎陆杰提督工程。维修工程于六月动工，至次年十月竣工。据明王佐《大岳太和山志》卷3《敕重修宫观》统计，总计修理大小宫观955座，为楹2441间。嘉靖四十五年（1566）又修理了玉虚宫等宫观及附近的道路桥梁。此后，隆庆三年（1569）、万历三年（1575）、天启七年（1627）分别对有关宫观进行了维修。除朝廷直接营建外，许多藩王、官吏、信士也不断在武当山兴工建造庵、观、祠、庙，其规模难以计数。据不完全统计，明代有各种建筑500多处，大小为楹2万余间。武当山乃被称为“皇室家庙”，是当时全国最大的道场。

3. 清代及之后的衰微

武当道教在清代官方的地位不太高，这一方面与道教整体衰落密不可分，另一方面则是清朝统治者有意抑制的结果。清朝虽也肇迹于北方，“鼎建北极，而北方之卦曰坎。天一生水，五行最先，上列符宿则为真武”（王概《大岳太和山纪略》宋拜绥序），理应崇奉真武，但由于真武是明皇室的护国家神，清室入主中原后，便有意贬低真武，大大降低其祭祀的规格与礼仪，转而大封其他神灵，如妈祖、文昌等，以降低真武的影响力。不过，由于真武是司命之神，尤其是具有保护皇室帝王寿命的职能，故清廷也奉祀真武之神，每年遇“万寿圣节”仍遣官致祭，康熙帝于十二年（1673）、四十二年（1703）二次遣近臣到武当山建醮，分别“御赐香币并银五千两”、“钦赐香仪银一千两”，并御书“金光妙相”等匾额五幅到武当山各宫庵悬挂；乾隆、道光等帝也曾书写“天柱枢光”、“生天立地”等匾额赐给武当山。所以王概在《大岳太和山纪略》序中说：“至我朝，复加崇重，圣祖仁皇帝屡遣部员内臣致祭锡额赐币，辉煌神岳，我皇上特降谕旨豁免山税，比于泰岱，其降文徽号俨与五岳争烈，称钜镇焉。”不过由于道教的衰落、数次大规模的战乱以及自然灾害，武当宫观损坏严重，以致“荒废路绝”，虽有地方官的集资修复和武当高道的努力，如“残废久矣”的太子坡复真庵于康熙元年（1662）开始兴复，中因战乱而停顿，至二十三年（1684）始成；康熙二十一年（1682）地方官修复了朝天门至朝圣门以及七星树一带的山路；悟真庵“岁久倾圮”，“道人李来宗募化修复，适镇安将军噶公统禁旅抚辑均房，捐金倡建，越三年而成”；此外河南内乡至金顶的古路、御书楼、净乐宫后父母殿等陆续得到修复。但终因朝廷的重视程度不够，投入的人力、财力、物力较之明代极为有限，致使不仅无法恢复明代建筑的原貌，甚至连当时的现状也难维持，武当山的地位与明代已不可同日而语。王锡祺辑编《小方壶斋舆地丛钞》时，深感清代武当山游记之缺乏，特意作了一篇《武当山记》：“明王太初、徐霞客皆有游记，而近无称述之者，余因采缀两先生作以著于篇。”（《小方壶斋舆地丛钞》第4帙）它对周边地区和区域经济、文化的影响，主要通过武当道教的传播和朝山进香民俗来体现。即使到了清代，武当山虽失去了昔日“皇室家庙”的地位，武当道教仍具有较大影响，但民间仍盛行朝武当的习俗，全山现存的清代进香功德碑尚有数百通之多。“海隅之众，莫不瓣香而朝谒……四方朝谒者依然不绝如缕”，就是其时的写照。清代及民国《武当山志》所载及武当山各宫观所存“功德碑”、“功德簿”的记载，清代到武当山进香的有广东、贵州、云南、四川、陕西、河南、安徽、湖北、湖南、江西、浙江等省的善男信女，其中最远的有福建漳州、广东汕头、佛山等地的香会。到晚清时，朝廷仍有赐额之举。

民国时期，武当山烽火遍地，道教宫观朝不保夕，道业衰败，但武当道教的教团组织并没有解散，还为支援红军和抗日组织作出过积极的努力。

新中国成立以后，党和政府对武当山极为关心，对武当山原有古建筑及遗址采取了一系列保护措施。武当道教文化已经成为全人类的共同财富，在现代生活中继续发挥着它的作用。

1.2.3 皇权象征

宋代王象之编撰的《舆地纪胜》时发现一则碑记：隋朝皇室在武当山建有庙。但是我们所熟知的是明代皇室在武当山大肆营建，距今已有六百年。很难想到在距今一千四百余年的隋朝，在武当山就已经建有皇家道观了。说明隋朝时，武当山玄武神已经影响到皇室宫廷。

建文元年，惠帝削藩，燕王朱棣起兵反抗，继过三年战争，朱棣攻占南京，建文皇帝出逃，朱棣继皇帝位，年号永乐。永乐初年，由于朱棣因藩王经武力而承大统，政治舆论对其十分不利，为了巩固政权，永乐皇帝诏见武当山道士简中阳，询问了北方玄帝升真事迹。他利用真武太子“得道飞升”、“仙台受诏”，隐喻自己是神灵下界，宣扬他当皇帝是顺应天意，是真武“神明显助威灵”的结果。经过酝酿，永乐皇帝决定兴建武当山，宣扬真武显圣而坐镇南方号令天下群真的说教，以此大造“天人合一”、“君权神授”的舆论，达到进一步巩固政权的目的。他在《御制大岳太和山道宫之碑》中强调，自己起兵靖难，得到了真武神保佑，“肆朕起义兵，靖内难，神甫相左右”，修建宫观的目的，是将“山川冲和之气，融结于斯，与神相为表里，神之陟降往来，飘飘挥霍，顾瞻旧游”。因此，必须对原有的建筑及分散布局的关系进行调整和改造，形成独特的宗教神权与世俗王权“天人合一”显圣治世的总布局和奇特大空间。

同年七月，规划工作就绪。十一日永乐皇帝发布《敕官员军民匠人等》圣旨，并颁布《大明御制玄教乐章》十四首、《大明御制天尊词曲》六首，令全国演唱，隐喻皇帝就是真武神下凡。九月朱棣命官员率工匠开赴武当山营建道场。

营建工程从永乐十年九月十八日开工至十二年二月十九日结束，经历了十三年。共建成净乐宫、遇真宫、玉虚宫、五龙宫、紫霄宫、南岩宫、朝天宫、清徽宫、太和宫等九宫；建成太玄观、元和观、复真观、回龙观、仁威观、威烈观、八仙观、龙泉观、太常观等九观及附属三十六座庵堂、七十二座岩庙，近百计的石桥、牌楼。形成了“太和绝顶化城似，玉虚仿佛秦阿房。南岩宏奇紫霄丽，甘泉九成差可当”的巨大规模。

1.3 历史沿革

据现有史料记载，武当山古建筑始建于唐贞观年间（627—649）。唐太宗敕建五龙祠。上元二年（761），唐肃宗应武当僧人慧忠之请，敕建太乙、延昌、香严、长寿4座寺庙。乾宁三年（896）建“神威武公新庙”。

北宋天禧二年（1018），宋真宗下诏将五龙祠升为五龙观。北宋宣和年间宋徽宗崇信真武，下令在展旗峰敕建紫霄宫。

元至元十五年（1278），忽必烈封武当道士张留孙为“江南诸路道教都提点”，将五龙观升为五龙宫，又特许展旗峰云霞观“重给观额、开创规模”。元皇庆元年（1312）皇太后因武当道士张守清祈雨却病有功，资助张守清修建天乙真庆宫，并敕宫额“天乙真庆万寿宫”。至此，武当山道教建筑形成较大规模。据元・刘道明《武当福地总真集》所载罗霆震《纪胜集》涉及建筑有三清殿、玉皇殿、玄帝殿、明真殿、蓬莱殿、桂籍殿、元皇殿、三茅真君殿、南岩三殿等11殿；七皇阁、五龙阁2阁；雷堂、赵帅堂、海山堂、真观堂、斋堂、祖堂、宣慰祠堂、尊宿堂等9堂；五百灵官祠、南岩真宫祠2祠；钟楼、步云楼2楼；冲虚庵、月庵、白雪庵、云窟4庵；王母宫、紫霄仁圣宫、玉虚宫、延昌宫、天乙真庆宫等5宫；太常府、佑圣府、元和迁校府3府；龙庙、威烈王庙2庙；清心室、洞源丈室2室以及雷洞、五龙井、官厅等，总计为5宫、11殿、3府、4庵、9堂、2阁、2祠、2楼、2庙、2室、1洞、1井、1厅。这些建筑中不少是一座庙观中的单体建筑，因此很难确定其具体的规模。同书还记载了不少的石殿建筑，主要分布在各峰所形成的洞穴中。另据元至正四年（1344）《白浪双峪黑龙洞记碑》，称武当山“山列九宫八观、而五龙据先”。根据考古调查，元代武当山即以五龙灵应宫、紫霄仁圣宫和南岩天乙真庆宫为活动中心。围绕中心建筑建有若干小庙，形成鼎足之势。

明代初年，武当山道教建筑得到史无前例的发展。明永乐元年（1403），明成祖朱棣经“靖难之役”推翻了侄子建文皇帝，等上了皇位，出于政治上的需要，为平息“杀君篡位”、“大逆不道”的舆论，决定兴建武当山。他利用真武太子“得道飞升”、“仙台受诏”，隐喻自己是神灵下界，大造“天人感应”、“天人合一”的舆论，宣扬他当皇帝是顺应天意，是真武“神明显助威灵”的结果。

明永乐十年至二十二年（1412—1434），明成祖派遣30万军民工匠前往武当山，耗时13年，在800里的崇山峻岭间，修建了七宫九观三十六庵堂等33组建筑群。整体营造过程大致分为筹建准备、主体营建工程和补充工程三个阶段。

永乐十年（1412）春，朱棣派遣孙碧云前往武当山，勘测遇真宫、紫霄宫、南岩宫、五龙宫等地，“审度其地，相其广狭，定其规制，悉以来闻。朕将卜日营建”（永乐十年三月初六日圣旨）。

主体营造工程由遇真宫、玉虚宫、紫霄宫、五龙宫、静乐宫、南岩宫、太和宫7座大型宫殿及百余座庙观庵堂组成。施工期从永乐十年（1412）九月庚子之吉开工，至永乐十六年（1418）十二月丙子朔告竣，历时7年。

金殿的安装也象征着武当山主体工程告竣，永乐十六年（1418）十二月三日朱棣亲笔书写了《大岳太和山道宫之碑》，宣布武当山宫观告成，“刻碑山中，永永无穷”。

补充工程从永乐十七年至永乐二十二年（1419—1424），历时6年。主要营建项目有静乐宫紫云亭、天柱峰紫金城，连接各宫观之间的官道、神道、桥梁以及山峦承转之处的亭台楼阁等。这一工程的主要目的，是完善武当山建筑的总体布局和交通接待功能。

明成祖后200多年间，皇室对武当山还有两次较大规模的扩建。第一次是明成化十七年（1481），提督太监韦贵因武当山石板滩迎恩桥被山洪冲毁，集资在桥东修建了迎恩观，“用祈镇压山水”。明成化十九年（1483），韦贵奏请明宪宗将其敕封为迎恩宫。第二次是嘉靖三十一年（1552）明世宗重修武当。工程项目主要有：在山门鼎建“治世玄岳”石坊；太和、南岩、紫霄、五龙、玉虚、遇真、迎恩、净乐8座宫殿及所辖庙观神宇的屋面维修，琉璃瓦更换，油漆彩绘，宫墙剔补，丹墀、阶条拆砌，沟渠排浚等，并新增5座琉璃建筑，修复神道1万多丈，石桥28座。

嘉靖以后，由于经济情况恶化，明朝再也没有能力对武当山宫观进行扩建。

清代，武当山建筑处于“休眠”时期。由于皇帝崇信喇嘛教，对道教不予提倡，武当山建筑保养与修复主要依靠道士化缘和地方官的资助，没有大规模的兴建和扩建。清代晚期，由于社会动荡，因自然和人工毁坏的建筑，再也无力修复。

中华人民共和国成立后，对武当山古建筑群采取了一系列保护措施。1953年文化部拨款维修金顶和紫霄宫大殿，1956年武当山古建筑群列为湖北省文物保护单位；1961年金殿被国务院公布为第一批全国重点文物保护单位；其后，紫霄宫、玄岳门、南岩宫和玉虚宫也分别列为全国重点文物保护单位；1962年武当山文管所成立；1980年湖北省政府列专款开始对武当山古建筑群进行长年维修，使之得到彻底的保护。1993年中国政府向联合国教科文组织申报“武当山古建筑群”列入《世界遗产名录》；1994年5月26日，联合国教科文组织世界遗产委员会派遣专家前往武当山，实地考察了武当山古建筑群；同年12月15日，联合国教科文组织“世界遗产委员会第十八届全会”在泰国吉普召开，会上审议通过了“武当山古建筑群”列入“世界文化遗产”。

1.4 空间分布

1.4.1 面——人间、地境、天境

武当山是明代皇室家庙，明成祖“南修武当，北建故宫”，并且修建武当山花费的时间三倍于故宫，最终将武当山修建成名副其实的天上宫阙。武当山作为皇帝家庙，其宏伟的规模、巧妙的布局、精湛的建造技艺，不仅达到了皇家所需要的宏伟、壮丽、威严和凝重，同时也满足了道家所追求的玄妙超然的艺术境界。整体空间营造以昆仑

图 1-9　龙虎殿照壁

图 1-10　金顶

图 1-11　三天门

图 1-12　一天门

图 1-13　玉虚宫 - 父母殿

图 1-14　玉虚宫龙虎殿 - 新建

图 1-15　玉虚宫山门

图 1-16　玉虚宫影壁 1

图 1-17　玉虚宫影壁 2

图 1-18　遇真宫山门

图 1-19　遇真宫山门及影壁

山为原型，形成人间、地境、天境的三重境界。规划以金殿为中心，根据《真武本传神咒妙经》等道典传颂的北方真武下凡修真得道飞升、显圣治世的故事为依据，按政治需要，将原有真武修道“灵源”，改为真武显圣治世的“天阙”，分为“人间”、“仙山”、“天国”三重空间。

第一重空间为“人间”，根据神话中真武神显灵，转世人间，“潜心念道，志契太虚”的故事进行布局。先于均州古城（今丹江口市）修建“净乐宫”，面积达 12 万平方米，象征着净乐国。净乐宫内功能完备，设有太子殿、圣父母殿、太殿、龙虎殿及宣扬太子事道的各种庙堂、斋房。而太子降生之地“紫云亭”的修建，则是为了呼应故事中“神仙”彻底脱骨变成凡胎的经历。此外，宫外还设有若干附属建筑，诸如魁星楼、真官祠、进贡厂、预备仓等。由净乐宫直通武当山麓的石板“官道”长达 30 千米，各类神庙、庵堂点缀其间。由此便形成了三重空间中的调动和触发人自身沉淀的避世观，同时在情感上接受宗教宗教所宣扬的神国理念的“人间”境界，体现的是与外界不同的“心理场”和玄化的空间意识。

第二重空间为“仙山”，三个神话故事贯穿在山下到山腰的空间序列中，象征着真武修仙的三个境界。第一境界演绎真武太子修炼之初，思凡下山，寻访幽谷，受紫元真君点化，回心归山复真修炼的故事。进玄岳门为进山。设遇真、玉虚两宫，其上建回龙观、回心庵、磨针井、复真观，建筑空间序列由此形成修炼第一境界。第二境界演绎太子迫于母后遣使诏返，越水过关，入仙境修炼的故事，设有龙泉观、天津桥、仙观、紫霄宫及太子洞。第三境界比附太子修炼日久，有黑虎巡山、乌鸦报晓，直至紫元真君扮成美女来引诱，太子拒美色而不心动，挂松萝衣而飞升的神话，设有黑虎庙、乌鸦庙、南岩宫、梳妆台及飞升岩。三个故事贯穿山体形成的建筑序列具有穿越性，建筑、环境与神话相互契合，形成一种“生境”向“意境”发展的连续空间，从而调动游人“畅神”情感，忘掉自我，正是“此中有真意，欲辩已忘言”。

第三重空间为“天国”，从山腰升至山顶，建筑空间根据真武得道飞升受玉帝册封，坐镇天下，号令群真的说教进行安排。依次建有榔梅祠、会仙桥、朝天宫、一天门、二天门、三天门、太和宫和金殿，所有建筑都蕴含着真武册封坐镇天下之意。“归根复位，显名亿劫，与天地悠久，日月齐并”。这一空间形式，不仅再现了玉京十五楼的神的威力，而且影射了人间天子显圣治国的伟大。由于建筑随山而筑，占峰据险，与环境要素构成的共同空间具有强烈的形式美感，同时这一序列在精神层面上赋予了神性和空间要素所蕴含的神仙情结。另外，由于这一区域的海拔在1000~1612米之间，群山之间，云飞云起，雾升雾腾，人们在体验过程中，更有山峰摇曳、楼台迷失之感。这一独特的心理体验，不仅增强了这一空间的识别性，更使得人们对建筑与自然形成的空间序列产生了强烈的敬畏感。金殿内的真武神披发跣足，在金童玉女、左右侍卫的侍护下，安然坐在御椅上，大小如同真人，和蔼可亲，可以与之对语，真实和虚幻在这个空间中重叠起来，既真实又迷茫。宗教情感所需要的神秘、崇高、威严和无所不能在这里得到最完美的结合。

武当山方圆八百里，其空间序列的规划以“太和”为目标，依托主峰天柱峰，建立全山的控制中心；以“玄武信仰”为叙事主体，依托神道为轴线，布局宫观，等级依次延展。在偌大的自然山形间创造出了由人间、仙山到天上的三重空间，跨越了时间和空间，并在物质和精神上将虚幻的神灵和人间帝王相统一起来，淋漓尽致地体现了宗教思想和君权神授对自然的认知与改造，不仅具有皇家所需的宏伟、壮丽、威严和凝重，更是达到了道家所追求的玄妙超然的艺术境界。

1.4.2 线——神道

武当山地区历史悠久，众多史料中都有相关的描述。其中《中国文物地图集・湖北分册》记载：“湖北历史悠久。远古时期，属‘三苗’之地。”《续辑均州志・补原序》又记载：“盖自征伐有苗鬼方始。”说明早在远古，武当山地区就已经有了一定的居住人口。另外《舆地纪胜》中记载：“蛮王塚，在武当县南二百步。” 从目前发现的遗址来看，武当上地区现有旧石器时代遗址33处、新石器时代遗址20处、周朝以后遗址78处等，可见自古以来武当山地区人口便已形成了一定的规模，同时具有良好的交通状况。

武当山上从各个方向登山的道路称为神道，连接着山上数百处庙宇。神道路面均由方整青石板满铺，上下坡处设石栏蹬道，蹬道条石上用方形铁桩固定，另于陡坡处石栏上还加设铁链。武当山上直达金顶的古神道主干共有九条，分别是内（内乡）白（白浪）古道、古韩粮道、古盐道、远（远河）乌（乌鸦岭）古道、玉（玉虚宫）金（金顶）古道、中神道、紫（紫霄宫）绞（绞口）古道、天（天津桥）金（金顶）古道、朝（朝天宫）金（金顶）古道等。另外还有大量的属于这九条干道的支线古神道，各类神道长达几百千米以上。明代修筑神道的资金主要来源于国库，而其他各朝代均为香客信士，或达官显贵捐资铺筑或修葺。据《舆地纪胜・碑记》卷八十五记载的“隋韦氏神道碑”，可推测出民间捐资修神道最早可以追溯到隋朝。

内（内乡）白（白浪）古道

内白古道，为当年州、郡、军、县的主要交通干线，也是中原通云贵川陕、荆襄的必经之地，俗称古官道，又称神道。

此道自挡贼口入原均州境内，经康柳山、白石河、石鼓关、蒿坪，顺响水河而下经秦府庵，渡槐树关古渡达均州城，路程为45千米。出州城南关，经七里屯、官亭、黄沙河、土桥、小炮山、大炮山、方家店（中桥铺）、石板滩、周府庵、草店、遇真宫、玉虚宫（分支韩粮道），到蒿口横穿武当山北方古神道——远乌古神道（经孙家湾，到六里坪分支上武当山的一段）顺岗河达白浪，至柯家垭出境接郧县伏龙保，路程为 70 千米。全程古道长 115 千米，平均海拔不到 120 米，路面平坦宽阔，均宽约 10 米，最窄处也有 3 米。秦府庵至白浪之间路段，均为方整青石满铺，上下陡坡处为方整石蹬道。

内白古道历史悠久，沿途分布有大量旧石器时期以来的古遗址。而其道分支甚多，历时长，清代之前的道路变迁已无从考证。据民国《续修大岳太和山》卷三记载："康熙四十二年（1703 年），王公度昭守下荆南道，莅祀太和，捐建……又修太和古路，自河南内乡县至金顶恭逢。"至民国十年（1921），武当山地区开始公路修建：草店至柯家垭 45 千米古道改建为老白公路中段（今 316 国道），占用古石桥 13 座；均州城至草店 20 千米古道改建为均草公路，占用古石桥 12 座。1968 年，由于丹江口水库的建成，众多古迹被淹没，包括从响水河至玄岳门的古道及 23 座古石桥、槐树关古渡等。

古韩粮道

古韩粮道，以春秋战国时韩国运粮之道而得名，明代谭元春的《游玄岳记》中又将此称为"官道"。古道全程为山路，道路较平坦，道宽 7 米左右，在天柱峰以西，亦被称作"西大路"。

此道起自梅溪庄（玉虚宫）剑河西侧上邓家梁子、马家坡，历仓房岭（中转站，今名长房岭）、半爿岩、梅子垭、老龙洞（分岔到紫霄宫），顺展旗峰后盘道达南岩坡，北下为远（远河）乌（乌鸦岭）古神道。折西下经黑虎岩（中元）北到沟底．溯桃源涧南上达小武当北侧。此段山高谷深，直上达朝天宫，折西南出峡谷，顺沟上经卧龙岩，穿松萝峰西北侧，达清风垭与中神道相会。东上 1 千米达天柱峰，越清风垭向西经仙人峰、半爿岩、吕家河，到两河口，交荆襄古商道。据《武当福地总真集》记载："秋水泛，澎湃湍急，怀山襄陵，商旅经月不可渡，谚曰：'上得马嘶山，四十九渡不曾干。'"逆水而上经五龙庄、袁家河、赵家坪、店子河、界碑垭，达马嘶山出境入房县，总路程 95 千米。沿途数仙人峰一带山高路险。于是在清康熙六十年（1721），新辟平坦道路，较旧道近 5 千米。此次改道便形成了现在经大岭坡、豆腐沟上金顶的古道。

明代汪道昆在其著作《太和山记》中提及："黑虎岩（中元），泉石相望，于道昔有巢居者，遗构犹存。出峡为清风垭（古松萝垭距天柱峰 1 千米），盖古韩粮道也。"古韩粮道是韩国势力曾到达南阳盆地，而取粮于房县盆地的印证，也正是因其扩张侵犯了楚国利益，才激发了战争。

古盐道

古盐道，距天柱峰南 25 千米有盐池，古代产盐而得名；又因其在天柱峰以东，亦称作东大路。此道起自玉虚宫，经元和观、玉皇顶、回龙观、老君堂（古有红门）、老君岩、八仙观，右入七里沟，过罗公岩经五老峰西侧大湾，再过主簿垭，曲折回转顺坡下 15 千米经两河口（分道经大岭坡上金顶）达盐池湾，即古产盐之地（元代以后，盐矿枯竭），池之北为宋代所建佑圣观。由盐池复向西南行，经分水岭（古名主簿垭）出境达房州，总路程 70 千米，至今仍为山民行走。《武当福地总真集》中对古盐道曾有记载："一岭南飞，五峰分布，崇峰峻壑，迢遥数里，中有山径，名曰'主簿垭'。当均房往来之道，……聚云峰下一岩，名曰'集云'。"所提及的两处"主簿垭"，便是古代收盐税的关卡，留存至今。

远（远河口）乌（乌鸦岭）古神道

远乌古神道，亦称北神道，成形于至元二十二年（1285），于明代重新修葺，以方整青石满铺，险处设置石栏望柱。此道起自均郧交界的远河口（远河口，是均、郧二县分界地，也是古代荆、益二州分界地），入均州境，经黄家湾、寨河、淄河、红庙岭，进入武当山最北边界——石碑垭（嘉靖二十六年钦定界碑），经白庙、蒿口行宫、横穿内白古官道、过茅阜峰、七里峰、系马峰、仁威观、竹关、五龙宫、青羊桥、白云桥、竹芭桥（驸马桥）、仙侣岩，上黑虎岩横穿古韩粮道，经滴水岩到南岩宫，出南天门交会于乌鸦岭，总路程 70 千米。

此道曲折，山、岗、涧、河交错，以蒿口行宫至乌鸦岭一段 35 千米的古道最为艰险，沿途庙宇林立。涧、溪上多架设石栱桥，共计 12 座，数青羊桥最大，长约 28.8 米，宽约 8 米。1935 年 7 月的特大山洪自然灾害，冲毁了大部分古石桥，现仅存五座。许多古神道亦被冲毁，尤其是青羊桥至仙侣岩地段，已被山林荆棘封护，目前仍然处于自然生长的状态中。

玉（玉虚宫）金（金顶）古神道

玉金古神道，以石作蹬道，饰以石栏望柱，沿途分布宫观庙宇，数众古道中最多者。古神道起自玉虚宫，经元和观、回龙观、磨针井、关帝庙、老君堂，入红门西下，经太子坡、天津桥、上十八盘、下十八盘、仙关、黑虎庙、威烈观（有岔道，北行接古韩粮道），西行至紫霄宫。再从紫霄宫前经福地门登上乌鸦岭（有岔道会远河至乌鸦岭古神道，上南天门达南岩宫），顺乌鸦岭南行，经榔梅祠、金仙洞、七星树、四座塔、黄龙洞、朝天宫，折西经一天门、二天门、三天门，达太和宫，登金顶，总路程为 35 千米。

1935 年 7 月的特大山洪自然灾害，冲毁了部分古道、桥梁。1980 年至 1984 年，自玉虚宫的土地岭至乌鸦岭的旅游公路筑成，总长 25.40 千米，宽 7 米至 9 米，取代了原来的部分古神道。旅游公路于 2003 年重修，达到一级公路标准。然而后人修筑的公路却破坏了古神道上设置的观景视线，龙泉观——天津桥——大影壁一段的视觉联系被隔断，美景不复存在。1984 年、2004 年，乌鸦岭至金顶的古神道和桥梁经历两次整修，沿用至今。

中神道

中神道，由沿途碑刻而得名，又因其位于天柱峰西面，亦称为西神路。此道起自六里坪，向南行，经八亩地、外朝山（外朝峰），至分道观有岔道，顺河南行为荆襄古道，偏东上山为正道。经娃子坡、全真观、全龙观，达黄土垭（清风垭）交会于古韩粮道。复上行 1 千米经青龙背到天柱峰，总路程 35 千米。沿途地势平坦宽阔，两侧多立有石碑、小石庙。

紫（紫霄宫）绞（绞口）古神道

紫绞古神道，由绞口（今名清微铺）出发经烧袍岭、瓦房河、龙家畈、盘髻宫达紫霄宫，总路程 35 千米。据《大元敕赐武当山大天一真庆万寿宫碑》记载："继帅其徒翦荟翳，驱鸟兽，通道东自山趾绞口，七十里至紫霄宫。"是为古代交通枢纽。

此道始建于元代，由武当道士张守清筹资修建。自 1929 年老白公路修通后，古神道废弃，人迹罕至。

天（天津桥）金（金顶）古神道

天金古神道，自天津桥，溯九渡涧上行，经玉虚岩、石船、琼台下观、琼台中观、琼台上观，登山达金顶，总路程 20 千米。此道为天柱峰东登金顶的要道，沿途丛林茂密，涉水跋山，在徐霞客游记之游太和山记中，对此道有相关记载："由下琼台而出，可往玉虚岩。"

直至 1992 年底修通大湾至琼台中观的公路，1997 年底又修通了空中客运索道，武当山东部的交通环境发生巨变，曾经人来人往的天金古神道如今也是人迹罕至。

朝（朝天宫）金（金顶）古神道

朝金古神道，史籍上称为"樵道"，总路程为 3 千米。从朝天宫东"百步梯"上山垭，经分金岭，沿金童峰、玉女峰、碧天洞可达金顶。神道旁竖有一碑石，篆刻着民国年间（1912—1949），武当山道总徐本善化缘集资重修此路的事迹。此条新修建的神道与古神道相衔接，围绕着天柱峰，形成环状。

图 1–20　神道

1.4.3　点——建筑组群

道教建筑组群一般按照实际功能进行分区，可分为神灵区、修炼区、生活区，组群内又可根据不同功能和作用分别建成宫殿、堂舍、斋房等。建筑的建造多与山形坡地相顺应，围合成重叠的院落。

大型建筑组群则多采用轴线法，于轴线上布置各功能区，每个区域则用宫墙围护形成一个相对独立的小空间。其中，神灵区位于中轴线上，设龙虎殿、十方堂、大殿、配房、配殿、父母殿；右侧轴线为生活区，设斋堂、库房、神厨等；左侧轴线为修炼区，设神堂、皇经堂、斋房等。一般来说，为突出中轴线神灵区的主要地位，区域内建筑往往高大、雄伟，殿内空间尺度大，装修豪华。诸如遇真宫、玉虚宫、紫霄宫都是这种组合形式。宫殿背依高山，面临豁口，布局严谨对称，院落层叠，气势威武庄严。而左右东西两宫则曲径通幽，宁静肃穆，与之形成鲜明对比。

除对称布局之外，还有一种特殊的“之字形”轴线，多用于地形受限时，左右参差布局而形成总体平衡的组合形式。之字形轴线的方式，使人在行走的同时，感受到步移景异，峰回路转，引发不同的心理感受，通过信息调节而达到平衡的状态。如地处狮子山缓坡的台地之上的复真观，由于地势狭窄，建筑布局只能顺坡势设置轴线：临溪架复真桥，过桥时一条长约 300 米、宽约 5 米依山蜿蜒的神道，直通一宫门；宫门侧开，宫墙九曲回环到达二宫门；越门前道院，道院左转，进龙虎殿；越殿有四合院落，建大殿，左右配房、配殿；再左转穿过宫门是第三重道院，由此另辟两条轴线，分别通往斋房和藏经楼。建筑物顺应着地形高低起伏、纵横交替，不仅获得了良好的日照，还有利于自然通风，组群中各个建筑虚实相依，更是烘托出了道观神秘的气氛。诸如此类不完全对称的布局模式还有许多，如南岩宫、南北两天门，一个在山头，一个在山腰；左右两座御碑亭，一座在崇福岩前，一座在龙虎殿前。

不同朝代对布局模式的选择也有所不同，但明代修建的殿堂讲求中轴对称，而元代殿堂建筑依山就势非对称。如沿着突兀的朝阳岩而修建的飞升台、梳妆台，于险中求平衡，是为秤式原理的扛鼎之作。这种组合形式在五龙宫、太和宫的布局中也都有运用。

1.4.4 道法自然的精神内涵

武当山道教宫观历史悠久，武当之名最早见于汉代。道教以宗教形式出现的起源地东汉汉中郡与武当山较近，武当山的岩穴为神仙居所，它作为道教圣地，浓缩了道教的发展史。武当山建筑与自然环境融为一体，体现了顺应自然、还于自然、美化自然、天人合一的道教思想。

武当山道教建筑是一个前所未见的延续空间，在象征帝王宫苑的同时，又如同仙山崇阁，建筑与环境相辅相成。在当时，主要依托堪舆来解决庞大的自然山川中建筑群构图的和谐和视觉上的舒适度，即建筑与环境文化整体上的非线性。堪舆是中国古代建筑环境学经验的总结，代表了中国古人的智慧与对宇宙世界的认知。武当山建筑与环境之间的处理方式，主要分为两个步骤：

一是严禁砍伐武当山树木。凡建筑所需木材全部在外购买，并将原筹备营建北京故宫负责采买木材的礼部尚书金纯抽调武当山，负责派人赴陕西、河南、山西、四川等地购置“神木”，由水路运往武当山。

二是抽调著名阴阳典术家王敏和阴阳人陈羽鹏为钦差提调官员，负责率领分水师专门查看风水，选择地形，择吉卜宅。以期“阴阳储精、玄质流润”。

封建社会时期，建筑风水渗透到社会生活的方方面面，借助阴阳五行、四时、二十八宿、天干、地支及八卦等，成为融环境科学、封建迷信、建筑美学为一体的学科。风水在建筑选址方面同时体现出了科学性和审美价值，以曲线调动人的审美情绪，按照中国文化的心理定势发展，与山水画、山水诗融为一体，形成耐人寻味的景观“意境”。到明朝时期，风水已成为建筑的重要组成部分。

武当山自然环境间的建筑布局，不仅具有敏锐而准确的尺度感和娴熟的空间艺术处理技巧，而且具有一种神奇宁静的美，山水川谷，远取其势，近取其质，宫观庙祠，适形而止。所有的选址和布局都完全符合风水大观念中“千尺为势，百尺为形，势来形止，是谓全气”的理论，是经反复推测、比较风水后确定下来的。

风水观念中的基本原则为“负阴抱阳，背山面水”，龙、砂、穴、水是选址的四个首要条件。而其中风水的精髓在于对“气”的疏导、缠护、会聚和回收。针对武当山的地势环境，建筑选址采用了重新选址、调整改造和弥补不足三种方式来达到以上所述的风水的要求。

新建的宫殿采取第一种办法，如遇真宫、清徽宫、太和宫等无不选择在四面环山、负阴抱阳的坡地、台地或内聚型盆地上，宫前或利用原有河流，或挖池集水、或凿岩蓄水、形成了“背山面水”的环境。晋代郭璞《葬书》有云：“气乘风则散，界水则止，古人聚之使不散，行之始有止，故谓风水”，“风水之法以得水为上，以藏风次之”。这是因为自然界中的一切生物都离不开水，同时水又是一种活力、一种灵气，给四周的环境带来明秀之美。

对已有的宫殿则采取了调整改造的办法。五龙宫、紫霄宫原建筑群体量小，建筑群四面环山，却难以形成左右青龙白虎两砂山的地势。因此，采用增大宫殿体量的办法，于道宫左右两侧建东、西两宫靠拢左右山脉，顺中轴线将龙虎殿前移至谷溪旁，临水纳风，谓之聚“气”。

武当山脉多为南北走向，其间又有两条大的断层。景点之间因宗教内容的需要必须保持相应的距离，地理环境对建筑产生了较大的制约力，为了缓解这些矛盾，典术家们采取了弥补其不足、增益其所能的办法。诸如玉虚宫，为进山第二宫，坐南朝北而设置，以满足进山线路正面纳客的需要，却不利于聚“气”。因此，在宫内设置内罗城、紫禁城、外罗城三道城墙，用以“藏风”。同时利用祖山流下的泉水，在紫禁城内修建一条弯曲的玉带河，自西向东将内罗城环抱起，使气“界水则止”。“腰带水”的设置不仅使两侧的砂山左辅右弼，在层次上突出了内罗城的重要性，增强了领域感，也使殿后圆锥般“火形”的“祖山”，引火入池，有消灾之意；与此同时，引泉入宫，建筑与水相伴，增添了意境之美。再者如原南岩宫，建筑位于绝壁之上，既缺乏水源，又无聚风之场地。因查脉凿岩得甘露井一口，而得之水；又在建筑北坡扩建一组宫殿群，与五龙宫、太常观形成对景。另外，最具匠心的是对天柱峰金顶的弥补增益。天柱峰为群峰之巅，众山之“祖山”，海拔 1612 米。金殿背西面东坐落其上，自然无屏山、案山、左右砂山可言。沿山腰建紫禁城环绕金殿，以达到“聚风藏气”的目的，城上建东南西北四天门，除南天门外均为假门，以确保“气不外泄”。紫禁城的修建，不仅抵御了四面而来的寒风，保证了城内的温度，而且有利于植物的生长；同时高大挺拔的建筑，增添了金殿雄伟的气势，烘托了“天国”的神圣威严。正所谓“内气萌生、外气成形、内外相乘、风水自成”。

在局部处理上，风水精华也无处不在。如神道的曲折、道院的弯纡、牌楼的遮掩、宫墙的蜿蜒等，特别是承转起合之处，最具匠心，如由龙泉观越剑河桥，迎面为山丘挡道，此处设一照壁，巧妙地将气引入上十八盘。又如复真观太子读书殿虽位于中轴线上，为使神灵区气场完整，则从侧边开门，绕进道院 180°，再建夹墙复道，蜿蜒步入太子殿。这样的实例在南岩宫、五龙宫、太和宫都比比皆是。道教信奉“人法地、地法天、天法道、道法自然”。从表意上看，这是一种回环，究其哲理，则是万物回归自然。故老子云：“自然守道而行，万物皆得其所。”守自然之道，使每座建筑如同天生地长，并与人、地、天融合为一个和谐的整体“道”，是武当山道教建筑的又一大特点。

武当山地质构造复杂，山脉落差大。如何使人、地、天“守道而行”，宫观庙堂“皆得其所”，必须用“自然”的法则来规划。从天柱峰到古均州全长 60 公里。其中均州至玄岳门 30 公里，定为“人”的环境；玄岳门至南岩 20 公里，定为“地”的环境；南岩至天柱峰 10 公里，定为“天”的环境。试看“自然”如何“守道”。

武当山地质构造复杂，山脉落差大，以道教的“自然”法则来对其整体进行规划，才使得人、地、天“守道而行”，宫观庙堂“皆得其所”。人—地—天的三重境界，以距离来丈量，则有人（均州至玄岳门）：地（玄岳门至南岩）：天（南岩至天柱峰）=30 公里 ：20 公里 ：10 公里 =3 ：2 ：1。正符合老子《道德经》中“道生一，一生二，二生三，三生万物，万物负阴而抱阳，冲气以为和”的观念。在道教经典《太平清领书》也曾记载：“元气恍惚自然，其凝成一，名为天业；分而生成阴地，名为二也；阴阳相合施生人，名为三也。三流共生长养凡物。”如此太极一样相生循环、永无止境的哲学思想，体现出人类对于宇宙世界的认识，与在建筑布局中由此伴生的“太和”思想。

老庄思想认为言是实，境是虚；形是实，神是虚。强调以无为本，“境生于象外”，“言有尽而意无穷”。武当山建筑在选址与布局上，也体现着老子所言的虚实关系，建筑与自然造化的山形地貌相辅相成，浑然一体。在大环境上讲究“虚”，建筑依山就势，局部巧借，不动山石基岩；在建筑环境处理上讲究“实”，疏密相间、错落有致，体现建筑内在神韵及巧于因借的营造法则。

武当山的建筑与大山的内在美结合出一种独特的人文景观，神话传说和雄浑的山峦为建筑注入了无限的活力；建筑反过来赋予大山以灵性和生命，彼此之间构成一种奇妙的审美感知。诱使游人崇拜象征神权、皇权的神秘主宰“天”，生发出对超自然的信仰所产生的恭顺和恐惧的宗教情感，从而敬畏、虔诚和盲从。明代陆杰《敕修玄岳太和宫观颠末》中有云：“杰见道路十步五步拜而呼号，声振山谷；亦既登绝顶，瞻玄像，则又涕泣不已，谓夙昔倾戴，今始一睹。性真感发，至有欲言而不能自达者。”

图 1–21　航拍南岩宫

第二章 遗产构成

武当山古建筑群不仅囊括了中国古代建筑结构体系基本不变、形制与类型缓变、彩绘装饰变化多端、群体布局与空间组合千变万化等所有特点，而且也为这一结论做出了完美的注释。武当山古建筑群多建于明代早期，而这一时期是中国封建社会的强盛时期，这也使得武当山建筑群凝结了这一时期工程技术与艺术的结晶，它包含了单体建筑平面柱网、梁枋、举架、斗栱、檐出、屋面、内外装修与油漆彩绘等；组群建筑总布局、主次轴线、风水景观、远近尺度和阴阳向背等，建筑基础、用材、运输、匠作和营造等。空间的布局上将明代早期帝王的建筑思想与行为在一个特定的时空中展开，形成最具有文化价值的空间定向模式，使后来之人有机会触摸、探索先祖们深邃的建筑理念与空间概念。

从均州（现已沉入丹江水库）到天柱峰，方圆400平方公里的崇山峻岭中分布着明代武当山主要的八宫九观三十六庵堂七十二岩庙等33组建筑群。各组建筑之间以神道相连，气势磅礴，为世间所罕见，是人类建筑史上的奇观。

2.1 宫观

八宫

道教宫观是武当山古建筑群中的主体建筑，一般来讲，民间将道教祀神和做法事的处所通称宫观，而道教宫观中的宫与皇帝住所皇宫的宫是不同的。据《事物记原》记载，宫的原意："宫，中也，言处都邑之中也。又宫，方也，为宫必以雉堞方正也……黄帝作宫室，以避寒暑。此宫室之始也。"可见宫是处于城市的中心里皇帝专用建筑。道教建筑在汉代称为观，南北朝时称为馆，唐代由于李氏皇帝攀老子为先祖，特别是玄宗在太清宫将高祖、太宗、高宗、中宗、睿宗和自己的塑像陪侍在老子像的旁边，观也就仿照皇宫之名升格为宫。武当山的宫观建筑有别于一般道教道观，因为武当山的宫观属于皇家建制，然而又是不完全等同于皇家宫殿的大型宗教建筑。武当山建筑群的八宫可从明永乐年追溯至明成化年，明永乐年间，朱棣大兴土木时，根据礼制的需要建有七座道宫，从均州城至天柱峰分别为净乐宫、遇真宫、玉虚宫、紫霄宫、五龙宫、南岩宫、太和宫。明成化二年（1466）均州至老营之间石板滩因洪水将永乐年间修建的迎恩桥北岸石路冲毁，太监韦贵集资在此修建迎恩观。明成化十九年（1483），韦贵奏请皇帝"赐观为宫，道士廪食者九人，提点一名，阶正六品，给印一颗"。至此，武当山形成八座宫殿的巨大规模。明初时，皇室规定每座宫内设有正副住持各一，任命二正副提点，皆正六品和从六品官员，道士50人。这八座建筑组群在建筑布局、规模、住持的级别上不同于一般的名为宫的建筑，同时在它们各自统领的小建筑群中包含着有名为宫的建筑。据明代凌云翼、卢重华《大岳太和山志》："据天柱绝顶为太和宫。清微宫、朝天宫、黑虎殿隶焉。太和下二十公里值山腹，为南岩。太玄观、乌鸦庙、榔梅祠、雷神洞、滴水岩、仙侣岩隶焉。南举东北行五里为紫宵。福地殿、复真观、龙泉观、威烈观隶焉。北行三十里为五龙宫。隶之者行宫、仁威观、姥姆祠、自然庵、隐仙岩、灵应岩、凌虚岩也。紫霄东行四十里下平地为玉虚宫。隶之者关王庙、太上岩、玉虚岩、回龙观、八仙现也。玉虚之东，五里为遇真宫、元和观、修真现隶之……又北四十里为净乐宫。入均州城中，领观曰真武，则遥置于樊城者也。"

武当山的宫殿建筑是以“皇权中轴”的思想来进行布局。在中轴线上分布山门（或称龙虎殿）、十方堂、左右配殿、配房、大殿、父母殿等主体建筑。同时根据风水的需要将左右御碑亭建于山门与十方堂之间。神灵区即中轴线所构成的范围，轴线上的建筑众多而且间距较大，并多层封护，四周建有围墙封护，以强化神灵区的威严。同时为体现皇家特点，规模较大的玉虚宫还仿“三朝两宫”“天子五门”建有外罗、紫禁、内罗三道城和五座宫门。神灵区的主要用途是祀神和法事活动，所以神灵区内一般不设住房和卧室，而要满足生活和礼仪迎送的需要，神灵区两边辟有接待服务区和修侍区，又称东西两宫，供迎来往宾客和道徒起居之用，但规模要比神灵区小很多。如净乐宫、玉虚宫、五龙宫、紫霄宫都是这种组合形式。

由于武当山地势陡峭，很多建筑群并不能完全按照中轴来对称布局，因此在修建武当山古建筑群时则采取顺地势延伸，以神道为轴线，借缓坡安排建筑，利用建筑的疏密或调整组群的间距，达到总体上保持平衡的秤式布局。如南岩宫元代的建筑基本上建在南向的悬岩上。明代顺北坡修建的建筑因受山峦起伏和沟壑的限制不能完全按中轴线布局。特别是右侧象征水神的御碑亭，因处于悬岩，没有空间可安置，只能偏离轴线安排在崇福岩的东边。为避免在平面上出现一边重一边轻的弊病，故在东御碑亭东北方向安排圆光殿等建筑，既在景观上显得错落有致，又在视觉上取得了总体平衡。不同的地势造就不同的布局形式，太和宫则又是另一种布局，因天柱峰地形狭窄，可供建设的场地非常有限，又由于海拔高、天气恶劣，必须考虑生存环境，因此建筑只能安排在南边几座隆起的山丘之间。形成建筑以神道为轴线纵向排列，而主体建筑金殿因其宗教地位显赫，只能安排在山巅。为平衡起见，将三天门安排在北面靠近紫禁城的方位，并将其扩建为一组小型的建筑群，这样南边的建筑群与北边的建筑群通过神道相连，如同一座天平的两端，显得平衡和稳定，在气韵上保持一种总体的和谐。

武当山的建筑群并不全都是紧密地与宗教宣扬真武修炼的教义所联系，如遇真宫和迎恩宫，虽有建筑场地，却没有像其他六座宫刻意修建宗教礼仪所规定的神殿建筑，也没有建象征水神的御碑亭。这样不仅保持了建筑自身的功能与特点，同时总体上突出了所宣扬的“天人感应”宗教目的。布局上这两组建筑群不同于其他六组宫殿建筑所强调的中轴线纵深感，中轴线较短，未设父母殿，建筑以横向布局为主，总平面呈长方形。突出的特点是左右两座配宫修得如中宫一样，以适应香客的集散和道徒修炼的需要。

8座宫殿的选址，山外2座，山上4座，山下2座，具有很强的节奏感，并呈现一种可望、可思、可行、可居的功能，使游人在宫与宫之间的游历中，感受到神对宗教活动的安排和对环境的主宰，从而将直观把握的巨大空间感受转变为获得了某种神秘、灵感、醒悟和宗教情感，空间序列的疏导和情绪的酝酿形成了旷奥同构、气势贯通的王权与神权交织的瞻拜氛围。中国古典哲学博大精深的宇宙本体境相、邃密的逻辑和玄奥的思辨融进了建筑悠渺的意境，若明若隐的神仙世界与灵气飞动的生命意趣辉映，形成一种特有的心理空间。

由于修建丹江水库，净乐宫、迎恩宫被淹，现存遇真、玉虚、五龙、紫霄、南岩、太和六座宫殿。

净乐宫　武当九宫之首，位于丹江口市郊区丹赵路。原址在湖北省丹江口市境内的武当山北麓。据《太和山志》记载：“祖传帝之先（即真武大帝之父）为净乐国王，净乐治麋，而均即麋地，故以名宫焉。”明永乐十六年（1418）敕建，清代康熙二十八年（1689）毁于火灾，康熙三十年（1691）动工重建，六载而成，乾隆元年（1736）又遭火焚。净乐宫占地近10万平方米，“五门二宫”制，中轴线上建有大石牌坊、大宫门、龙虎殿、玄帝殿和父母殿，两边建有小宫门、御碑亭、左右配殿、廊房等。东西两宫建有方丈、斋堂、浴堂、神厨、真宫祠、预备仓等。共有大小房屋520间，规模宏大。四周红墙碧瓦环绕，宫内重重殿宇，巍峨高耸，层层院落，宽阔幽深，环境幽雅，宛如仙宫。特别是在东宫内建有紫云亭，相传真武神降生于此。该宫是明成祖宣扬“天人感应”，真武神降生人间救苦救难的重要宗教场所。1958年兴建丹江水库被淹，其中大石牌坊和御碑等石质文物搬迁至丹江口市金岗山。

迎恩宫 位于古均州石板滩，原为关帝庙。明永乐年间，在此建有石桥。明成化三年（1467）武当山大水，石桥大多冲毁，独此桥完好，传为玄帝显佑，提督太监韦贵捐款在桥南修建迎恩观，明成化十九年（1483）韦贵奏请皇帝赐观为宫。该宫平面为方形，中轴线建宫门、玄帝殿、左为启圣堂、右为关帝庙，建筑180间，现为丹江水库所淹。

遇真宫 是进入武当山的第一宫，位于武当山东麓，背靠凤凰山，左右望仙台、黑虎洞，前有溪流，山环水抱，状若城池，旧名黄土城。相传明洪武年间传奇道人张三丰在此筑庵，名会仙馆。永乐初年，明成祖数次下旨诏见张三丰不遇，明永乐十年（1412）敕建遇真宫，十五年落成，占地约3万平方米。分为东宫、中宫、西宫。中宫为神灵区，建有大宫门、龙虎殿、真仙殿及配殿、廊房等。东西两宫建有方丈室、斋堂、厨堂、道房、仓库、浴堂等，建筑物396间。遇真宫是明成祖利用张三丰的影响，渲染修仙烘托武当山道场的序幕式建筑群。

图 2-1 东宫门 – 屋面坍塌、长草，瓦、兽件残缺

图 2-2 东宫门 – 墙面抹灰脱落

图 2-3 西宫门 – 檐口局部坍塌

图 2-4 山门 – 须弥座风化

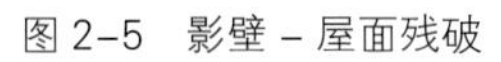
图 2-5　影壁 – 屋面残破

图 2-6　西宫门 – 屋面残破

玉虚宫　位于武当山北麓，是明代大兴武当山时的大本营，又名老营宫。明永乐十年（1412）敕建，嘉靖三十一年（1552）扩建，占地约 50 万平方米。平面呈“凸”字形，按古代帝王“天子五门”、“三朝二宫”规制布局，分外罗城、紫禁城、内罗城。嘉靖年间扩建的部分，因汉十铁路从中越过和新建的武当山镇，建筑大部分已不存。明永乐年间建筑较完整，占地面积约 12 万平方米，中轴线建筑有御碑亭（嘉靖年）、钟鼓楼、仙楼、大宫门、御碑亭（永乐年）、玉带桥、二宫门、龙虎殿、父母殿、配殿及廊庑等。东西两宫建筑有圣师殿、祖师殿、环堂、钵堂、云堂、真官祠、仙衣亭等，共有建筑 2 200 余间。此处为武当山 8 宫中最大的建筑组群，是明成祖封禅武当山、祀天修崇醮典总坛的所在地。1938 年汉水上涨，将其淹没，木构建筑大部分被毁。

图 2-7　玄帝殿 – 新建

图 2-8　永乐东御碑亭 – 外墙抹灰脱落

图 2-9　永乐东御碑亭 – 须弥座风化

图 2-10　永乐西御碑亭 – 保留石碑

图 2-11　御带河中桥 – 桥身杂草丛生

图 2-12　御带河中桥

图 2-13　永乐西御碑亭 – 外墙抹灰脱落

图 2-14　朝拜殿 - 现存柱础

图 2-15　东配殿 - 遗址

图 2-16　东焚帛炉 - 立面

图 2-17　西焚帛炉 - 立面

图 2-18　西焚帛炉 - 琉璃墙砖破损

图 2-19　东华门 - 外墙面抹灰脱落

图 2-20　西焚帛炉 - 琉璃隔扇残破

图 2-21　东配殿 - 阶条石缺失

图 2-22　东旗杆台 - 新换基座

图 2-23　西旗杆台 - 新换基座

图 2-24　朝拜殿 – 阶条石外闪

图 2-25　朝拜殿 – 栏板、望柱残缺

图 2-26　北天门 – 遗址

图 2–27　嘉靖东御碑亭 – 外墙抹灰脱落

图 2–28　父母殿 – 木装修更改

图 2–29　父母殿 – 踏步下沉、缺失、水泥修补

图 2–30　嘉靖东御碑亭 – 内墙抹灰脱落

图 2–31　东贞官祠 – 遗址

紫霄宫 位于武当山展旗峰麓，始建于北宋宣和年间（1119—1125），明永乐十年（1412）扩建。该宫背靠展旗峰，左右蓬莱峰、福地峰，面对三公、五老、宝珠诸峰，风水奇绝。建筑依山就势，布局为五门二宫。中轴线上建有禹迹池、石桥、龙虎殿、御碑亭、十方堂、配房、玄帝殿、配殿、父母殿等。东西两宫建有方丈、斋堂、云堂、体堂、环堂、厨室、仓库、池亭及福地门、福地殿等建筑860余间。紫霄宫为明成祖宣扬"武当福地"、"太子修炼"思想最重要的场所。

图2-32 朝拜殿－栏板、望柱用铁件连接

图2-33 东宫－地面新石铺墁

图2-34 东宫－铁质香炉破损

图2-35 一字影壁－基座残破局部水泥修补

图 2-36　东宫 – 墙面开裂

图 2-37　福地门 – 砖风化、抹灰脱落

图 2-38　焚帛炉 – 琉璃构件残破、脱釉

图 2-39　父母殿 – 殿前石构件用铁件连接

图 2-40　金水桥 – 栏板、望柱用铁件连接

图 2-41　金水桥 – 桥身及驳岸长草

图 2-42　福地门 - 地面泥土覆盖、积水

图 2-43　西宫 - 山墙抹灰剥落

图 2-44　西宫 - 台帮石外闪、长草

图 2-45　西宫北道院 - 下碱酥碱，用碎砖补砌

图 2–46　紫霄殿 – 油饰起甲剥落

图 2–47　东御碑亭 – 墙面抹灰风化剥落

图 2–48　东天门桥 – 桥面上石构件无存、长草

图 2–49　紫霄殿 – 檐口漏雨

图 2–50　分图

图 2-51　紫霄殿 - 屋面漏雨

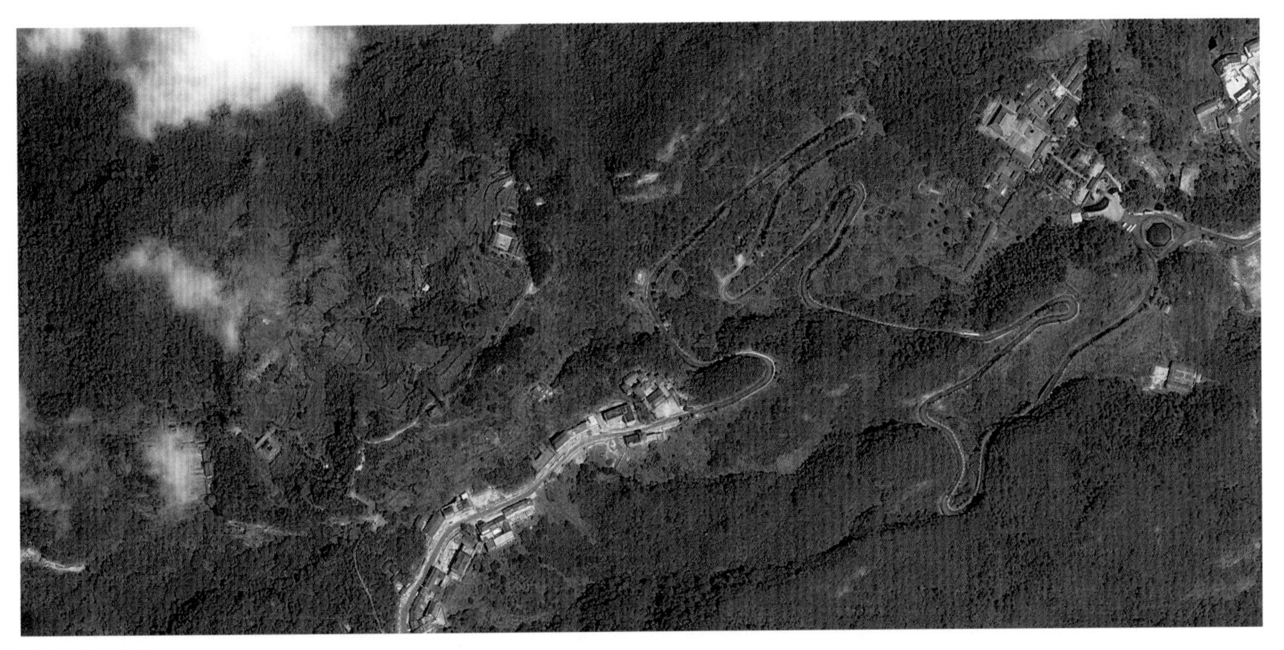

图 2-52　总图

五龙宫　位于武当山灵应峰麓。始建于唐贞观年间（627—649），历代有兴建，明永乐十一年（1413）敕建。整体建筑位于四周环山的一块台地上，由于受地势影响，宫门侧开，九曲十八折，中轴线有照壁、龙虎殿、左右配房、御碑亭、玄帝殿、父母殿、配殿、五龙井、日月池等。左右两宫建有方丈斋堂、厨房、环堂、云堂等建筑850间。五龙宫是明成祖利用南方为火、须用水神镇克的术数观念，宣扬“武当非真武（水神）不足以挡之”的重要宗教场所。

图 2–53　龙虎殿 – 踏步下沉

图 2–54　龙虎殿 – 屋面长草

图 2–55　龙虎殿 – 屋面漏雨

图 2–56　水池四周栏板、望柱缺失

图 2–57　影壁 – 墙面抹灰脱落

图 2–58　影壁 – 屋面坍塌、长草，琉璃椽、飞、望板部分缺失

图 2-59　影壁 - 屋面坍塌、长草，琉璃构件缺失

图 2-60　真武殿 - 栏板、望柱、抱鼓缺失

图 2-61　北道院 - 墙体局部开裂、坍塌

图 2-62　北道院 - 屋面、地面杂草丛生

图 2-63　北道院 - 遗址 1

图 2-64　北道院 - 遗址 2

图 2-65　北道院 - 遗址 3

图 2-66　北道院餐厅 - 立面

图 2-67　北道院仓库 - 木装修残缺

图 2-68　北道院仓库 - 台明坍塌、长草

图 2-69　北道院道士宿舍 - 室内堆积杂物

图 2-70　北道院李素希墓 – 墓前石像 1

图 2-71　北道院李素希墓 – 墓前石像 2

图 2-72　北道院李素希墓 – 墓周围长满树木、杂草

图 2-73　北道院李素希墓 – 石塔

图 2-74　北道院道士宿舍 - 立面

图 2-75　北道院文昌楼 - 立面

图 2-76　北道院院门 - 栏板、望柱、抱鼓缺失，踏步下沉

图 2-77　北道院院门 - 屋脊残缺

南岩宫 位于武当山南岩，以建筑神奇、峰峦秀美而著名。整个建筑巧妙地利用绝壁和缓坡，蜿蜒展开，可分为两部分。绝壁岩洞中建筑为元至元二十三年（1286）住持张守清集资创建，历20年竣工，元延祐元年（1314）元仁宗敕额“大天乙真庆万寿宫”。主要建筑有小山门、八卦亭、皇经堂、两仪殿、龙头香、藏经楼、天乙真庆宫石殿、太子睡龙床、古棋亭等，北坡建筑为明永乐十年（1412）敕建，主体建筑按中轴线排列，分别为龙虎殿、配房、配殿、大殿等。由于受地形影响，供奉着“水神”的御碑亭，则分别建在一块凹坡的两侧，完全不对称。两座天门相离更远，南天门位于南岩东侧一座山头上，北天门则位于西北凹坡绝壁处，更谈不上对称，但由于巧妙利用山峦起伏、绝壁兀岩这些自然元素，与建筑与环境“虚实相融”，在总体上保持了一种高度的和谐，使南岩更加神奇，使明成祖塑造的真武“得道飞升”这一修仙主题得到更大的张力。

图 2–78　羽化塔 – 表面抹灰脱落

图 2–79　东碑亭 – 表面抹灰脱落

图 2-80　东山门 - 墙面抹灰脱落

图 2-81　东山门 - 砖须弥座酥碱风化

图 2-82　西配楼 - 油饰起甲

图 2-83　太极亭 – 油饰彩画脱落

图 2-84　甘露井 – 踏步石酥碱风化

图 2-85　藏经楼 – 构架歪闪

图 2-86　藏经楼 – 油饰起甲、脱落

图 2-87　两仪殿 - 彩画脱落、被熏黑

图 2-88　古棋亭 - 构架歪闪

图 2-89　南天门 - 阶条石断裂、外闪

图 2-90　南天门 - 屋面长草

图 2-91　石殿 - 南面临时堵砌、两石角柱与屋面缺失

图 2-92　石殿 - 神像座残损

太和宫 位于武当山最高峰天柱峰，明永乐十年（1412）敕建，该宫建筑分为两组：天柱峰南麓为太和宫，建筑顺山腰蜿蜒，依次为朝天门、天云楼、焚帛炉、道房、皇经堂、戏楼、小宫门、朝拜殿、钟鼓楼、元君殿等，另一组建筑坐落在紫禁城内，沿天柱峰环绕而上，依次为南天门、灵官殿、九连蹬、配房、金殿、父母殿等。特别是将山峰圈护着的紫禁城和城阙东、西、南、北四门，高大的城墙如同天阙，俨然上界五城十二楼。太和宫是明成祖宣扬“皇权神授”“天人合一”思想最主要的场所。

武当山建筑群中除此八宫之外还有不少名为宫的建筑，如清微宫、朝天宫、五龙行宫、琼台宫等。这些宫在等级上不属于皇帝敕建的“宫观事例”，但是在规模上又比一般的观要大一些，因此不少是由观改名为宫的，如清微宫、朝天宫、琼台宫等。在明朝非皇家敕建的宫殿，是不能单独行使宗教职能的，而只能隶属于八宫中的某一宫，行使的职能要听从提点住持的安排。为什么这些宫不能纳入“本山宫观事例”呢？其主要原因是武当山古建筑群的等级规制。中国古代以九为最，九成为皇帝的专用数字，九龙天子、九法、九庙、九鼎等。皇帝住的房子为九五之尊，即面阔九间进深五间，组群为九宫。武当山不能超过皇帝，故永乐帝时敕建七宫。成化年间太监奏请迎恩观升为宫，明宪宗经过考虑后答应了此事，共成八宫，仍比九宫低一档。故最信道教也最喜欢建庙的嘉靖皇帝只能建一座高级别的牌坊，以示自己崇道的虔诚。

图 2–93　左签印房 – 后做混凝土结构

图 2–94　父母殿 – 后抹水泥灰刷浆

图 2–95　东配殿 – 油饰起甲、脱落

图 2–96　西配殿 – 油饰起甲、脱落

图 2–97　右签印房 – 后做混凝土结构

图 2–98　父母殿 – 后贴面砖

图 2–99　东天门 – 排水洞堵塞

图 2–100　西天门　屋面残损

图 2-101　父母殿 - 油漆脱落

图 2-102　东天门 - 北侧堆放垃圾

图 2-103　东天门 - 构件松动

图 2-104　东天门 - 墙根生长杂草

图 2-105　东天门 - 墙根土路

图 2-106　东天门 - 屋面长草、石板位移

图 2-107　城墙 - 不当修缮

图 2-108　城墙 - 后铺石板路

图 2-109　城墙 - 后铺石板路留排水洞

图 2-110　城墙 - 墙帽残损

图 2-111　城墙 - 用石材胶不当修缮

图 2-112　城墙 - 用水泥胶不当修缮

图 2-113　城墙 - 用铁件加固

图 2-114　灵官殿 - 室内油漆不当修缮

图 2-115　太和宫 - 壁画、红浆脱落，墙面被刻画

图 2-116　太和宫 - 宫内被烛焰薰蚀严重

图 2-117　灵官殿 - 墙面后抹水泥勾缝

图 2-118　太和宫 - 后墙潮湿、发霉、抹灰脱落

图 2-119　披檐 - 后改建披檐施工粗糙

图 2-120　朝拜殿 - 柱根糟朽 1

图 2-121　太和宫 – 瓦面碎裂

图 2-122　朝拜殿 – 局部勾头缺失

图 2-123　披檐 – 屋面板松动

图 2-124　朝拜殿 – 局部新换飞子、望板

图 2-125　朝拜殿 – 梁架局部走闪

图 2-126　朝拜殿 – 柱根糟朽 2

图 2-127　朝拜殿 - 石构件用铁件连接

图 2-128　钟楼 - 外墙面潮湿、发霉

图 2-129　鼓楼 - 石构件用铁件连接

图 2-130　鼓楼 - 外墙面潮湿、发霉

图 2-131　鼓楼 - 外墙面抹灰脱落

图 2 132　万圣阁　墙面有裂缝

图 2-133　鼓楼 - 内墙面潮湿、发霉

图 2-134　焚帛炉 - 烟熏 1

图 2-135　南天门 - 构件脱榫变形，铁件加固

图 2-136　南天门 - 鬼门洞

图 2-137　皇经堂 - 梁架烟熏

图 2-138　皇经堂 - 檐口漏雨

图 2-139　焚帛炉 - 石构件用铁件连接

图 2-140　焚帛炉 - 烟熏 2

图 2-141　三观阁 - 室内杂物堆积

图 2-142　三观阁 - 新换望板

图 2-143　朝圣门 – 地面铺石断裂、缺失

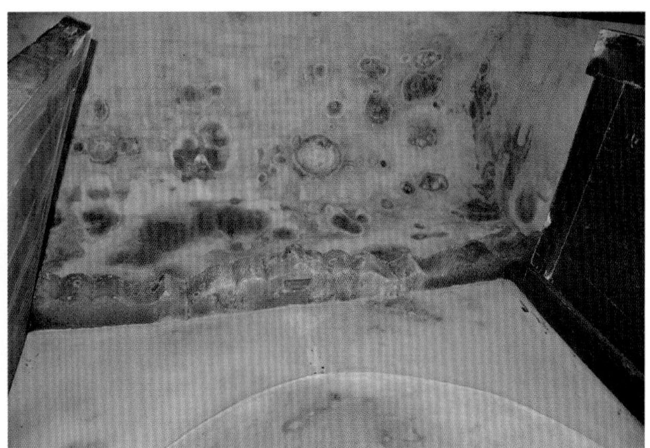

图 2-144　朝圣门 – 券顶潮湿、发霉

图 2-145　朝圣门 – 砖构件错位

图 2-146　南天门 – 大门糟朽，铁面锈蚀缺失

图 2-147　南天门 – 拱顶发霉

图 2-148　南天门 – 拱顶渗水析盐

图 2-149　南天门 - 栏杆缺损

图 2-150　南天门 - 入门台阶磨损严重

图 2-151　南天门 - 石材表面发霉

图 2-152　南天门 - 屋面生长草木、发霉

九观

武当山古建筑群中，观是仅次于宫的较大的建筑组群。观的原意是观看，后来延伸为建立在城两侧类似阙的高层建筑。《道书援神契》："古老王侯之居皆日宫，城门两旁高楼谓之观。殿堂分为东西阶，连以门庑，宗庙亦然。"可以看出道教的观是借用家族宗庙演变而来。

武当山九观分别是位于老君岩的太玄观，位于凤凰山西麓的元和观，位于狮子峰山麓太子坡的复真观，位于好汉坡的回龙观，位于五龙香炉峰的仁威观，位于紫霄峰东麓的威烈观，位于太上岩下的八仙观，位于九渡涧天津桥南的龙泉观和位于展旗峰西北的太常观。除了太常观、元和观元代有旧址，永乐年重建外，其他七观均于永乐十年（1412）修建。九观中规模最大的是元和观和复真观，这是因为宗教赋予的功能决定的。

元和观 又名元和迁校府，因真武神曾领元和迁校职，故名。所谓元和迁校有修炼校正的含义。元和观位于遇真宫和老营镇之间，始建于元代。明永乐十一年（1413）至十七年（1419）重建，明嘉靖以后，又曾改建和重修。观的主体布局方正有序，隔断适宜，院落深重，规矩谨严。石栏台阶，曲折宛转，殿堂大小均衡，其主体建筑在高台之上。殿内现存神像、供器，大多为铜铸鎏金，铸造工艺精巧。正位的上方供奉着木雕饰金的真武神像，服饰富有宋代风格，是武当山现存最好的木雕艺术杰作。六丁、玉皇等神像，形态各异，造型生动，是我国稀有的珍贵文物，可供研究鉴赏。元和观原为武当山道教监狱，是处罚违反清规戒律的道士的处所。永乐皇帝大修武当时，为保证武当山道教秩序，专门颁发管理道士的圣旨。同时道教内部也制定了严格的管理制度，名曰"清规"。"清规"法定监督人是各宫的监院或道总。按"清规"开列的惩罚有跪香、杖革、烧丹、烙眉等，严重的逐出山门。元和观也因此在武当山道教中具有显赫的位置，在建筑规模上比一般道观大许多。其布局由横向并列的三座合院式建筑组成。中间合院由山门、配房、大殿构成；东西合院分别由方丈斋堂、道房、厨房、廊庑等构成。特别是中轴线山门为两侧带影壁和八字墙的歇山式殿堂建筑，其规模如同宫殿建筑，只是体量较小一些。

图 2-153　八字墙 - 砖酥碱、抹灰脱落

图 2-154　东配殿 - 墙面抹灰脱落

图 2-155　东配殿 - 下碱砖酥碱、修补，墙面抹灰脱落

图 2-156　龙虎殿 - 墙面抹灰脱落、修补

图 2-157　龙虎殿 - 新做彩画

图 2-158　西道院北道房 - 建筑式样已改

图 2-159　西道院南道房 - 建筑式样已改

图 2-160　西道院西道房 - 建筑式样已改

图 2-161　西道院西道房 - 碎砖后砌山墙

图 2-162　西道院西道房 - 下碱酥碱，墙体开裂

图 2-163　西配殿 - 墙面抹灰脱落、修补

图 2-164　西配殿 - 台帮石酥碱、风化

图 2-165　西配殿 - 下碱酥碱、风化

图 2-166　西配殿 - 油饰起甲、脱落

图 2-167　龙虎殿 - 新做塑像

图 2-168　玄帝殿 - 石狮残损

图 2-169　玄帝殿 - 下碱酥碱、抹灰脱落，博缝砖抹灰开裂、脱落

图 2-170　玄帝殿 - 石栏板残损

复真观 又名太子坡，据记载，明永乐十年（1412），明成祖朱棣敕建玄帝殿宇、山门、廊庑等29间。明嘉靖三十二年（1553）扩建殿宇至200余间。清代康熙年间，曾先后三次修葺。清代乾隆二十年至二十六年（1755—1761）又重修大殿、山门等殿宇。后因年久失修，损坏严重。据传，这是真武太子上山修炼的第一个道场，也是宣讲宗教教义的领先场所。由于建筑群处于狮子山西麓的一块坡地上，在朝向上要求面向金顶、背靠狮子峰，而坡地下沿是十分陡峭的九渡河，故建筑只有沿山腰布局。为保证主体建筑在空间上满足宗教活动的要求，大殿、龙虎殿、太子殿在较缓的台地上合围成一个院落，因台地前沿陡峭，不能向前延伸，故建一个照壁将视线转向两侧。同时在北面另辟一条轴线安排五云楼、皇经堂、斋房、厨房和道房形成一个连续空间。为突出建筑群的神秘庄严，山门侧开，以九曲黄河墙蜿蜒连着四道宫门，造成道院深深深几许的纵深感。另外，在主体建筑的南面用高矗的宫墙又合围一院，不设建筑，仅在院后开设四宫门，门外设月台，以神道连接龙泉观，使建筑在整体关系上取得一种高度和谐。整体布局左右参差，高低错落，谐调而完美，充分体现道教“清静无为”的思想内涵。置身复真观的最高处，俯视深壑，曲涧流碧；纵览群山，千峰竞秀。每逢夕阳西下，还可见武当“太和剪影”的奇观。这种建筑布局也是天平式的秤式布局。复真观的山门与元和观一样，建筑等级很高，而且比元和观做得更加高大，完全可以与七宫媲美，但是在开间上受到限制，仅一开间而不如遇真宫、玉虚宫三开间那样雄伟。由此可见武当山的建筑等级和礼仪制度“本山宫观事例”的森严。

图 2–171　北道房东房 – 墙面抹灰局部修补、墙帽长草

图 2–172　北配房东房 – 墙面抹灰风化、脱落，下碱抹灰

图 2-173　北道房东房 - 油饰起甲、剥落

图 2-174　北道房西房 - 油饰起甲、剥落

图 2-175　北道房西房 - 墙面抹灰局部修补

图 2-176　北配房东房 - 油饰起甲、剥落

图 2-177　北配房西房 - 油饰起甲、剥落

图 2-178　北天门 - 须弥座局部风化

图 2-179　大殿 - 屋面长草

图 2-180　大殿 - 檐口漏雨

图 2-181　二道门 - 须弥座风化

图 2-182　焚帛炉 - 屋面长草、石构件用铁件连接

图 2-183　复真桥 - 石构件用铁件连接

图 2-184　复真桥 - 桥身两侧长满杂草

图 2-185　井 - 条石部分断裂、石构件用铁件连接

图 2-186　祭台 - 石构件用铁件连接

图 2-187　九曲黄河墙 - 墙面抹灰脱落

图 2-188　龙虎殿 - 屋面长草，油饰起甲、剥落

图 2-189　太子殿 - 檐口漏雨，油饰起甲、剥落，踏步错位、断裂、下沉

武当山其他七座道观基本上沿袭了元和、复真二观的建筑布局形式，依山就势，灵活安排。但是规模较小，而且等级也较低，没有歇山殿堂带八字墙的山门。

武当山九座道观中太玄观、仁威观、威烈观已毁。现尚存元和观、复真观、回龙观、八仙观、龙泉观和太常观六座道观。另外，武当山还有一些名曰“观”的建筑，如修真观、明真观、云霞观等。这些观或沿用明以前的旧名，或冠以民间对道教建筑的通称。但在规模和等级上不属“本山宫观事例的范围”，为普通宗教建筑。

2.2 庵

三十六庵堂

庵堂则是次于观的道教建筑。武当山庵堂甚多，列入规制者有三十六庵堂，这很可能出自中国传统术数中的趋吉心理，以九的倍数为吉利。三十六庵堂分别是位于武当山东麓的冲虚庵，位于凤凰山南麓的襄府庵，位于磨针井北面的回心庵，位于响水河的秦府庵，位于沧浪亭山顶的玉峰庵，位于横山湾的乐府庵，位于土桥的准提庵，位于石板滩的孟津庵，位于草店的周府庵、申府庵、晋府庵、庆府庵、沐府庵、万寿庵，位于玄岳门外的会真庵、紫阳庵，位于回龙观的路府庵，位于嵩口的明真庵，位于元和观的祟府庵，位于五龙的自然庵，位于五龙青牛涧的接待庵，位于太上岩下的全真庵，位于太上岩北侧的延寿庵，位于紫霄宝珠峰北的茶庵，位于金沙坪的迁遇庵，位于五龙宫西的自在庵，位于太玄观附近的大道庵，位于蒿口的桧林庵，位于老君堂的大道庵，位于古均州城内的准荟庵、白衣庵、青水庵，位于迎恩官的楚府庵，位于刘坪堰的福府庵，位于黄丰山的云窟庵，位于莲花池的白雪庵。

武当山建筑群中的庵大多修建于武当山下，依建设资金来源渠道的不同分为捐建、敕建等。捐资修建的大都为皇亲贵戚，如驸马都尉沐听捐资修建沐府庵，明楚藩王捐修楚府庵，大官僚们捐修周府庵、申府庵、晋府庵、崇府庵、福府庵等。捐建的庵堂基本功能是满足同姓族人朝山进香时歇憩和内省而设立。另外，也为过路香客提供服务，兼有宗教和接待两种功能，如茶庵等。庵堂的选址与规模没有特定的要求，随意性较大，根据捐资人的意愿和财力而定。

敕建的庵堂，不同于捐建的庵堂，大致可分为两种。一是在原有庵堂的基础上改建和扩建，作为宗教朝圣的行程中宫观建筑之间的小型宗教场所。二是为满足整体布局所必需的建筑节奏和韵律，在大型宫观之间建设的一些庵堂，作为一种空间过渡以弥补大型建筑之间因空间间隔太大而形成的空缺。这些庵堂在建设选址的过程中将建筑环境、宗教心理等因素综合考虑，成为武当山古建筑群中重要的建筑链，起着承上启下的集散作用。

三十六庵中大部分建筑因改变用途、损毁以及丹江水库所淹没已不复存在。现存的主要庵堂有冲虚庵、襄府庵、回心庵等。

冲虚庵 又名金花树，位于玄岳门前小终南山下。坐北朝南，背依终南山，面对丹江水库，地势向阳藏风，常年清幽。冲虚，本意是凌空，相传列子修炼道成时冲虚而去。唐玄宗天宝元年诏列子号“冲虚真人”。宋元时，此地曾有小庙，据传列于曾变化为乞丐到此乞讨，庙内住持以诚款待列子，因此显灵使庙前一棵合抱的古柏开满金花。小庙也因此而名金花树。明永乐年间在原庙基础上敕建祖师殿、山门、三官阁、皇经堂、藏经楼、斋房、厨堂等建筑，主体建筑祖师殿为硬山顶，抬梁式砖木结构，面阔五间，通面阔 20 米，进深四间，通进深 11.5 米，通高 9.6 米。皇经堂 2 层，紧靠终南山坡，砖木结构，硬山顶，抬梁式木构架，前为廊后封檐，小青瓦屋面，面阔五间 11.95 米，进深 8.39 米，通高 9.7 米。建筑布局顺坡地按中轴线排列。庵内有千年古柏一株，“舜井”一口。

襄府庵 明代由信士捐建，位于遇真宫东侧。现存大殿、皇经楼、配房等 27 间，建筑面积 1139 平方米，建筑及遗址占地面积 5927 平方米。主体建筑呈中轴线排列，由大殿、山门、皇经堂、斋房、厨堂、道房等构成。大殿坐

图 2-190　东配殿 - 立面式样已改

图 2-191　大殿 - 券门水泥抹面

图 2-192　东配殿 - 梁架倾斜用木支撑

图 2-193　东配殿 - 屋面漏雨

图 2-194　吕祖殿 - 立面式样已改

图 2-195　西道院 - 立面式样已改

图 2-196　西配殿 - 梁架歪闪

北朝南，硬山抬梁式砖木结构，小青瓦屋面，面阔三间 12.9 米，进深三间 7.90 米，通高 7.30 米。皇经楼，二层，砖木结构，硬山顶，抬梁式木构架，小青瓦屋面，面阔五间 21 米，进深三间 9.45 米，通高 10.4 米。配房均为砖木结构，硬山顶。

回心庵 位于回龙观与磨针井之间，坐南朝北。清康熙年间建。相传为武当山道教太子修炼故事中的重要场所，即太子受姥姆点化后，走到这里开始醒悟“铁杵磨成绣花针”的道理，并决定返山修炼，故曰回心。原为四合院式建筑组群，由山门、配房、大殿及道房构成。现仅存大殿，硬山式抬梁结构，1986 年维修庙 3 间，建筑面积 63 平方米，占地面积 720 平方米。殿为砖木结构，硬山顶，抬梁式木构架，脊饰鸥吻吞脊，前为廊，后为封护檐，正面为隔扇门，方砖墁地。面阔三间 8.78 米，进深 4.83 米，通高 6.96 米。

图 2–197 回心庵 – 台帮碎石砌筑

2.3 岩庙

七十二岩庙

武当山岩石结构为变质中酸性火山碎屑岩、节理、断岩发育，形成众多陡峭的山峰。这些岩峰之间因地壳运动，节理交切，水流刻蚀形成不少洞穴和台地。道教根据吉利取七十二峰、三十六岩庙，从南北朝开始，不少隐士羽客来武当山，栖身在这些天然的洞穴中修身炼性。唐以后，开始有人在洞穴中修建茅草棚。宋元时期有了较大规模的建筑群。明代根据香客朝山的线路，在神道附近有选择地对其中有影响的岩庙建筑进行了修葺和扩建。同时，在山峦的缓坡上修建不少庙宇。由于深山气候寒冷，缺乏有效保护，岩庙建筑损毁严重。据文物普查资料，七十二岩庙中现仅存三分之一，大部分荡然无存。

最有影响的岩庙主要有玉虚岩庙、尹仙岩庙、上院中院下院岩庙、太子洞岩庙、雷神洞岩庙、黄龙洞岩庙、黑虎岩庙、华阳岩庙、灵应岩庙、凌虚岩庙等。

玉虚岩庙 又名俞公岩，位于九渡涧上游一块绝壁之上。这里山开列嶂、云拥层峦、奇峰突兀、出口狭隘，岩上藤萝飘垂如帘，岩下谷深百丈，涧水倾泻，声震如雷，举目仰望，峭壁夹岸，林木幽深，仿佛天开一线。相传此岩是真武当年修炼得道之地；隋唐之际，隐者俞惠哲曾在此修炼，故名俞公岩。元泰定元年（1324）武当道人在元室支持下在此大兴土木，建有悬山式大殿、山门、皇经堂、斋房、道房、藏经楼等建筑。元至元三年（1337）武当山太和宫提点彭明德募捐，安陆县民施七百五十缗在大殿右侧建造雷部诸神的彩塑神像。明代永乐年间又在大殿供奉真武及泥塑五百灵官。玉虚岩庙成为明代岩庙中最负盛名的宗教场所。明代诗人俞士章《游玉虚岩》：“九渡溪头一径通，海棠花落水流红。琳宫不尽悬岩半，栈道孤浮绝壁中。王子笙歌青汉落，刘安鸡犬白云笼。入山何事非寻胜，独此出奇自不同。”玉虚岩建筑布局依山势为三级梯形，横向排列，一条羊肠小道由溪底蜿蜒向上至山门，有“一夫当关，万夫莫开”之险。

图 2-198　华阳岩庙 1

图 2-199　华阳岩庙 2

图 2-200　灵应岩 - 岩庙

图 2-201　凌虚岩庙

图 2-202　太子洞岩庙

图 2-203　玉虚岩 - 保留塑像

图 2-204　玉虚岩 - 保留柱础

图 2-205　玉虚岩 - 后檐屋面部分缺失

图 2-206　玉虚岩 - 乱石堆砌

图 2-207　玉虚岩 - 墙面抹灰脱落

图 2-208　玉虚岩 - 蓄水池

2.4　其他

除了八宫九观三十六庵堂七十二岩庙外，武当山古建筑群还包罗万象，诸如神祠、楼阁、亭台、牌楼等建筑类型不一而足，这其中又数姥姆祠、玄岳坊、天乙真庆宫石殿、李素希道塔、龙头香等古建筑尤为独特。

姥姆祠　又称磨针井。姥姆指的是武当道教供奉的最高尊神——玉清圣祖紫气元君（简称紫元真君），也是真武太子的老师。真武降生为净乐国太子后，在紫元真君的精心引导下，修道成仙。据《道经》记载，真武太子修炼初期，意志不坚定，15 岁时曾欲下山返回净乐国。途中，太子经过磨针井时看见一姥姆正在磨一根粗大的铁杵。当得知姥姆欲将铁杵磨成绣花针时，太子尤为疑惑。“功到自然成”，姥姆一语惊醒梦中人，真武太子幡然醒悟，即刻返回继续修炼。在武当山修炼 42 年后，于黄帝紫云五十七年九月初九，功成圆满。磨针井是武当山真武故事中的重要建筑，是纪念姥姆的神祠，也是坤道修行的地方。姥姆祠依山就势，山门侧开，主体建筑包括三清殿、姥姆亭、配殿、道院等。其中，姥姆亭再现了姥姆磨针点化真武的情景，包括姥姆磨针像、古井等元素。三清殿前树立着两根粗大的铁杵，寓意做事要有坚强的意志和持之以恒的精神。

玄岳牌坊　又称玄岳门。位于武当山东麓，是进入武当山的大门，也是香客朝山进香的必经之路。民间谚语有云：“进了玄岳门，性命交给神。出了玄岳门，还是阳间人。”玄岳牌坊得名于明嘉靖皇帝所题“治世玄岳”，始建于嘉靖三十一年（1552），落成于次年。玄岳坊是一座三间四柱五楼式的石构建筑，通高 12 米，面阔 12.36 米，比例近正方形。牌坊的构件、配件，都是用青石雕凿，柱、额、枋、阑、斗栱、屋宇皆为仿木结构的石质构件，用榫卯拼接组装。主、次、边楼檐下皆施五辅作重栱出三杪并偷心造斗栱，斗上有圆雕神话人物。主楼为庑殿式，宝瓶吞口、花板正脊、大吻对峙，出七踩双翘偷心造斗栱；次楼、边楼脊饰与主楼一脉相承，自上而下，逐层设置，形成三滴水式的格局。

天乙真庆宫石殿　建于元至元二十三年（1286），通体采用石构件，是我国现存最大的全部仿木结构的石构建筑。石殿坐北面南，建于悬崖之上，属南岩宫重要建筑的组成部分。该建筑单檐歇山式，面阔三间 11 米，进深 6.6 米，通高 6.8 米，其梁柱、檐椽、斗栱、门窗、瓦面、匾额等全都仿木结构，均用青石雕琢，榫卯拼装，最大的构件重达几十吨。一般而言，石构建筑对屋架和举高的处理通常采取无梁殿，并用砖构件起栱发券。天乙真庆宫石殿则全部采取石构件，并在悬崖峭壁上施工，其难度可想而知。可以说，中国古代工匠的聪明智慧和高超技艺在该石殿的设计、建造上显露无遗，让人惊叹。

李素希道塔　建于明永乐二十二年（1424），位于五龙宫前坡地上，占地约30平方米，我国现存最早的道塔。李素希，字幽岩，号明始韬光大师，河南洛阳人，自幼饱读诗书，受元朝“九儒十丐”影响，后入武当山学道。靖难之役后，李素希审时度势，借真武大帝嫁接的榔梅树开花结果为契机，盛赞朱棣夺权为“精诚感格，祝厘国家，故能动高真降此嘉祥，以兆丰禳也”，得到赏识，由此重振武当。他死后，永乐特破例建塔安葬。该塔高约6米，阁楼式、实心，造型别致。这种将儒教的碑亭、佛教的塔楼和传统的棺葬融合在一起的道塔，十分罕见。自此道塔风靡，有名望的道士纷纷开始有了自己的道塔，并采用瓮棺葬与石塔相结合的形式。

龙头香　又称龙首石。建于元朝延祐元年（1314），位于南岩“天乙真庆万寿宫石殿”外绝崖旁，是一种非常特别的祭祀建筑，造型为悬挑的石雕巨龙。其中，雕龙石梁悬空伸出2.9米，宽约30厘米，上雕盘龙，龙头顶端置一香炉。龙头香由4块青石拼接后通体雕凿，主石长约7米，下设两层托撑石，向外悬挑，后尾4米埋于月台下，将主石因悬挑而形成的重力承传至月台，以保持稳定。远远望去，形似两条巨龙在云中沸腾，被冠以“天下第一香——龙头香”。由于龙头香所在位置地势险要，下临万丈深渊，烧香的人要跪着从窄窄的石龙身上爬到龙头点燃香火，然后再跪着退回来，稍有不慎，就会坠崖殒命。为了保全更多香客的性命，也提示大家珍爱生命，清康熙十二年（1673），川湖部院总督下令禁烧龙头香，并立碑告诫。

图2-209　三百灵官

图2-210　龙头香

图2-211　北道房－油饰起甲、剥落

图2-212　姥姆阁－屋面漏雨

图 2-213　姥姆阁 - 油饰起甲、剥落

图 2-214　南道房 - 油饰起甲

图 2-215　姥姆阁 - 檐口漏雨

图 2-216　三清殿 - 石构件用铁件连接，踏步石风化、长草

图 2–217　三清殿 – 屋面漏雨

图 2–218　石殿 – 石构件风化

图 2–219　太乙真庆宫石殿局部

图 2-220　北道院李素希墓 – 墓前石像

图 2-221　李素希墓 – 石塔

图 2-222　南岩 – 羽化塔

2.5 古桥

武当山峰峦叠翠、高大雄伟，崖洞蹊跷幽邃，其山间更有多条涧流蜿蜒点缀。在这些溪流流经之地，多有桥梁为伴。现存最完整的桥梁有剑河桥、复真桥、上斜桥、下斜桥、会仙桥、太和桥、金水桥等，其他大部分桥梁则因改建或冲毁消失殆尽。其中，复真桥、上斜桥、下斜桥、金水桥以及会仙桥是武当山上山神道中的几座石桥，横跨在沟壑与峡谷的低凹处，均为单孔石桥，且体量较小，而剑河桥、太和桥则较之有自身的特色。

剑河桥 一座三孔石拱桥，位于紫霄宫以北十里处的九渡涧上，扩建于永乐十一年（1413），是武当山明代桥梁中规模最大的石拱桥，也是鄂西北地区现存历史最早的石拱桥。该桥宽 9.5 米，长 15 米，高 6 米。该桥的独特之处，还在于其建筑和真武神的修道神话有关。据载：真武神母亲善胜皇后不舍爱子上山修道，就亲自上山寻亲。然而太子修道志向笃定，不想跟母亲回去，就向大山深处跑。善胜皇后一步一唤，希望挽回太子的心。万不得已，太子举剑朝着身后的大山劈下，剑过之处，河水波涛汹涌，母子顿时分立两岸，因此得名剑河桥。

太和桥 位于太和宫皇经堂前，始建于明代。该桥架设在岩石的断壁处，长约 14 米，宽 6.4 米，原是从朝圣门到朝拜殿之间的一座单孔石桥，扩建后桥上有一座戏楼，用于演出皮影戏。由于戏楼的设立，该桥的北面已与皇经堂形成院落，游人至此而不见桥，故有“行桥不见桥”一说。

图 2-223 剑河桥 - 桥身 1

图 2-224 剑河桥 - 桥身 2

图 2-225 剑河桥 - 桥身 3

图 2-226 剑河桥 - 桥身 4

图 2-227　剑河桥 - 桥面

图 2-228　紫霄宫东天门桥

2.6 田庄

田庄是指专门用来囤粮的特色建筑，为武当山特有，其功用在于收租、仓储、碾磨、加工等。自宋朝开始，武当山的道士除了依靠朝廷赏赐、信徒捐赠外，还依靠自身开发，圈地开垦，种粮种茶。此后，山农租种兴起，这种雇佣形式也造就了武当山庙观特有的庄园经济形式。永乐年间，朝廷将各山麓四围的田地划拨给庙观，并押解 550 名犯人到此地负责耕种，专门供给武当山各类用度。

由于纳租规模扩大，集中用来收、存、加工粮食的田庄建筑应运而生。据《敕建大岳太和山志》记载，明代武当山八座道宫，每座宫所属田庄 13 处。其中，著名的田庄有高楼庄、碧云庄、太和庄等。

高楼庄 位于天柱峰南麓豆腐沟，坐北朝南，占地面积约 2000 平方米，建筑面积 700 平方米，属四合院式建筑，由门楼、配房、殿堂组成。高楼庄所处之地位于大山深处，其山峦之间有一块天然台地，适合耕种黄豆，而这也是武当山人食用豆腐的主要供给地。该建筑布局前面为山门，进门左右为配房，各房功用不同。其中，配房用于仓储和碾米，殿堂用于收租记账、过秤和平销。该建筑还有一个特色，即除门楼外，所有建筑都是两层，高楼由此得名。建造两层木楼，究其原因一是占用耕地少，二是楼上可储粮、防潮。

与此同时，与田庄一起出现在武当山上的还有其他一些适应农耕经济发展的建筑形式，如浴堂、醋曲作坊、解典库等。

2.7 附属文物

装饰无疑是对美的一种完善，而装饰技术则使得中国古代建筑的美上升到更高的层次。装饰的原意，装为打扮，饰为修饰，即打扮和修饰。对于建筑来说，装饰并不是简单的雕刻、着色，而是根据建筑所用材料的特点、属性进行艺术加工，并利用修饰的手段对建筑所需的观念功能进行提升，创造出既有思想内涵又美观耐看的一种技术。

翻阅史料，了解到永乐帝在大修武当山时，着令工部征集全国的能工巧匠，并将其中的匠头列于“敕建宫观把总提调官员”之列，作为朝廷派遣的钦差。据明代任自垣《敕建大岳太和山志》记载，以朱理等 22 人为总旗、属下 63 人的各匠作头中，不少是装饰高手。仅画匠作头就有 6 人。这支分工明晰、专业化非常强的技术队伍，具体负责指挥 20 万人的建筑大军，历时 13 年，在武当山的崇山峻岭中留下了 33 组规模巨大的古建筑群，也留下了大量精美的各类装饰，反映出 15 世纪我国建筑技术的辉煌成就。

2.7.1 雕刻

武当山上的建筑雕刻主要有石雕、木雕、砖雕。武当山上的建筑雕刻不仅赋予了建筑物鲜明的民族特征，而且塑造出了生动的艺术形象，同时也是武当山古建筑中最具生命力的装饰技术。

1. 石雕

石雕是指用石头作为雕刻材料，制作成石像、图案等等。常用的石材有花岗石、大理石、青石、砂石等。在建筑中石雕主要用于建筑外部装修和重要建筑的基座及神龛，其中最普遍的是石雕须弥座。须弥座是须弥山中佛的台座。从唐代开始，须弥座就一直成为中国建筑中最豪华的装修，常常用于建筑的基座或底座，而武当山宫殿建筑底座装饰几乎全部为石雕须弥座。武当山为皇家庙观，主要建筑中大量地使用了须弥座这种装饰形式，如山门的基础、神龛的基座、月台的底座、崇台的底座等。武当山明代建筑的须弥座与清式须弥座相比有较大的差别，据清《工部工程做法》规定："按台基明高五十一分归除，得每份若干；内圭角十分；下枋八分；下枭六分，带皮条线一分，共高七分；束腰八分，带皮条线二分，共高十分；上枭六分，带皮条线一分，共高七分；上枋九分。"我们将实测椰梅祠和御碑亭等地明代须弥座，按51分计算，则得出，内圭角12分；下枋6分；下枭分两层，下中枭3分，下枭3.5分，皮条线二条各1分，共8.5分；束腰10分；上枭也分两层，上中枭3分，上枭3.5分，共6.5分；皮条线二条各1分，上枋6分，花8分。由此可知，明清两个时代的须弥座是有较大的区别，最不同的是明代须弥座造型是上下枭各分为双层；圭角的高度是上下枋高度之和，显得非常大气，在雕刻手法上，圭角做奶子、唇子、掏空档、剔凿素线卷云、落特腮。束腰作如意头缠枝花结带，金刚鞭柱。枋子上枭、下枭都为素面，特别是束腰中段不少雕刻为缠枝牡丹、凤凰等花纹。在刀法上一般为浮雕和高浮雕。

除了石雕以外，建筑装饰构件中看到最多的还有石雕栏杆。武当山石栏杆的材料就地取材，基本上采用本山所产青白石，望柱造型为和尚头或莲花头，宝瓶莲叶寻杖花板，素面地袱。栏杆分为起头、中段、上下两边三个部分，起头部分作抱鼓石，抱鼓石中段为圆鼓，上下两边分别为素线麻叶云头和素线角背云头。比例上明代望柱花板与清代有一定的区别，据清《工部工程做法》记载，清式栏板望柱高：花板高=9 ：5，望柱高：柱头高=11 ：4，望柱截面方形，望柱高：柱宽=11 ：2。武当山明式栏杆，望柱高：花板高=9 ：5.5，望柱高：柱头高=11 ：2.5，望柱高：柱宽=11 ：1.5。明式栏板显得大方轻盈，外形比清式简洁明快。

图 2-229　石雕 1

图 2-230　石雕 2

图 2-231　御碑

武当山的石雕艺术构件中最具有影响力的数御碑亭中的大石龟。武当山建筑群中不是所有的建筑都有御碑亭，只有特定的几座宫殿上才能看到。如净乐宫、玉虚宫、五龙宫、紫霄宫、南岩宫建筑轴线的前端，矗立着两座对立的大碑亭。特别是玉虚宫对立的四座龟亭，亭内立有明成祖在永乐十一年（1413）《下太和山道士圣旨》和永乐十六年（1418）《御制大岳太和山道宫之碑》。武当山御碑亭里碑下石龟与历代龟驮碑不一样，造型奇特，龟头昂扬，高达 3 米左右，龟身长 6~7 米，宽约 3 米。周身精刻吉祥纹，四足踩踏火焰纹，威武雄健。而一般的赑屃碑，龟做的矮小，头低低的，样子温顺。龟为古代瑞应祥兽，是长寿之物。为什么武当山上的御碑亭里都要用龟来驮碑？因为龟是水神的象征，而武当山地处南方，在阴阳五行中南方属火，必须用水神克之。武当山山势如火，七十二峰如火焰腾起，只有北方真武镇克，才能水火既济。武当山名字的本意为“非真武不足以挡之”。所谓水火既济，则是水神与火神合理搭配，在阴阳五行中有相济相克的含义。《易经・既济》：“水在火上，既济（注：水火相交，事既成也）。”因此真武（水神）作为武当山的主神，能以水济火，相克相生，天下太和。武当山的大龟也因此做的生气蓬勃，气宇不凡。将大石龟运送到武当山上绝非一件容易的事情，大石龟为一块整石雕刻，重达 40 余吨。武当山道路崎岖，运输如此巨大的石件也非易事，特别是南岩宫西碑亭中的石龟，不但要经过几座山坡，而且要经过一道大的沟壑才能运输到西边的亭中，在交通十分发达的今天，搬运如此巨大的石构也不是一件容易的事情。遥想古人在完成这些伟大的艺术品时，是多么的艰辛与不易！据考证，石龟的搬运，要先开辟一条山道，利用冬天气温下降，以水浇道，形成一条光滑的冰道，然后将开山取出的石荒料用人拉或驴马拖至目的地，再进行精加工。这样就对石工的施工技术和宏观造型把握能力的要求非常高，否则，一旦失误，就会造成巨大的人力、物力浪费。如今展现在我们面前的巨大的驮碑神兽，也能让我们想象到古代的能工巧匠们是多么心灵手巧。

2. 木雕

木雕不仅是古建筑中的主要装饰技术，而且也是一门古老的装饰技术。建筑中的“雕梁画栋”就是对木结构中的梁架进行雕刻和彩绘，而木雕发展到明代，由于木雕工具的日益进步，木雕技术可分为隐雕、线雕、剔雕、透雕和圆雕五种形式，后来专业化程度进一步提高，就有了专门的木雕工匠。

武当山的木雕结合着梁架构建，通过在穿插、支撑承托的部位，依据构件的造型特点进行重点的加工，不仅有了渲染装饰，而且还起到了画龙点睛的作用，尤其是在角背、雀替、驼峰以及斗栱构件中的麻叶头、三幅云头、云墩等。

木雕成品里中最精彩的部分是花窗、漏窗、门罩、挂落、格扇门棂花、裙板、绦环板、神龛、供案、桌椅等。这些木雕刻工精细，刀法娴熟，而且采取了如锯割、刨削等一些较先进的加工办法，从而缩短了工艺流程。武当山的木雕在技法上普遍使用了阴刻、阳雕，使雕刻的构件更加立体、更耐看。因为武当山建筑群属于皇家宗庙建筑群，其中雕刻的图案有皇家按礼仪规定的瑞云、行龙、双凤、狮、麒麟、如意团花、缠枝牡丹、吉祥草、宝珠等。同时，也有不少与道教相关的纹饰，如仙鹤、暗八仙、蝙蝠（福）、鹿（禄）、莲花、封神故事、八仙过海、寿星等寓意吉祥和谐音吉祥的图谱。如太子坡太子殿格扇门裙板，即浮雕春、夏、秋、冬四季花鸟，象征太子春秋万年。磨针井姥姆亭格扇门裙板刻有莲花蝙蝠，象征年年有福等。

图 2-232　木雕 1

图 2-233　木雕 2

图 2-234　木雕 3

图 2-235　木雕 4

图 2-236　天乙真庆宫 - 牌匾

图 2-237　太和宫鼓楼木雕

图 2-238　太和宫皇经堂木雕

3. 砖雕

砖雕这项工艺的发展来源于印模纹砖，据考古发掘在东汉末年就已经有大量的印模砖出现，至南北朝时期就已出现砖雕，到宋代砖雕就已较成熟。宋代《营造法式》里记载砖作中即有垒砌、砍磨砖和砖雕，但砖雕仅限于“阶基、城门座、砖侧头、须弥台座”，使用范围较小。明代由于砖的制作水平不断提高，砖雕就十分流行，在建筑中大量使用砖，不仅建筑的砌砖墙与木屋架联系更紧，而且连原来的土城墙也改为了砖城墙。在制砖技术中还发展了磨砖、刨砖、凿砖和锯砖等工艺，还出现了专业的“凿花匠”。

砖雕在工艺制作上有两种，一种是在砖坯上进行雕刻，然后再烧制；另一种是将砖烧制后，再进行雕刻。

武当山明代使用的工匠，多以南方为主，这是砖雕工艺最成熟的地域，留下了不少砖雕精品。因砖能耐风雪侵蚀，砖雕工艺在古建筑中主要配合砖砌体作墀头、门框、影壁角花、中心花、券门等外部装修用。砖雕是点缀性的，表示其建筑等级。

在武当山建筑里数复真观砖雕焚帛炉最能代表武当山的砖雕水平。焚帛炉外形为六面亭阁式建筑，其下建有须弥座台基，造型十分精美，是供香客信士烧化冥币和香烛的炉子。复真观砖雕焚帛炉从屋顶脊饰、斗栱、额枋、柱子、门窗到格扇到须弥座全部使用砖雕，不仅玲珑剔透，而且古拙深邃。

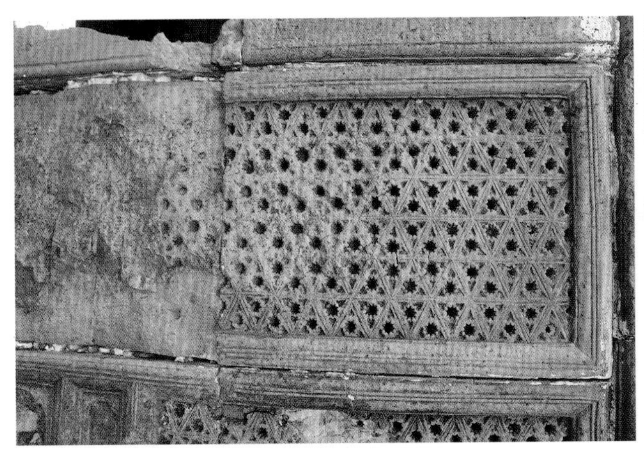

图 2-239　紫霄宫 - 焚帛炉 - 砖雕

图 2-240　南岩宫东山门 - 砖雕

2.7.2　铜铸鎏金

武当山在明初列为皇家庙观，其后 500 多年香火不断的祭祀、供奉，留下不少的铜铸鎏金艺术品和建筑，其中最著名的是金殿。

金殿建于明永乐十四年（1416），重檐庑殿顶，面阔 5.8 米，进深 4.2 米，通高 5.54 米。全系铜铸鎏金仿木构建筑，重檐迭脊，翼角飞举，脊饰龙、凤、鱼、马等珍禽异兽，古朴壮观，下设圆柱 12 根，作宝装莲花柱础，斗栱檐椽，结构精巧，额坊及花板上，雕铸流云等装饰图案，线条柔和流畅，图案清秀美丽。殿内供奉铜铸鎏金真武大帝造像，其像身着袍衬铠，披发跣足，丰姿魁伟，面容慈祥，金童玉女侍立左右，拘谨恭顺，娴雅俊逸；水火二将，擎旗捧剑，列立两厢，勇猛威严；神案下置“龟蛇二将”，蛇绕龟腹，翘首相望，生动传神，巧夺天工。殿内神案及案上供器，均为铜铸鎏金之品，上悬清康熙皇帝御书“金光妙相”金匾，藻井之上悬挂一棵铜质鎏金宝珠，相传此珠可镇山风，使其不能进入殿内，确保殿中神灯长明不灭，故人称“避风珠”。

金殿在铸造中采取的是失蜡法铸造。中国失蜡铸造技术原理起源于焚失法，焚失法最早见于商代中晚期，这种技术在无范线失蜡法出现之后逐渐消亡。失蜡法是一种青铜等金属器物的精密铸造方法。做法是，用蜂蜡做成铸件的模型，再用别的耐火材料填充泥芯和敷成外范。加热烘烤后，蜡模全部熔化流失，使整个铸件模型变成空壳。再往内浇灌熔液，便铸成器物。这种铸造技术不仅压缩了工艺流程，而且解决了造型复杂的器物分范难以成形、成型后机构松散的缺点，铸造的器物可以玲珑剔透，有镂空的效果。失蜡法铸造不但保持了铸件的完整性，不留模印，而且一次成型，膨胀系数一致，具有非常好的稳定性。

将整个金殿搬运至武当山顶也是一个十分重大的工程。金殿因体量大、构件多、重量重，运输的过程又要跋山涉水，故采用了分件铸造、榫卯拼接组合的办法。全部构件在北京铸造成功后，再从北京经南京、汉口运至武当山，明永乐十四年（1416）九月九日，永乐皇帝下旨命都督何浚护送金殿船只：“今命尔等护送金殿船只至南京，沿途船只务要十分谨慎，遇天道晴朗风水顺利即行。船上要十分整理清洁……不许做饭。”金殿到达武当山后，再由人工搬运到天柱峰进行拼装，组合定位，最后进行通体鎏金。

鎏金是将黄金加工成细小的薄片，在坩埚中加热到400℃左右，再倒入2.5倍的水银混合，用无烟木炭棍搅和形成金泥。将金泥涂在打磨光洁的器物表面，然后用无烟炭火烘烤，将金泥中的水银烤出，再用玛瑙做成的碾子，将水银蒸发时留下的微小空隙压实，留下金灿灿的黄金。为使器物光洁，高档的鎏金工艺品往往要进行3~5道鎏金。

金殿因其高大，其鎏金至少在3遍以上，根据其表面积结合每平方耗金量估计，当时使用黄金约1万两。明代典籍《名卿绩纪》谓永乐皇帝：“遣使于武当山营玄武宫殿，榍柱甃甓悉用黄金，是时，天下金几尽。”

金殿坐落于海拔1612米的天柱峰，屹立在众山之巅，从空间上界定了方圆400公里的巨大规模，从内在气韵风度上讲，金殿完全可以看做是武当山的缩影与化身，不仅为武当山提供了真武神话的神秘感，同时也赋予了武当山强烈的皇权色彩。还应特别指出的是金殿的重檐飞脊、金黄色的形体与四周的青山、头顶的蓝天形成了一种强烈的冷暖对比的色彩关系，生发出一种雄伟壮丽、深沉有力的壮美。

金殿与天柱峰两美并峙，名标千古。

鎏金的做法在武当山上不仅用于建筑，还有450余尊铜铸鎏金神像，这些神像造型生动，比例准确，是十分珍贵的艺术品。特别是金殿内真武、金童、玉女、执剑和擎旗5尊神像，这组神像铸于明永乐十四年（1416），与金殿一起，从北京运至武当山。其人物服饰、造型、方位虽按宗教的要求进行布置，却又真实地再现了宫廷内皇帝与仆从之间的关系。金童捧册，着明代宦官服饰；玉女端印，着明代宫女服饰；执剑、擎旗，着明侍卫武官服饰。个个面容庄严，精神饱满，英姿勃勃，忠于职守。值得一提的是，执剑手中的宝剑已飞离剑鞘，似乎随时听从主人的吩咐，去惩治那些敢于来犯的敌人。主人翁真武神，文静矜持，外穿战袍，内着金甲，披发跣足，端坐在御椅上，面目亲善祥和，神情庄严认真，显出宁静、玄妙、飘逸和睿智，双手平放在两膝上，似乎在对每一位朝祀者示意。相传这尊真武神就是按永乐皇帝的模样铸造的。

2.7.3 壁画与彩绘

壁画，即人们直接画在墙面上的画。作为建筑物的附属部分，它的装饰和美化功能使它成为环境艺术的一个重要方面。武当山壁画主要保存在紫霄宫、南岩宫、复真观、磨针井和元和观等大型宫观中。明代壁画以紫霄宫保存得最好，壁画中有八仙降福图、琴高跨鱼图、太子修仙图和高士炼丹图等，壁画构图严谨，用笔遒劲，人物形象生动，设色妍丽，具有很高的艺术价值。

清代壁画以磨针井三清殿中的保存最好，壁画分别绘在大殿左右山墙上，共四幅，每幅采取散点透视法，分割成若干单幅。内容为真武修仙的故事。

壁画颜色以朱砂、石青、藤黄、银朱、石绿为主，以传统的墨线勾勒人物造型，并采用罩晕、晕染、叠晕等技法，至今色泽艳丽，光彩照人。

武当山建筑彩绘也非常具有特色。在内容、种类、用色、制度方面已经达到十分成熟的阶段。

彩绘内容，有人物故事、山水、花鸟。其中以紫霄宫彩绘二十四孝图最为精彩。

彩绘形式有两种，一种是有箍头彩绘，一种为无箍头彩绘。有箍头彩绘，箍头盒子为旋子团花，找头为“一整二破”旋子莲花，枋心为山水或人物故事。无箍头彩绘比较灵活，或通体作锦纹或作缠枝花。

在色彩方面，有灰色调的，如雅伍墨。有青绿色调的，如碾玉装彩绘。也有五彩色调的，如五彩遍装彩绘。

雅伍墨是以墨线勾勒为主，辅以蓝色、青色、石绿等冷色调，主要施彩部位为屋檐、柱枋，也有梁架等。建筑等级一般较低，在武当山紫霄宫建筑中非常普遍，一般配房、配殿等都施这种彩绘。

碾玉装彩绘是以石青、石绿、褚石和白色为主，并以墨色勾勒外形，主要施彩部位为斗栱、外檐额枋、柱子等。建筑等级较高，如武当山紫霄宫、复真观、南岩宫等主体建筑。

明代武当山最流行的彩绘是五彩遍装彩绘，是以朱砂、银朱、石青、石绿、藤黄为主，个别地方辅以贴金、沥粉。八宫九观主要殿堂都是这种彩绘，主要施彩部位为殿内装修、天花、藻井等，建筑等级很高。由于时代变迁，加上这种彩绘成本很高，现在已大多毁坏和改变。目前仅发现紫霄宫大殿藻井和太子坡部分梁架使用这类彩绘。

彩绘颜料中以天然矿物色为主，这些颜料间接起到了保护木材的作用，如青石、石绿是有毒的铜化物，雄黄、藤黄也有毒，这对于木材害虫有杀灭和驱赶作用。

建筑彩绘不仅仅起到对建筑的装饰作用，还对掩盖施工中造成的缺陷、木材的疤痕和防止紫外线对木材的侵害均有很强的保护作用。特别是矿物颜色，因取自天然石料，耐蚀性非常好，而且覆盖力和隔绝性很强，特别是彩绘后，通常要罩上一层桐油，使彩绘形成一道质地坚固的防护膜，更能抗御日晒雨淋，久不褪色。

需要指出的是，武当山现存彩绘基本是清代绘制。虽然明代彩绘大多没有保存下来，但是明代彩绘的纹饰却完整地保留在金殿、琉璃焚帛炉和紫禁城石殿上。这些珍贵的纹饰，为我们留下了明代官式彩画的造型和制度。特别是金殿上的彩绘纹饰，是我国目前仅存的皇宫建筑彩画，是十分珍贵的历史遗存，具有非常高的研究价值。

此外，在全山各宫观中还保存着铜、铁、木、石各类造像1486件，其中明代以前制品近千件，宋、元、明、清碑刻、摩岩题刻409通，法器、供器682件以及图书经籍等，均是珍贵的文化遗产。

图 2–241　碑刻

图 2–242　榔梅祠壁画

图 2–243　紫霄殿彩绘

图 2–244　太和宫 – 壁画

图 2-245　太子坡彩绘 1

图 2-246　太子坡彩绘 2

图 2-247　太子坡彩绘 3

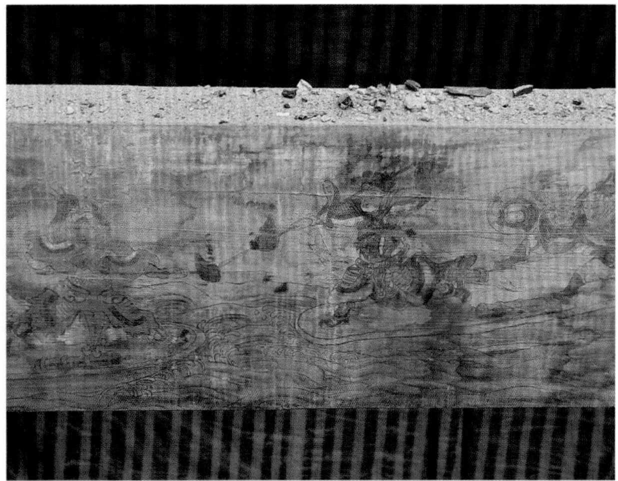
图 2-248　太子坡彩绘 4

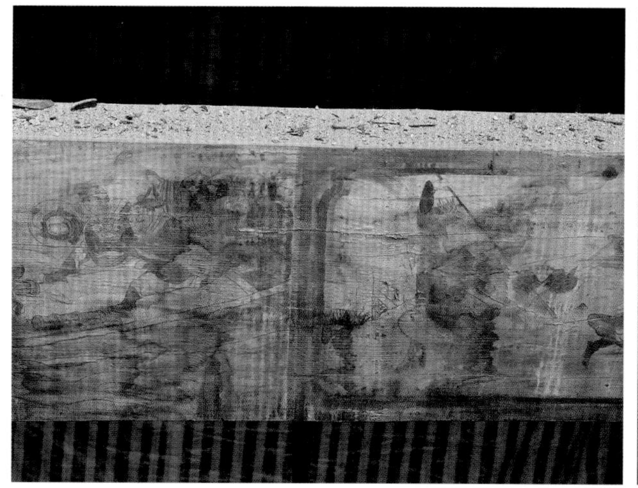
图 2-249　太子坡彩绘 5

图 2-250　太子坡彩绘 6

图 2-251　太子坡彩绘 7

图 2-252　太子坡彩绘 8

图 2-253　太子坡彩绘 9

下篇

第三章　两仪殿历史回顾

3.1　两仪殿历史简介

两仪殿，修建于武当山南岩（又名独阳岩）绝壁之上，坐北朝南，面临大壑。“两仪”一词，最早见于《易传·系辞上》，说：“是故，易有太极，是生两仪”[1]，这里“两仪”指的是“阴”和“阳”。又说：“乾，阳物也；坤，阴物也”[2]，“乾，天也，故称乎父；坤，地也，故称乎母”[3]，此处“两仪”的主要意思是指“父母”，也可延伸为“天地”、“阴阳”等。武当各宫观祀奉真武的主殿后面都建有父母殿，位于轴线上，是武当山宫观基本格局中重要的组成部分。而南岩宫两仪殿则因应地形与其他宫观不同，其朝向与位置均不同于武当山其他宫观的两仪殿。

武当山道教宫观群体的建造始于唐宋，兴于元明。其宫观建筑群以明代大修时为盛，南岩宫建筑群正是这种有机建筑群中最杰出的代表作之一。其中两仪殿与居其一侧的元代天乙真庆宫石殿有着密切的关系，天乙真庆宫以“面朝大顶峰千丈”、“侧筑山门”等巧妙设计以及两者与天柱峰金顶之间的巧妙空间关系设计，高度体现了道家尊重自然的思想，也反映了中国古代高超的建筑智慧和科技水平；而于其后百年所建造的南岩宫两仪殿和殿前闻名遐迩的“龙首石”，更是将这种精妙的空间关系体现到了极致。

3.2　两仪殿营建历史概述

两仪殿位于武当南岩宫建筑群内，供奉真武神的父母，即南岩宫父母殿。其与山门、龙虎殿、东西配房配殿、玄帝殿（即大殿）构成了南岩宫主体建筑的基本格局（图3-1）。武当道教建筑群，一般根据实际功能可分为神灵区、修炼区、生活区。大的建筑组群采取多轴线排列的办法：中轴线为神灵区，设龙虎殿、十方堂、大殿、配房、配殿、父母殿。右边轴线为生活区，设斋堂、库房、神厨等。左边轴线为修炼区，设神堂、静室、卧室等，也有皇经堂等相关配置。南岩宫则是与武当山其他主要宫观在布局上差异较大的一组建筑群，其格局形成较早，而且与山势地形结合更为紧密，其布局不仅体现了地理空间因素，也呼应了天乙真庆宫石殿等历史时间因素。其中两仪殿不拘泥于中轴对称的空间序列，其空间关系通过龙头香的设立，跨越山谷延伸至金顶，这种恢宏的设计无疑反映了两仪殿的独特与重要地位。

南岩宫的历史可追溯到元至元二十二年（1285），在武当道教史乃至中国道教史上都有着极其重要地位的“体

---

1 《易传》——（据说是孔子）解释《易经》（也称《周易》或《易》）的书，共有10册，其中《系辞》分上、下二传。“是故，易有太极，是生两仪”出自《系辞》上传的第十一章，原文为：“是故，易有太极，是生两仪，两仪生四象，四象生八卦，八卦定吉凶，吉凶生大业。”

2 “乾，阳物也；坤，阴物也”出自《易传·系辞下》的第六章，原文为：“子曰：乾坤，其《易》之门邪？乾，阳物也；坤，阴物也；阴阳合德而刚柔有体，以体天地之撰，以通神明之德。”

3 “乾，天也，故称乎父；坤，地也，故称乎母”出自《易传·说卦传》第十章，原文为：“乾天也，故称父，坤地也，故称母；震一索而得男，故谓之长男；巽一索而得女，故谓之长女；坎再索而男，故谓之中男；离再索而得女，故谓之中女；艮三索而得男，故谓之少男；兑三索而得女，故谓之少女。”

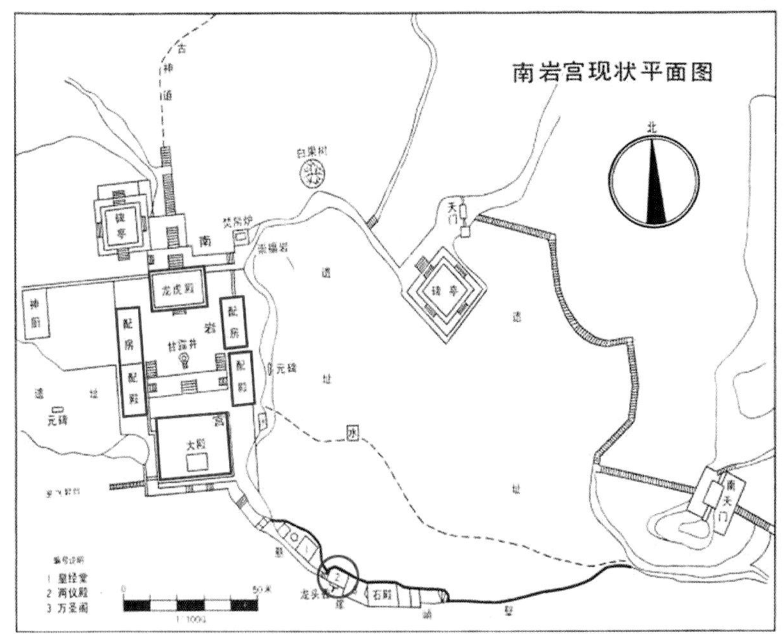

图 3–1　南岩宫平面图（其中圆圈为两仪殿所在位置）

图 3–2　张守清诗碑《纯阳吕真君赞》

玄妙应太和真人”张守清在此创建道观，主持修建“天乙真庆宫”。张守清对于之后百年的武当山规划布局有着完整的整体设想，其规划布置的金顶铜殿、南岩石殿在其百年后永乐大修武当期间得到了更进一步的发展，但其规划格局与意图已经基本奠定。现存于南岩的张守清诗碑《纯阳吕真君赞》[4]（图 3–2），可见当年张守清选址南岩建立宫观的相关设计意图。

两仪殿建筑地段原为独阳岩，据相关记载在元代已有屋宇，属于张守清兴建的天乙真庆宫建筑群。现存两仪殿为明代永乐年间大修武当山时所建，是武当山建筑群中极为珍贵的明代木构官式建筑。从相关文献及建筑实物看，基本完整保持了明永乐十年（1412）扩建南岩宫时的明初建筑风貌。清代乾隆年间修缮南岩宫时在外檐加装木罩，形成上部木制外墙。新中国成立后仅有屋顶部分在 1995 年翻修过，更换了戗脊、琉璃构件，其余琉璃瓦屋面、排山勾滴等绝大部分均为明代原件，其大木作部分经考察均为明代原构。

4 南岩宫皇经堂前有张守清书写诗碑，记托名唐代吕洞宾的《题太和山》诗。此诗最早见于元中期武当道士张守清等人编撰的《玄天上帝启圣录》卷一第七条“紫霄圆道”。该条在引《圣训》语后，即引该诗，并称其为“吕纯阳真人诗”。此后山志均录有该诗，注明为唐吕洞宾作。诗中地形与南岩吻合，反映了张守清选址南岩建立宫观的相关设计意图。录其诗如下：
题太和山
　　唐・吕洞宾
混沌初分有此岩，此岩高耸太和山。
面朝大顶峰千丈，背涌甘泉水一湾。
石缕状成飞凤势，龛纹绾就碧螺鬟。
灵源仙涧三方绕，古桧苍松四面环。
雨滴琼珠敲石栈，风吹玉笛响松关。
角鸡报晓东方曙，晚鹤归来月半湾。
谷口仙禽常唤语，山巅神兽任跻攀。
个中自是乾坤别，就里原来日月闲。
此是高真成道处，故留踪迹在人间。
古来多少神仙侣，为爱名山去复还。
亦见于《大岳太和山志》，卷十二《元碑》。

3.3 元代的天乙真庆宫建筑

今日所见南岩建筑群位于武当山独阳岩下，上接碧霄，下临绝壑，周围峰岭奇峭，林木苍翠，为道教所称真武得道飞升之“圣境”，是武当山三十六岩中景色最为优美壮丽的一处，也是人文景观和自然景观结合得最完美的一处(图3-3）。

据明《大岳太和山志》记载，唐宋时已有道士在此修炼；元时，张守清在前人的基础上，带领着200多名徒众“凿岩平谷，广建宫廷”，使南岩的建筑“隐林中之煊赫，耸层楼十二……”于元至元二十二年（1285）始，经过20余年苦心经营，到元至大三年（1310），最终建成南岩“天乙真庆宫”，“规模宏丽，古昔未有”。根据有关文献记载，此宫初乃以“太和紫霄”名之，后改为“天乙真庆宫”。在创建宫观建筑的这段时期中，他广收门徒，勤于道业，坚持弘扬武当教义，当时南岩的道人已达一千多人，这为大兴修造积累了大量人力；同时张守清利用武当道教在社会上的广泛影响，为武当山积累了极大的财富，这两方面成为当时南岩宫建筑群得以顺利营建的基础。此时的天乙真庆宫石殿坐北朝南，面朝大顶，背靠石壁，建筑为单檐歇山仿木构，在武当山岩庙中规模为最大者。而明代所建南岩宫建筑群选址与其密切相关。

元武宗至大三年（1310），皇太后答己听说张守清道行高深，遣使命建金箓大醮，征召入宫，“及祷雨辄应”。元仁宗皇庆元年、二年（1312、1313），京师连续干旱，皇室诏张守清到京城祷雨，屡祈屡应，仁宗感其功绩赐武当山南岩宫额曰：“天一真庆万寿宫。”之后延祐元年（1314）冬十月，朝廷加赐南岩宫额曰：“大天一真庆万寿宫”，并赐张守清“体玄妙应太和真人”之号，管领武当教门公事。同年石殿外绝崖旁建有一座雕龙石梁，直指金顶。石梁悬空伸出2.9米，宽约30厘米，上雕盘龙，龙头顶端置一香炉，因此号称“天下第一香——龙头香”（图3-4）。加之传说其上的两条龙是玄武大帝的御骑，因此造就了它的神秘和地位。明时所建两仪殿正对龙头香，与金顶三者之间构成了恢宏的跨越山脉的空间轴线关系，这使得两仪殿的地位与知名度大大提升，今人已经将龙头香视为两仪殿的一部分了。

图3-3 武当山南岩宫

图3-4 龙头香

据相关志书记载，南岩位于“大顶之北，更衣台之东，歘火岩之西，仙侣岩之南。当阳虚寂，上倚云霄，下临虎涧，高明豁敞，石精玉莹，皆自然作鸾凤之形。万壑松风，千崖浩气……岩上分列殿庭，晨钟夕灯，山鸣谷震。……中有一泉，名曰甘露水，如珠灿，甘美清丽。幽人达士多居之，即三十六岩第一处”[5]。其中盛赞道：“分列殿庭，晨钟夕灯，山鸣谷震。”“晨钟夕灯”说明当时南岩建筑群已具规模，且布局错落有致，夜间灯火遍布山谷，形成了一幅壮阔、空幽的画面。然而天乙真庆宫在元末“大都毁于兵火”[6]，留存于世的只有“天乙真庆宫”石殿，当时建筑具体之盛况现仅余少量痕迹可考。

3.4 明代两仪殿历史概览

自古以来“君权神授”、“君权神佑”是封建统治者维护其统治权的旗号。明朝开国皇帝朱元璋在其南征北战中就多假借神佑，如《明史·太祖本纪》中记载，朱元璋在与陈友谅之间的鄱阳湖大战中胜利后，他宣称在军事形势不利的紧要关头，东北风骤起，使他得以用火攻取胜，这是北方玄武“神佑”之功。因而朱元璋对北方玄武（即真武神）崇敬有加，从此真武修道飞升之处的武当山也受到特别的重视与礼遇。宋明均对北方安定有高度要求，对于真武崇拜也达到了一个空前的高度。

3.4.1 明永乐大修期

明建文四年（1402），燕王朱棣经“靖难之役”夺取了侄子朱允炆的皇位，他为平息“杀君篡位”舆论，并表明自己是朱氏皇权的正统继承人，在上层建筑和意识形态刻意沿袭洪武旧制，同时在“护国家神”上更是效仿朱元璋尊崇真武神，并且推崇到登峰造极的地步。早在迁都北京之前的永乐十年（1412）三月初六明成祖即下诏：“奉天靖难之初，北极真武显璋圣灵，始终佑助，感应之妙，难尽形容，怀报之心，孜孜未已。又以天下之大，生齿之繁，欲为祈福于天，使得咸臻康遂，同乐太平。朕闻武当紫霄宫、五龙宫、南岩宫道场，皆真武显圣之灵境。今欲重建，以申报本祈福之诚。”[7]南岩两仪殿就是在此次“南修武当”重建南岩宫中得以落成。

武当宫观的营造大致可分为三阶段：永乐九年十月至十年九月（1411—1412）为规划准备阶段，永乐十年九月至十六年十二月（1412—1418）为主体工程营建阶段，永乐十七年正月至二十二年七月（1419—1424）为补充工程营建阶段。在主体建筑营建阶段，共创建五大宫以及其他二十多处宫观庵庙，其中包括敕建九宫之一的南岩宫，南岩因此得以扩建殿宇640余间，并于永乐十五年被敕封为“大圣南岩宫”。

据任自垣[8]《敕建大岳太和山志》楼观部第七篇卷之第八，大圣南岩宫条：“大圣南岩宫，即旧之天一真庆宫。正在大顶之北。南列天柱诸峰；北瞰五龙顶；东有展旗峰，又有甘泉一泓；西有飞升台、礼斗台、圆光洞；中有甘露井、太乙池、天一池、沧水库、蓬莱方丈。其地耸出青霄之上，古之紫霄岩是也。旧址嵯峨突兀，盘旋曲折。俱有琳宫琼馆，真人仙官主之。昔者百废，今者具新。永乐十年敕建玄帝大殿、山门、廊庑；岩前有祖师石殿、圣父圣母殿、左右亭馆；宫前建左右圣旨碑亭、五师殿、真官祠、圆光殿、神库、神厨、方丈、斋堂、厨堂、云堂、钵堂、圜堂、客堂；复有南天门、北天门、道众寮室、仓库，计一百五十五间（石刻灵圣像五百尊，以金饰之，列于石殿岩上左

---

5 《道藏》，第11册，第652页，文物出版社，1987年版。

6 《武当山志》，第129页，新华出版社，1994年版。

7 《明代武当山志二种·敕建大岳太和山志》，第19页，第24页，湖北人民出版社，1999年版。

8 任自垣，永乐九年授道录司右玄仪。永乐十一年选授太和山玉虚宫提点。宣德三年，升太常寺丞，提调本山。所著辑有《太和山志》行于世。宣德五年，以寿终还葬句容。据《大岳志略》卷之二 人物略。

右）。”又据方升[9]《大岳志略》卷之三，《宫观图述略》中南岩宫等七图：“南岩宫，暨隶于宫者也。宫即天一真庆故址。自大顶东走二十里，有丘焉可屋，有泉焉可瀹，……复从元君殿折而下，自是直东，过砖室一，石室一。砖室曰独阳岩，石室曰紫霄岩，对榔梅祠，前所望北壁下者也。岩前刻龙头，横出栏外四五尺，其奉神谨者，则缘龙头置一瓣于其上，以为敬。”由以上相关内容可知，祖师石殿即元代张守清所建天一真庆宫石殿（现匾额曰“天乙真庆宫”，图 3–5），而圣父圣母殿即两仪殿。两仪殿在营建之初，在南岩宫建筑群中并非居于重要地位，但随着时间的推移，日渐成为今日武当山建筑群中珍贵的所在。

图 3–5 “天乙真庆宫”匾额

根据现存南岩宫建筑群的布局，大致可将其分为两部分：南岩绝壁建筑与北坡主体建筑（参见图 3–1）。除天乙真庆宫石殿始建于元代外，两仪殿及其他南岩绝壁岩洞建筑主要都是在元代张守清建造的宫观遗址上修造的。据明成祖永乐十七年五月二十日所颁布圣旨敕谕《敕隆平侯张信、驸马都尉沐昕》：“今大岳太和山大顶，砌造四围墙垣，其山本身分毫不要修动，其墙务在随地势，高则不论丈尺，但人过不去即止。务要坚固壮实，万万年与天地同其久远。故敕”[10]，我们可知朱棣对于兴建宫观，要求特别注重周围环境，建设、维修不得破坏山体植被，从而达到道教的“道法自然”。加之前人、笔者的实地考查，石殿处岩洞石壁与周围并无很大区别，系同一时期开凿完成，笔者由此推测明时大修基本沿用了元时开凿的岩洞，并无大范围、额外的开凿。北坡主体建筑则主要为明永乐十年建造，主体建筑如龙虎殿、陪房、配殿、大殿等仍按中轴线排列。主轴线东、西为原道院遗址。

3.4.2 明永乐之后的增修维护期

明成祖以后，武当宫观历代多有增修，其中以明世宗嘉靖年间(1522—1566)增修规模最大。明嘉靖三十一年(1552)二月二十九日下诏：“朕成祖大建玄帝太和山福境，安绥华夷，显灵赫奕。计今百数十年，必有弗堪者。朕今命官奉修，便行与湖广抚官督同该道观，诣山勘视应合修理处所。估计公费，限四十日以内回奏工部知道。”当地官员接旨后，立即勘查，奏称除金殿外，其余均需修理，共需银十万四千二百五十余两。世宗共发内帑银十一万两，命侍郎陆杰提督工程[11]。由此可知，南岩宫两仪殿也在此次维修之中。据明王佐《大岳太和山志》卷三《敕重修宫观》中记载，修理项目包括：整换太和宫金殿台基、姜瓦、花板石 17 块，周护朱红栏杆，范造金像五尊。在入山道口鼎建碧色石料“治世玄岳”石坊一座，左右海墁、踏垛 1200 丈，太和、紫霄、南岩、五龙、玉虚、遇真、迎恩、静乐等八宫并带管岩庙殿宇、门廊、庭堂、方丈等处，共鼎新琉璃成造 5 座，计 11 间；琉璃结瓦 18 座，计 152 间；鼎新布瓦成造 115 座，计 235 间；布瓦结瓦 798 座，计 2034 间，总计修理 955 座，大小为楹 2441 间，并皆油漆彩画。修理琉璃结瓦墙垣计 91 丈，布瓦结瓦，墙垣 9980 丈。修砌石路共 10800 丈 8 尺，石桥 28 座，八宫丹墀、阶条，海墁照旧俱用砖石剔除。沟渠俱修砌挑浚。据此，加之现存两仪殿的相关情况，可断定当时两仪殿主要是更换了琉璃瓦并油漆彩画以及修砌相关石路等，并无大的重修。

9 方升，江西婺源人，进士，嘉靖十五年（1536）任下荆南道，升自少即慕武当奇胜甲天下，屡以不能专往为憾。嘉靖十三年（1534）任武当山提调，后任参议。

10 《明代武当山志二种 · 敕建大岳太和山志》，第 19 页；第 24 页，湖北人民出版社，1999 年版。

11 明《实录世宗实录》（第 46 册），第 6763 页，台北中央研究院历史语言所，1982 年版。

嘉靖四十五年（1566）又修理了玉虚宫等宫观及附近的桥梁道路。此后，隆庆三年（1569）、万历三年（1575）、天启七年（1627）分别对有关宫观进行了维修。由于朝廷的精心管理和及时维修，南岩宫建筑群在明代二百余年里，始终保持完好。直至今日，现存两仪殿建筑整体依旧保持着永乐年间的初貌。

3.5 清至近代两仪殿历史概览

清代真武在官方的地位不太高，一方面与道教整体衰落密不可分，另一方面则是清朝统治者有意抑制的结果，这源于真武乃是明皇室的护国家神，清室入主中原后，便有意贬低真武。自古以来，宫观的兴盛与帝王的崇信密不可分，至此，武当道教宫观的“皇家宫观”地位便不复存。

据《续修太和志》记载：“武当山地区经明末及清初的战火之灾，宫观殿宇、庵堂多遭焚毁。”后来康熙、雍正、乾隆等清代帝王虽然对武当道教较为重视，地方官吏也曾集资修复，部分武当高道亦为修复宫观等作过很大努力，但终因朝廷投入的人力、财力、物力有限，致使不仅无法恢复明代建筑的原貌，甚至连当时的现状也难以维持，武当山的地位与明代已不可同日而语。南岩建筑群中部分建筑于乾隆年间修缮时在外檐加装木罩，形成上部木制外墙。

又据旧志记载，自乾隆后，玉虚宫、迎恩宫、静乐宫、五龙行宫、仁威观、琼台上观、琼台中观、清微宫等数以百计的宫观庵堂相继毁于战火，到清末全山所存较完整的殿宇不足三千间，与明代两万多间相比已是明显衰败。南岩宫建筑，据明代《山志》记有殿宇、道房 640 间，到清末仅有殿宇、道房近 300 间。

咸丰六年（1856）因官军与红巾军在武当山作战，使紫霄宫、南岩宫、朝天宫、太和宫严重受创，紫霄宫几无道人。消灭红巾军的战事自 1856 年冬至 1857 年 5 月初 5 日，历时半年。战线自古均州城到武当山金顶，最后是在金顶紫禁城红巾军覆没。沿途殿宇损毁情况便可想而知了。今南岩宫“北坡主体建筑”南北主轴线东、西道院被毁，仅存遗址，已无从考察当时状况。而两仪殿所在的“南岩绝壁建筑”却都较完好地留存至今，并且砖石结构保存完整，只有部分屋檐或部分木结构为清代修缮，两仪殿甚至是保存明代原木结构。鉴于此，笔者认为原因有二：除了清朝官方及高道的维护修缮外，主要是因为两仪殿等建筑位于南岩绝壁之上，使其免于战乱的破坏。在一系列机缘之下，今天的南岩宫两仪殿已成为武当山硕果仅存的明代木构殿宇。

据《续修武当山志》记，杨来旺与弟子修复武当山宫、庵、观、桥梁和道路难以数计，使“武当诸宫一新”。他致力修复宫观的同时，还在紫霄宫、南岩宫、净乐宫诸宫积极发展武当全真龙门派力量，自收徒弟 50 余人。由此可推测，紫霄宫、南岩宫、净乐宫是当时“九宫”中建筑状况相对比较好的宫殿，具备一定的规模基础。

清朝末年到民国期间，因战事频繁、兵灾匪祸等原因，道教不再受重视，武当山也日益衰败，宫殿道观残破不堪，大量珍贵文物损失惨重，南岩宫在此时惨遭重创。民国十五年（1926），南岩宫玄帝殿道士在添加灯油时，不慎将油溢出，引发大火，致使玄帝殿、龙虎殿、东西廊房等 200 余间建筑被烧毁。但“南岩绝壁建筑”并未在此次大火中受到牵连，两仪殿又一次躲过了灭顶之灾。

1956 年，南岩宫先后被湖北省人民政府、国务院确定为重点文物保护单位。1994 年 12 月，南岩宫作为武当山古建筑群的重要组成部分，被联合国教科文组织列入《世界文化遗产名录》。其间，武当山文管所几次组织维修队对南岩宫进行维修。两仪殿仅有屋顶部分在 1995 年翻修过，仅更换了部分戗脊、琉璃构件，而大部屋面琉璃构件也均为明代原件。

第四章　两仪殿测绘数据与分析

4.1　两仪殿现状简介

现存两仪殿位于天乙真庆宫石殿东侧，受地形限制及元代石殿、石梁格局影响，明代的设计者巧妙结构，侧筑山门，而整体依旧保持坐北朝南，且正对金顶建筑群，体现出建设者的高超构思。建筑外观单檐歇山顶式，砖木结构，琉璃瓦屋面。建筑主体为大木大式做法，梁架结构整体性强；沿外檐敷设斗栱，均为一斗三升基本形态（如图 4-1 所示）。

两仪殿建于石砌高台上，可分为基座与两仪殿殿身两部分。其中两仪殿殿身建筑面阔三间，进深三间，殿前基座为著名的龙首石。正中间供奉的是圣父、圣母像，左右有侍女泥塑像，近年一尊真武像被置于圣父圣母像前一同供奉，其内的神龛和供桌工艺精湛考究，应该与大殿同时期设置；西次间为娘娘殿，供奉云霄、琼霄、碧霄三位女神；东次殿供奉的则是道教最高尊神“三清”，即玉清元始天尊、上清灵宝天尊、太清道德天尊。东西次殿中的神龛、供桌、塑像，色彩、工艺粗糙，显然为近代所为。

两仪殿柱网规整，共有檐柱 12 根，金柱 4 根。四根金柱径相同，平均直径为 370 毫米；其他柱子柱径较细，平均柱径 340 毫米。四根金柱变形较严重，出现不同程度的歪闪和扭曲，尤其是北部两根金柱，裂纹较为明显。明间与次间相连的中柱上有部分空洞，应原为榫卯结构穿插孔，这些孔洞位于柱子的顶部、中部和底部，根据平面布局的特点，应该为明间与次间的隔断，初步判断由于荷载作用，柱子发生歪闪和变形，使隔断也发生严重变形，最后废弃（如图 4-2、图 4-3 所示）。

两仪殿所处台基为条石砌筑，其台基初建年代应早于上部木构殿堂建筑主体，而可能与其东侧天乙真庆宫石殿同期。现有条石台基为明永乐年间在原有基础上修造，而其岩壁基址部分与天乙真庆宫元代石殿应为同期开凿，而其台基外砌筑的砖石及石栏杆等，均与永乐时期所建武当山其他建筑石构相同。

龙头香为出挑石梁，其方向指向金顶。龙头香位于两仪殿明间正面，是一组长约 2.9 米，宽约 30 厘米的石梁，悬挑于两仪殿之外，主体由三块石雕叠涩而成，石上雕盘龙和卷云花纹，主要采用圆雕和浮雕（如图 4-4 所示）。

龙头香与大殿之间为一出挑平台，上置有一石碑，立于华表旁。因有香客冒着生命危险烧龙头香，坠岩殒命者不计其数，清康熙年间，时任湖广总督蔡毓荣设“禁烧龙头香”碑，并设栏门加锁。其碑文为：“南岩之下，倚崖立殿以祠灵神，不知何时凿石为龙首，置香炉于前，下临绝壑，凭高俯瞰，神悚股栗，焚香者一失足则殒命。

图 4-1　南岩两仪殿

图 4-2 明间与西次间相连的中柱

图 4-3 明间与东次间相连的中柱

图 4-4 龙头香

图 4-5 两仪殿屋面

图 4-6 两仪殿檐口

此世俗庸，妄人所为，非上帝慈惠群生之意也。今徙炉殿内，以便焚香者，使知孝子不登高，不临深之义，立石檐前，永杜小人行险侥幸之路，本宫住持暨诸道众，随时劝诫，勿蹈前辙，其遵行无忽。总督川大清康熙十一年六月朔旦。”原龙头处已有一小香炉，近年，为了香客安全朝圣，又置一大香炉于华表间，供众人进香。

两仪殿屋面琉璃瓦件主体均为明代烧制琉璃件。其正脊由 16 块琉璃件拼合而成。博风板及山面构件、部分屋面筒瓦、排山勾滴及檐口瓦当为明代原件。明代瓦当体积较大，与后来更换的琉璃瓦件差别明显。瓦当如位于常人视野所及处，常有菊花图案（如图 4-5、图 4-6 所示）。

4.2 明、清、当代两仪殿历史演变图说

4.2.1 明代两仪殿复原图像

明代两仪殿外观较现存外观有所不同，靠悬崖绝壁一边并无木檐罩，是以檐廊的空间形式面对金顶，以石栏杆

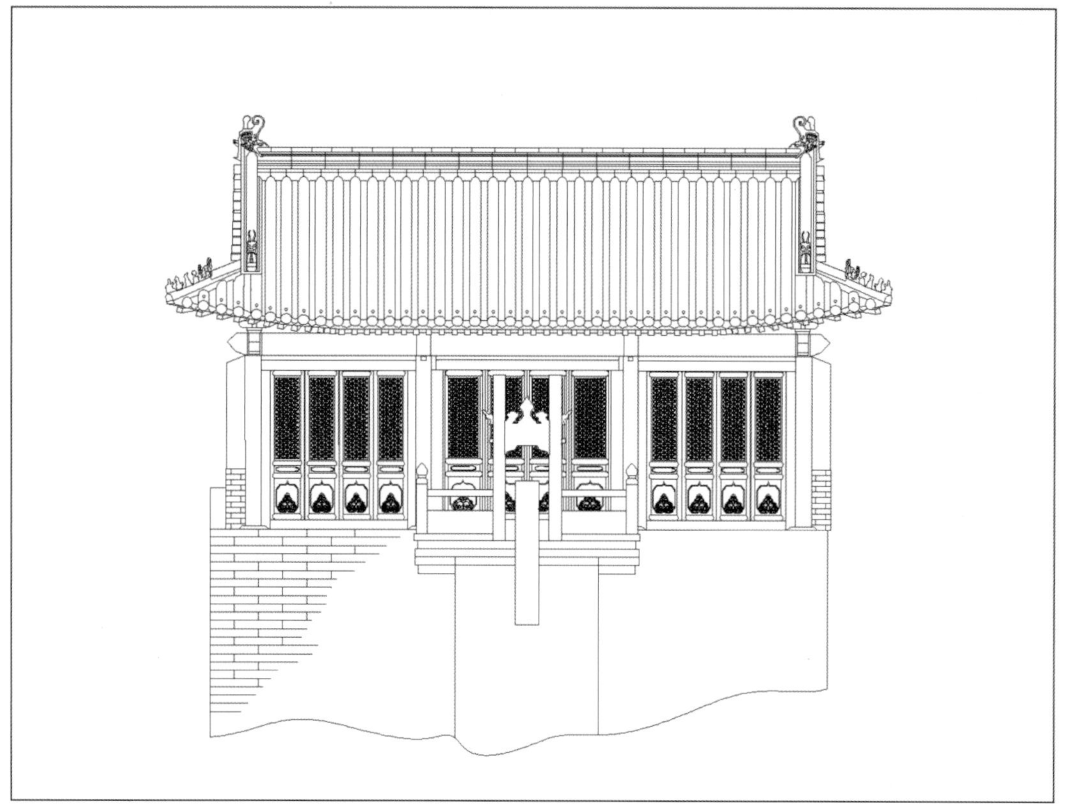

图 4-7　两仪殿南立面

图 4-8　棱花槅扇门

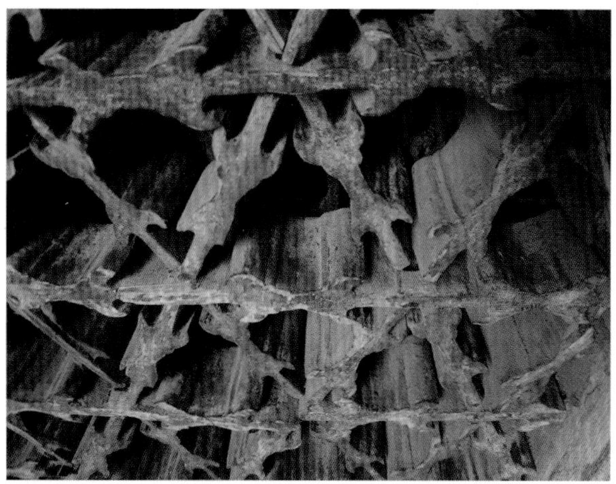

图 4-9　三交六叶纹

图 4-10　南岩宫御碑亭近代修复前

图 4-11　通往金顶的石道

图 4-12　武当山金殿

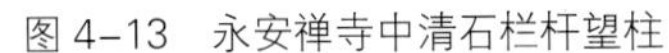

图 4-13　永安禅寺中清石栏杆望柱

图 4-14　永安禅寺中清石栏杆栏板

作为安全维护构建（为展现完整的内部立面，檐柱间石栏杆并未在图 4-7 中绘制）。其次其正面门扇均为棱花槅扇门（图 4-8、图 4-9）。

明、清官式建筑中，对于石栏杆均有定型化的做法，根据文献及武当山留存下来的明、清两代的石栏杆，可知当时用于武当山建筑群石栏杆的样式与清代的基本形同，区别在于明代石栏杆（图 4-10、图 4-11、图 4-12）的栏板上图案的上下部分均镂空，而清代仅上部分镂空。且明代的柱头相较清代被侵蚀的更为严重，桃形柱头显得没有清代的那么饱满。

“南岩绝壁建筑”的石栏杆均为清式中火焰柱头式，如图 4-13、图 4-14 所示，栏板雕刻纹路与图例中一模一样，而柱头上并无明显纹路，笔者认为原因可能有二：一是历经几百年，纹路早已被侵蚀殆尽；二是武当山道教建筑不是清代的“皇家宫庙”，虽较为重视并进行加以修缮，但形制被降低。

图 4-15　两仪殿立面 1

4.2.2 清代两仪殿复原图像

两仪殿于乾隆年间修缮时在外檐加装木罩，檐柱间明代石栏杆被砖墙替换，同时龙头香平台处、山门外的明代栏杆也均被替换为清式石栏杆。经过一系列并不严谨、精致的修缮，相较于明代，两仪殿少了几分灵动，多了几分呆板。

“南岩”碑刻系明永乐皇帝驸马都尉沐昕书写。沐昕由于文才武略，深得朱棣的赏识，大修武当时期作为亲近之臣被派往武当山督建工程。今其遗留在武当的题字不计其数。

“两仪殿”匾额于清代乾隆年间加装外檐木罩时所挂，依据来源于武当山其他宫殿中与两仪殿同性质的建筑。

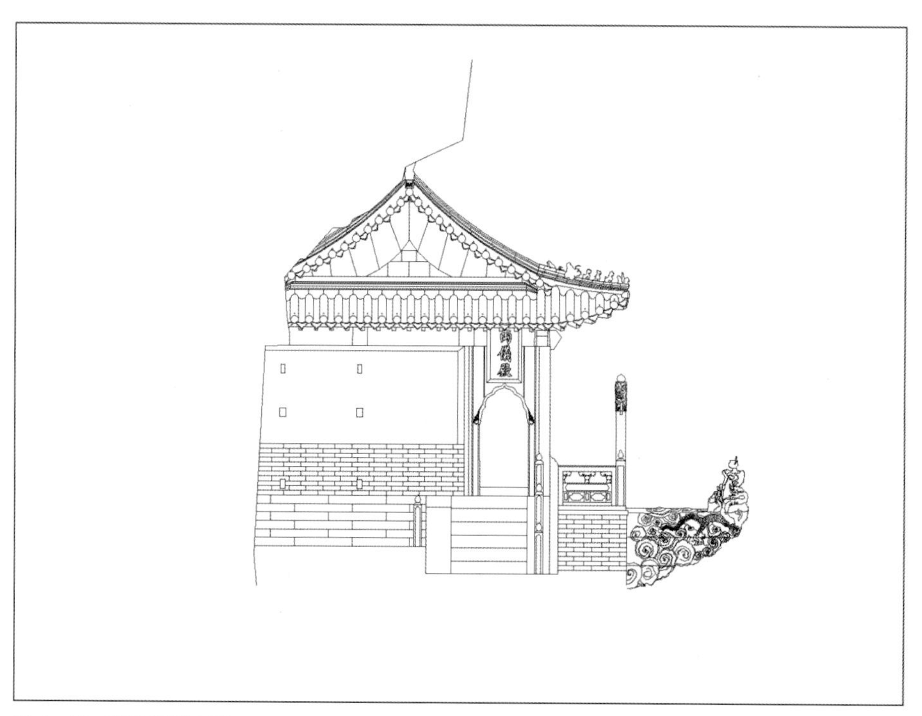

图 4-16　两仪殿西立面

图 4-17　两仪殿立面 2

图 4-18　两仪殿剖立面

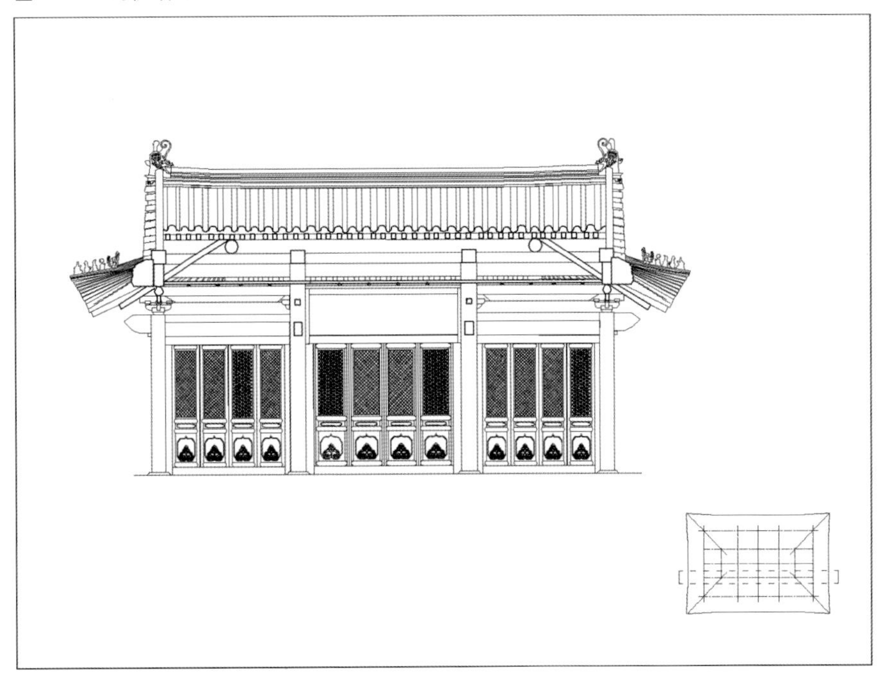

图 4-19　两仪殿檐廊剖面

4.2.3　当代两仪殿测绘图像

近代由于缺乏详尽的文献资料、专业的修缮经验技术和资金，修缮工作并不全面和细致。就外观而言，石栏杆、砖墙由于材质的原因保存完好，屋顶琉璃、瓦当等构件因为岩体的保护也基本保存完好，而木质檐罩受损较为严重，经过一些不系统的粗糙修缮后，其上的木条纹的排列已经显得缺乏严整性了。同时由于建筑位于山岩之上，潮湿、岩石风化等始终威胁两仪殿等建筑的安全。

两仪殿棱花槅扇门现仅存四扇，且已受损严重，亟待修缮。其余八扇为近代做工粗糙的十字交叉纹路的门扇所替换。其殿内壁画据初步考察应为明代所绘，主体仍可辨析，但损坏也较为严重。

4.3 建筑测绘数据与分析

4.3.1 斗栱

两仪殿建筑主体为大木大式做法，梁架结构整体性强。沿外檐敷设斗栱，均为一斗三升基本形态。斗栱整体保存状况尚好，但部分斗栱也有脱落损坏，具体可见图纸。

两仪殿斗栱整体为沿东、西、南三面外檐及南向内檐单侧铺设。其补间铺作均为一斗三升，仅柱头铺作出踩，形制较低。

此次测绘因未落架，故以能抵达范围进行全面测绘，并对斗栱破损情况进行了全面记录。

4.3.2 柱网布置

两仪殿柱网规整，共有檐柱 12 根，金柱 4 根。四根金柱径相同，平均直径为 370 毫米；其他柱子柱径较细，平均柱径 340 毫米。四根金柱变形较严重，出现不同程度的歪闪和扭曲，尤其是北部两根金柱，裂纹较为明显。明间与次间相连的中柱上有部分空洞，应原为榫卯结构穿插孔，这些孔洞位于柱子的顶部、中部和底部，根据平面布局的特点，应该为明间与次间的隔断，初步判断由于荷载作用，柱子发生歪闪和变形，使隔断也发生严重变形，最后废弃。

柱础直径为 550 毫米，高度为 70 毫米，工艺制作简洁，未发现图案浮雕内容。

4.3.3 台基与龙头香

两仪殿下部石砌台基伸出青石条叠涩出挑石梁，上雕饰龙头，即为著名的“龙头香”。

两仪殿所处台基为条石砌筑，其初建年代应早于建筑主体，而与其东侧天乙真庆宫石殿同期。现有台基应为明永乐年间修造，其岩壁基址部分与天乙真庆宫元代石殿应为同期开凿，而其台基外砌筑砖石及石栏杆等均与永乐时期武当山建筑台基相同。

龙头香为出挑石梁，其方向指向金顶。龙头香位于两仪殿明间正面，是一组长约 2.9 米、宽约 30 厘米的石梁，悬挑于两仪殿之外，主体由三块石雕叠涩而成，石上雕盘龙和卷云花纹，主要采用圆雕和浮雕。龙置于卷云之上，龙身游动朝前，龙头回望两仪殿，龙头顶端众卷云雕刻成一香炉。石梁东西两侧及上部各有雕花，且左右两侧花纹相同，各有 21 朵卷云和一条盘龙，上部有 5 朵卷云，卷云大小各不相同。龙头香是古代石雕艺术中极为珍贵的佳作。

龙头香与大殿之间为一出挑平台，上置有一石碑，碑立于康熙十二年（1673）。因有香客冒着生命危险烧龙头香，坠岩殒命者不

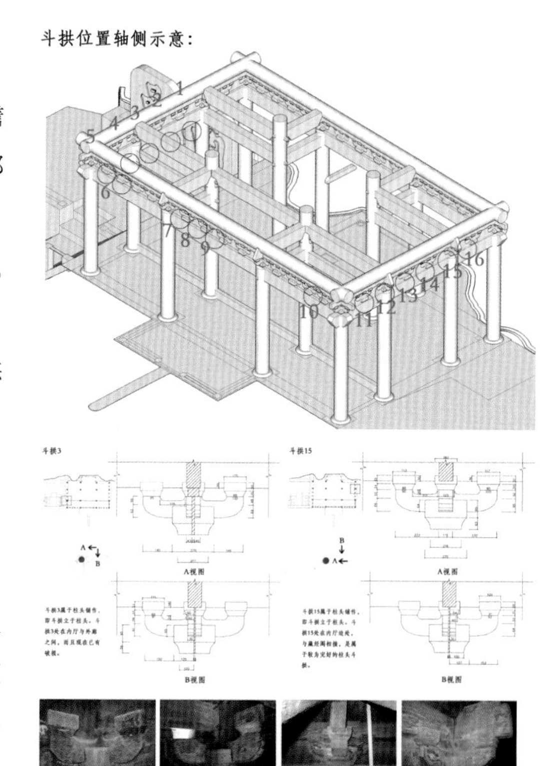

图 4-20 斗栱位置轴侧示意图

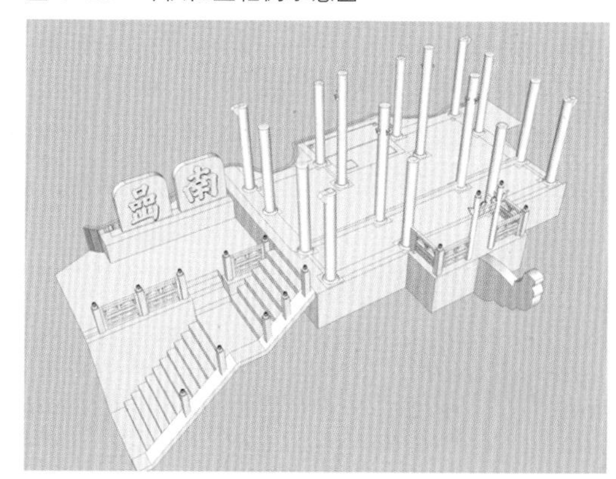

柱子

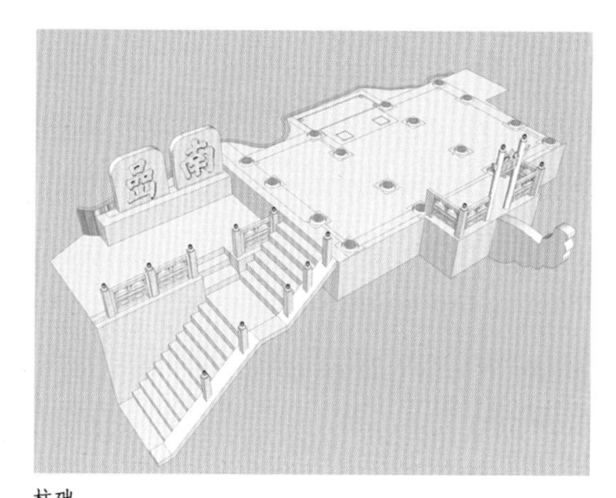

柱础

图 4-21 柱网布置

计其数，时任湖广总督的蔡毓荣设“禁烧龙头香”碑，并设栏门加锁。

4.3.4 琉璃构件

两仪殿屋面琉璃瓦件主体均为明代烧制琉璃件。其正脊由16块琉璃件拼合而成。博风板及山面构件、部分屋面筒瓦、排山勾滴及檐口瓦当为明代原件。明代瓦当体积较大，其直径为175毫米，与后来更换的琉璃瓦件差别明显。瓦当如位于常人视野所及处，常有菊花图案。

4.3.5 建筑用砖

建筑墙体用砖砌筑，细部精美考究，墙体采用磨砖对缝砌筑，工艺精巧。墙砖的长度平均为375毫米，宽度平均为98毫米。

两仪殿山墙两面的墙垣的砖砌方式均采用磨砖对缝。将砖烧制成楔形。砖长约375毫米，宽约185毫米，高边高约98毫米，矮边高约80毫米。在砌筑过程中，上下两砖的高边直接搭砌，矮边之间用石灰等材料填砌筑，砖外凿平。因此，大殿的砖缝宽度均匀整齐，表面平整。

两仪殿内地面铺设金砖的边长为450毫米。由于历时久远，殿内的金砖和墙砖均受到不同程度的损坏。

4.3.6 墙体上通风口

在大殿的两个山墙面都开有通风口，西侧山墙有6个通风口，东侧有2个，通风口的洞口宽约105毫米，高度约为30毫米，因为毗邻建筑的遮挡和地基的不均匀沉降，导致东侧的其他通风口不得而见。

东侧的6个通风口分为两组，由上至下每组有3个，位于中间两个外檐柱处。由于外檐柱位于墙垣内，若没有良好的通风条件，檐柱的使用寿命将会受到影响。通风口的设置即很好地解决了这个问题。

此次测绘对通风口和洞内的风速进行了检测，结果：据观察洞内上下并没有联通，但不管是用风速仪还是人的感官，都能感到洞内风速的改变。从光照试验看，其洞口似为横向联通。

4.3.7 须弥座

须弥座位于两仪殿明间两金柱之间，上搁置神龛。须弥座长约3470毫米，高度1040毫米，保存完整，上枋、上枭、束腰、下枭、下枋和圭角各部分清晰可见。上枋、上枭、下枭、下枋和圭角雕刻精美且保留完整，束腰部分无雕刻。

4.3.8 神龛

殿后明间依岩为神龛，须弥座保存完整、雕刻精美，与建筑整体及其山岩浑然一体。次间现有神龛均为后续添加。

神龛位于须弥座之上，神龛内放置有真武大帝及其父亲和母亲雕像。神龛长3060毫米，高约2900毫米。神龛亦分为三间，中间为供奉塑像所用，东西两间与“明间”以垂花柱相隔。其件判断为明代原构。

4.3.9 供桌

供桌位于神龛南侧，亦于明

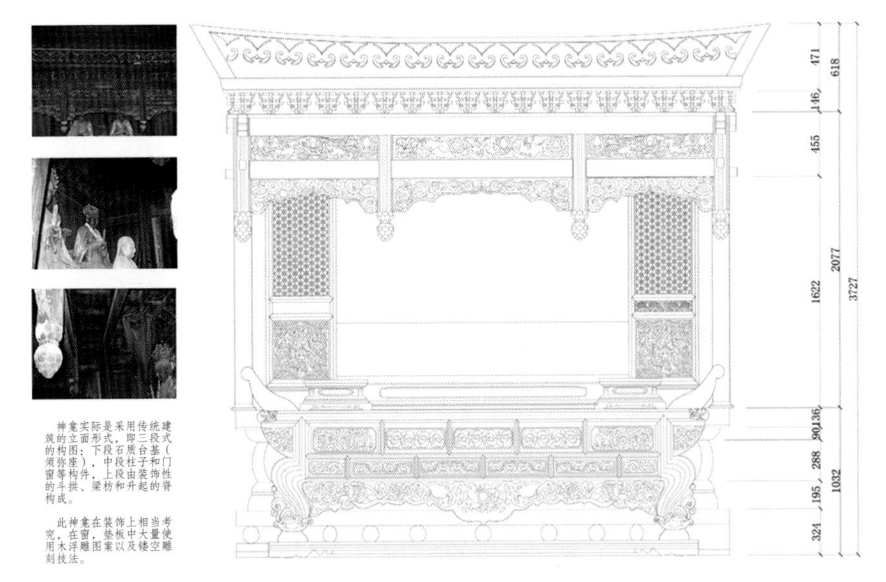

图4-22 两仪殿神龛正面1 ∶ 15

间两金柱之间。长度约为3045毫米，宽度为1350毫米，高度为1050毫米，供奉真武大帝的两个侍女。其件为木构漆器，从油漆工艺等均可判断为明代原构。具体保护与研究待相关专题深入。

4.3.10　槅扇

两仪殿前金柱间装有棱花槅扇门，构成内部空间隔断，其中部分槅扇应为明代原物。

殿身前金柱与檐柱形成内廊，直通天乙真庆宫石殿。

图 4-23　窗花

4.4　两仪殿古建筑病理研究

两仪殿作为始建于明代的木结构殿堂，其建筑状况与建筑使用寿命相比可谓基本完好。但作为一座已经使用了将近600年的古建筑，其建筑病理状况也值得关注。

4.4.1　大木构件病理判断

从结构整体上看，其大木结构基本完好，木材梁柱目视无明显腐蚀。但其金柱明显向悬崖一侧倾斜，人工测绘与三维扫描均验证了这一点。木质金柱表面有扭曲状裂纹，未见形成通缝，且深度不深，据现场调研多为表面漆层开裂。但由此可判断梁柱有扭曲及歪闪，加强监控尤为必要。

图 4-24　两仪殿地砖磨损情况分析

斗栱在两仪殿并不起到主要结构作用。但斗栱因大木结构中梁柱扭曲歪闪而产生的破坏也较为显著。部分斗栱损坏、缺失较为严重。

斗栱表面彩画褪蚀严重，且维修记录较为缺乏。

梁架及其屋面部分情况尚好。在数次上屋顶以目视情况，梁架结构尚无明显腐朽状况。但从三维扫描结果来看，部分梁架也存在较明显的歪闪扭曲。

4.4.2 外围护结构部分病理判断

两仪殿墙体部分状况较好，其用砖质量很高，外观良好，磨砖对缝整体完好。

两仪殿屋面于 1995 年进行过部分修缮，更换了部分戗脊琉璃件和部分屋面瓦件。其屋面整体情况较好，但东侧部分屋面因清代修建建筑时整体切断，导致部分椽头伸入相邻建筑内部，且时有风雨渗漏，形成腐蚀隐患。

4.4.3 内部地坪病理判断

两仪殿地面部分为传统金砖地面，工艺精美考究。但由于年代久远，加之近年游客众多，部分地砖磨损较为严重。本次测绘对于其整体地砖的状况进行了相应评估。

4.4.4 可移动文物部分病理判断

两仪殿内部塑像表面彩画有受潮剥蚀，整体色彩宜结合三维扫描与精细取样资料进行相关修复研究。

两仪殿内部神龛及供桌为明代小木作，其木工、漆艺均值得仔细研究并保护。现状因潮湿及香烛熏染，存在一定的损害。

第五章　基于传感器集成融合的两仪殿精细测绘

5.1　精细测绘总体技术方案

整套方案从武当山世界文化遗产南岩宫两仪殿古建筑的测量业务需求入手，结合各种测量传感器的技术特点，设计基于多测量传感器集成的古建筑精细测绘的技术流程，包括古建筑测量控制，整体建筑测量、单体建筑测量和构件测量的具体方案，据此获得多视角、多层次的古建筑三维空间数据，进而通过多测量传感器获取的古建筑三维坐标和纹理影像的融合处理，建立古建筑三维模型库。

精细测绘具体实施流程见图5-1。

按照图 5-1 所示的精细实施流程，本次测绘研究的技术路线拟采用全站仪、CCD 相机和三维激光扫描仪等多种测量传感器集成进行古建筑精细测绘。

在以三维激光扫描仪在不同的节点获取古建筑精细点云，对于局部隐蔽区域采用手持三维激光扫描仪获取局部精细点云；以 CCD 相机获取古建筑高分辨率影像，在全站仪的一级控制下，实现不同节点获取的三维激光点云数据的拼接以及与 CCD 高分辨率影像与三维激

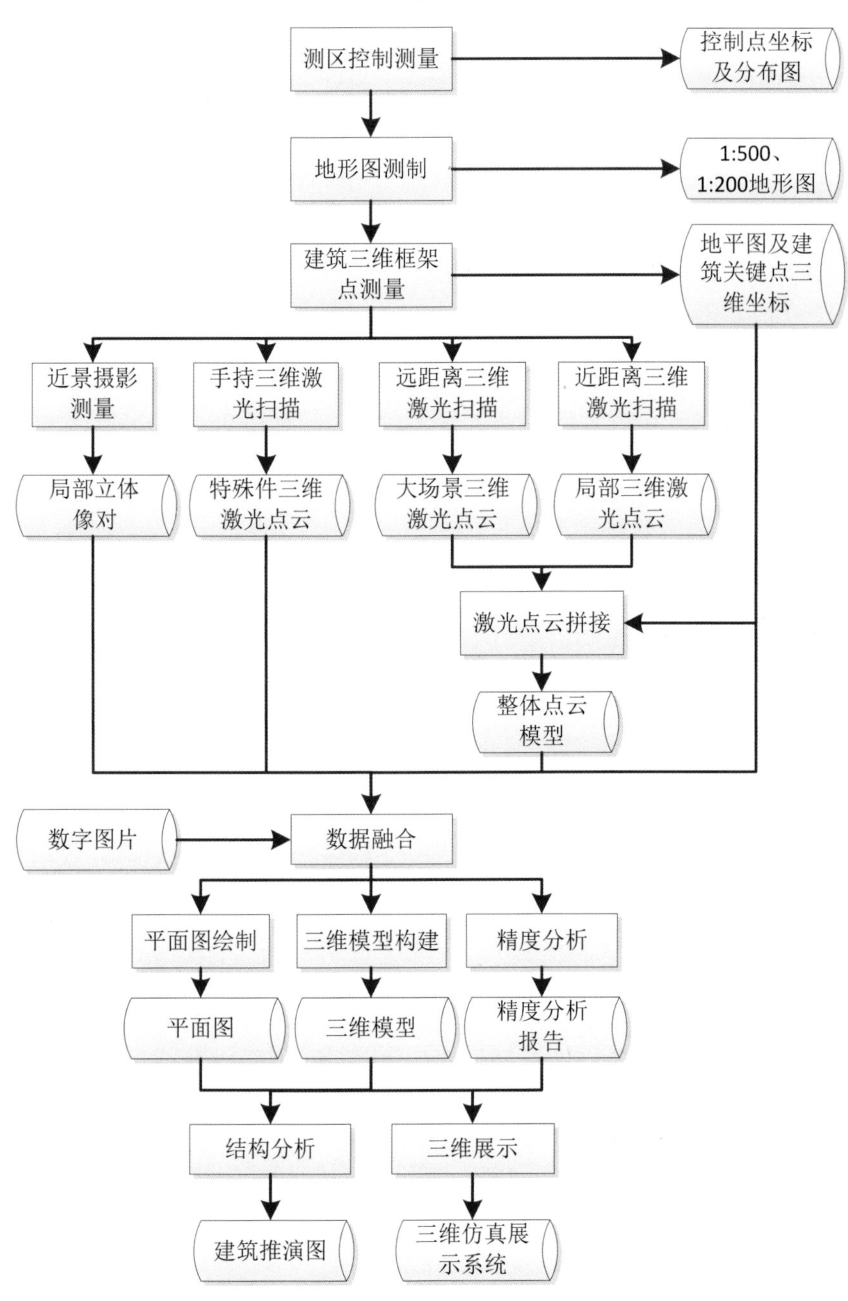

图 5-1　实施流程图

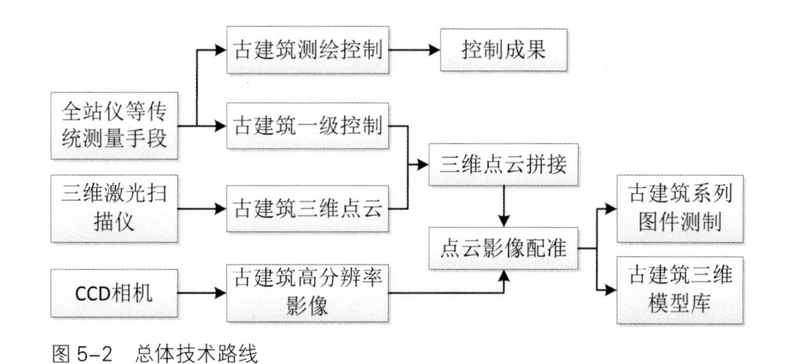

图 5-2　总体技术路线

光点云数据的融合处理，在此基础上测制不同系列的古建筑物图件，建立古建筑三维模型库。

根据研究的总体技术路线，主要包括全站仪传统测绘手段对古建筑控制测量、CCD 影像高分辨率纹理获取和三维激光扫描测量，获取古建筑多层次、多视角的三维空间数据，通过多测量传感器数据的融合处理，测制古建筑物系列图件和三维模型库。研究的重点在三维激光扫描古建筑精细测量、基于控制数据的激光点云数据拼接和三维激光点云与高分辨影像融合配准。详细的技术流程如图 5-3 所示。

图 5-3 所示的具体的处理方法与流程如下：

1）数据采集

数据采集过程分为三个部分。首先采用全站仪对古建筑各个关键节点、特征点进行交会测量，获取古建筑物一级控制点精确三维坐标；其次是整个模型表面的全部点云数据的采集，用 Z+F 扫描仪能快速完成这一任务。第三部分则是用小扫描仪扫描重要部位。在数据采集的过程中可同时对模型拍照，获得纹理图片方便后面的纹理与材质制作。

2）数据裁切与封装（构网）

点云数据很大一部分仍然是与制作三维模型无关的，需要继续进行裁剪。在三维点云数据的浏览显示中进行裁剪工作。但要注意，现在的数据只是点云数据，模型不是很清晰，不要把模型相关的数据删掉了。裁切后就可以利用这些点云数据构建三角网。

3）坐标系匹配

扫描仪一般是以其扫描中心为坐标原点的，在进行每一站数据处理时可以发现这些数据的坐标系并不统一。因此需要进行坐标系的匹配，将同一个模型的多个站点数据纳入到同一个坐标系中去。可以利用全站仪获取的古建筑一级控制数据进行坐标系的匹配。

4）模型数据合并

同样用古建筑物一级控制数据将在不同站点的三维

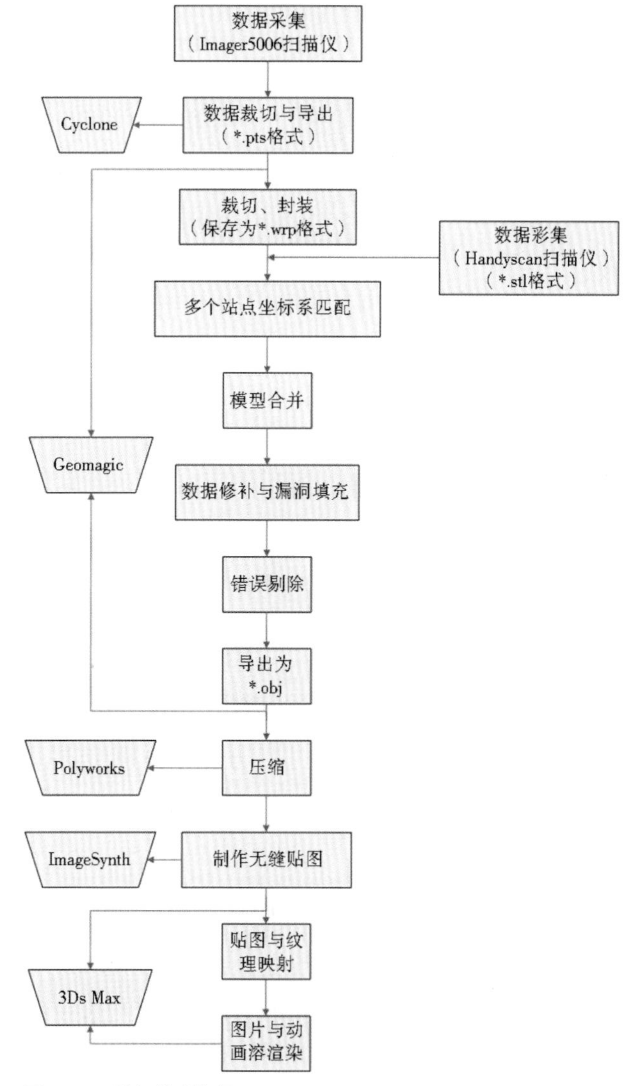

图 5-3　详细技术流程

激光扫描数据合并，形成完整的古建筑三维点云数据。

5）数据修补

地面激光扫描仪由于视角和遮挡，存在数据漏洞，扫描仪扫描时有些位置没有扫描到。可以手持式扫描仪扫描数据漏洞，用上面的方法（坐标系匹配和模型合并）将数据补起来。。

6）错误剔除

在构网时，生成了很多的狭长小三角形，会严重影响模型的显示效果，因此必须剔除掉。可以采用平滑和删掉重新修补实现错误剔除。

7）数据简化

一般原始数据经的数据量比较大，直接导出大数据量的 *.obj 文件不便于在 3Ds Max 中进行操作。可使用 Polyworks 进行简化。可以设置简化的级别或简化后三角形的数量（Reduction Levels），简化策略主要是根据简化的要求和显示的效果，在三角形数量和特征的显示效果之间取一个平衡点。

8）高分辨率影像与三维点云融合配准

分别从高分辨率纹理影像和三维激光扫描获取的点云选取对应特征点，将高分辨率影像和三维点云进行融合配准

9）图件测制

基于配准的高分辨率影像和三维激光点云按照古建筑物精细测绘业务需求测制古建筑平面图、坡面图、单体建筑图和构件图件。

10）古建筑三维建模

根据高分辨率影像、三维激光点云、各种图件进行数字化三维建模，建立古建筑三维模型库。

5.2 实施原则

以高于规范要求的精度等级施测，严把精度关。

实测过程中，首先在小范围内建立起高等级的首级控制网。

多测量传感器集成进行空间信息采集与更新是当前对地观测技术发展趋势。多个测量传感器相互协调和补充，扩展了系统的时间和空间的覆盖范围，增加了测量空间的维数，避免了工作盲区，获得了单个测量传感器不能获得的信息。由于引入多点观测，多传感器集成空间数据相互融合，提高了系统工作的稳定性、可靠性和容错能力。本项目正是建立在多测量传感集成基本理论上的古建筑精细测绘技术，全站仪、三维激光扫描设备、CCD 相机的测量数据相互融合，即用全站仪建立古建筑基础控制框架，利用三维激光扫描仪获取古建筑精细三维点云数据，在控制框架的约束下，将不同节点的三维激光扫描点云数据拼接在一起，并与高分辨率影像配准融合，进而进行各种图件的测制。因此，本项目提出的研究思路和技术路线是有理论基础的，也是可行的。

5.3 测绘方法流程

5.3.1 精细测绘流程

精细测绘具体实施流程见图 5-1。

按照图 5-1 所示的精细实施流程，技术路线拟采用全站仪、CCD 相机和三维激光扫描仪等多种测量传感器集成进行古建筑精细测绘。在以三维激光扫描仪在不同的节点获取古建筑精细点云，对于局部隐蔽区域采用手持三维激光扫描仪获取局部精细点云；以 CCD 相机获取古建筑高分辨率影像，在全站仪的一级控制下，实现不同节点获取的三维激光点云数据的拼接以及与 CCD 高分辨率影像与三维激光点云数据的融合处理，在此基础上测制不同系列的古建筑物图件，建立古建筑三维模型库。

5.3.2　控制测量

1）控制测量流程

使用 GPS 按 B 级点精度要求测定了三个 B 级 GPS 点作为本项目的首级控制点，以全站仪、水准仪等传统测量仪器按照 I 级闭合导线测量规范测定测区图根控制点，建立古建筑精细测绘的基础控制，在基础控制点的基础上，以全站仪获取古建筑各构件间的连接点三维坐标、大样图，获取建筑结构关键点三维坐标作为古建筑测量建模的一级控制。

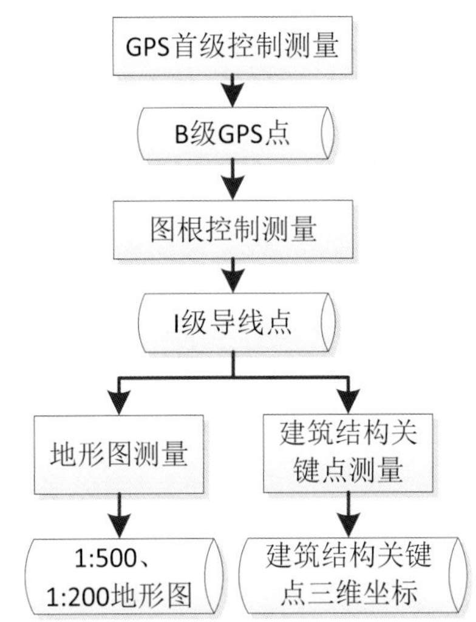

图 5-4　控制测量流程图

2）首级控制

使用双频 GPS 接收机，执行 GB/T18314-2001《全球定位系统（GPS）测量规范》国家标准中 B 级 GPS 点测量规范如表 5-1、表 5-2 所示，测量二个时段，每时段观测时间大于 90 分钟，测定了三个 B 级 GPS 点作为本项目的首级控制点。

表 5-1　GPS 控制点等级及精度要求

等级	用途	固定误差（mm）	比例误差（ppm）
AA 级	全球性的地球动力学研究、地壳形变、建立全球性参考框架	≤ 3	≤ 0.01
A 级	区域性的地球动力学研究和地壳形变、建立国家参考框架	≤ 5	≤ 0.1
B 级	局部形变监测和各种精密工业测量	≤ 8	≤ 1
C 级	大中城市及工程测量的基本控制网	≤ 10	≤ 5
D、E 级	中小城市、城镇测图、地籍、土地信息、房产、物探、勘测、建筑施工等	≤ 10	≤ 10

表 5-2　GPS 控制点等级测量要求

级别			AA	A	B	C	D	E
采样间隔(s)	静态		30	30	30	10 ~ 30	10 ~ 30	10 ~ 30
	快速静态		—	—	—	5 ~ 15	5 ~ 15	5 ~ 15
时段中任一卫星有效时间（min）	静态		≥ 15	≥ 15	≥ 15	≥ 15	≥ 15	≥ 15
	快速静态	双频＋P 码	—	—	—	≥ 1	≥ 1	≥ 1
		双频全波长	—	—	—	≥ 3	≥ 3	≥ 3
		单频或双频全波长	—	—	—	≥ 5	≥ 5	≥ 5

3）图根控制

以全站仪、水准仪等传统测量仪器按照 I 级闭合导线测量规范测定测区图根控制点，建立古建筑精细测绘的基础控制。

图 5-5　首级控制点

图 5-6　图根控制测量控制点

表 5-3　导线精度等级测量要求

等级	测距中误差 /mm	测角中误差 / (″)	全长相对闭合差	水平角测回数			方位角闭合差 (″)
				DJ_1	DJ_2	DJ_6	
四等	± 18	± 2.5	1/40 000	4	6		$\pm 5\sqrt{n}$
Ⅰ级	± 15	± 5	1/14 000		2	6	$\pm 10\sqrt{n}$
Ⅱ级	± 12	± 10	1/10 000		1	3	$\pm 16\sqrt{n}$

在基础控制点的基础上，以全站仪获取古建筑各构件间的连接点三维坐标、大样图，获取建筑结构关键点三维坐标作为古建筑测量建模的一级控制。

5.3.3　建筑群地形图施测

在首级控制和图根控制的基础上按 1 ： 500 和 1 ： 200 的精度等级要求施测建筑群 1 ： 500 地形图和单栋建筑 1 ： 200 地形图。

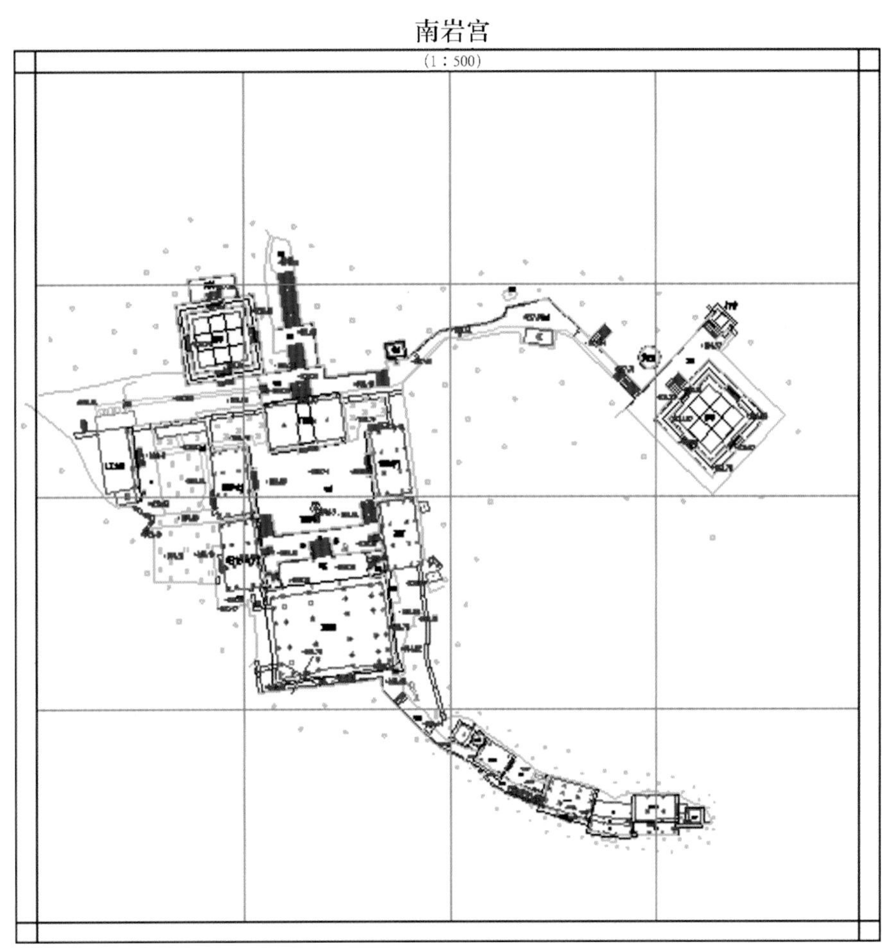

图 5-7　南岩宫 1 ： 500 地形图

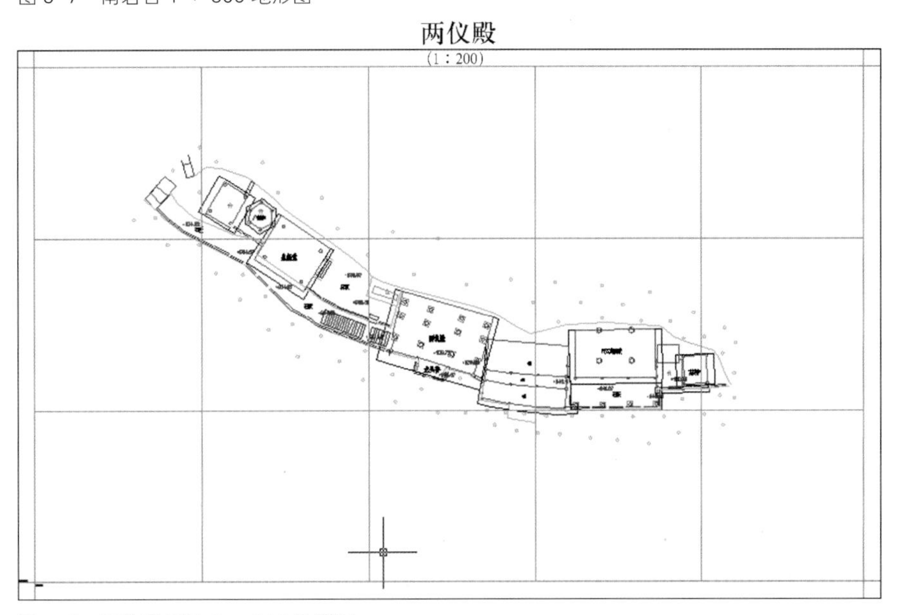

图 5-8　两仪殿周边 1 ： 200 地形图

5.3.4　主体建筑精细测绘

建筑物整体由地面大场景三维激光扫描完成，测站点拼接定位采用计算并匹配三维球体绝对中心点的白色标靶球。其技术流程如图 5-9 所示：

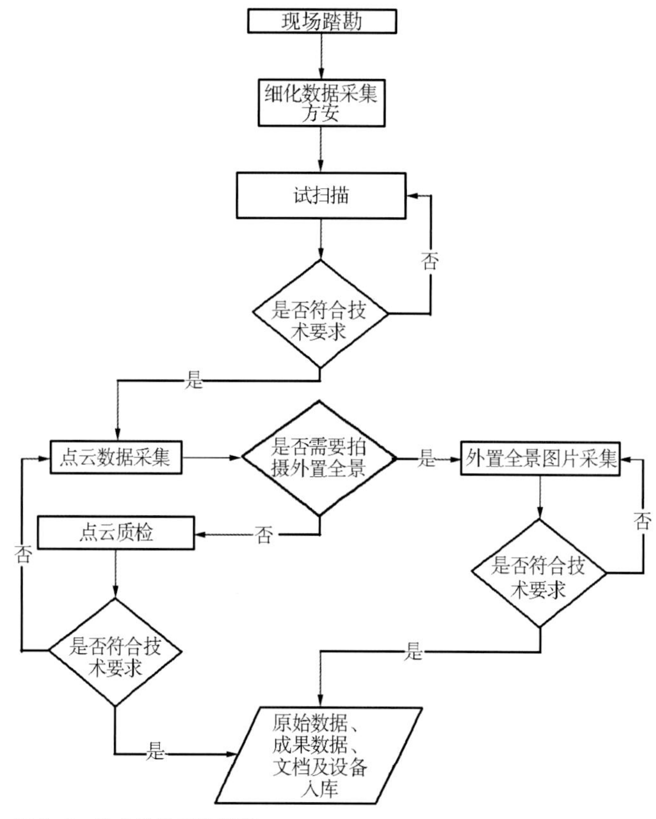

图 5-9　外业激光采集流程

1）外业实施步骤：

现场踏勘：

■ 工程师在现场仔细踏勘两仪殿现场环境，并拍摄扫描作业现场照片；

■ 项目组长依据现场照片，完善点云采集方案并分配工作任务。

试扫描：

■ 工程师在两仪殿数据采集现场进行仪器组装；

■ 选择合适地点架设仪器；

■ 根据技术要求设置仪器参数；

■ 扫描获取点云数据；

■ 工程师在两仪殿现场进行点云试处理工作，其中包含：点云导入、点云赋色等，检查点云质量及范围是否满足成果制作要求。

点云采集：

■ 工程师根据两仪殿的地形、地势合理规划扫描站点位；

■ 工程师根据技术要求判定需要采集的物体是否需要多次架站采集；

■ 如需多次架站则参照站点位置摆放定位物体（本项目采用标靶球作为定位参考）；

■ 在规划的扫描站点上架设仪器；

■ 检查仪器参数如与预扫描时不同则调整到试扫描时参数；

■ 仪器根据设置参数完成点云数据采集；

■ 采集完毕，关闭仪器并按要求完成拆卸；

■ 工程师在现场完成点云数据质检，如存在问题则采取补救措施，点云检查合格后入库开始内业处理。

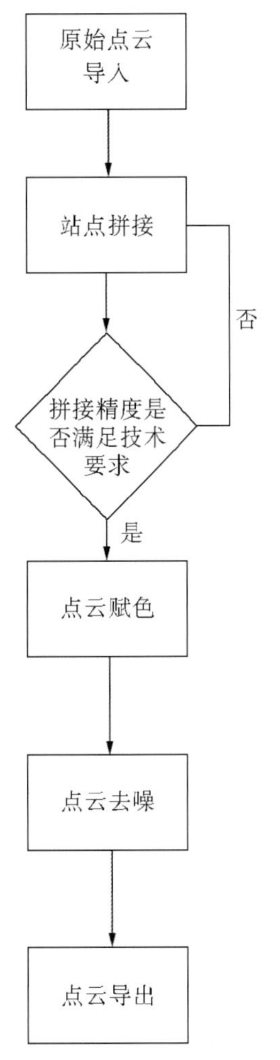

图 5–10　内业激光预处理流程

2）内业实施步骤：

■ 导入原始点云数据并保存；

■ 根据定位物体进行扫描站点拼接；

■ 判定站点拼接精度是否满足成果制作要求，不满足则重新拼接直至满足要求；

■ 点云赋彩色；

■ 手动删除不需要的点云数据；

■ 根据成果制作要求，导出相对应格式点云，并制作点云质检报告。

5.3.5 局部施测

建筑物局部由三维激光扫描仪和立体相机施测。其中建筑主体数据由站式静态激光扫描仪获取，局部如角兽等使用手持式激光扫描仪扫描获取。

1）主体建筑局部测绘

主体建筑局部使用FARO FOCUS3D扫描仪扫描获得原始激光数据，不同位置之间的扫描数据通过布设的各种标志进行数据连接。

图5-11 站式近距离激光扫描

图5-12 一站扫描数据

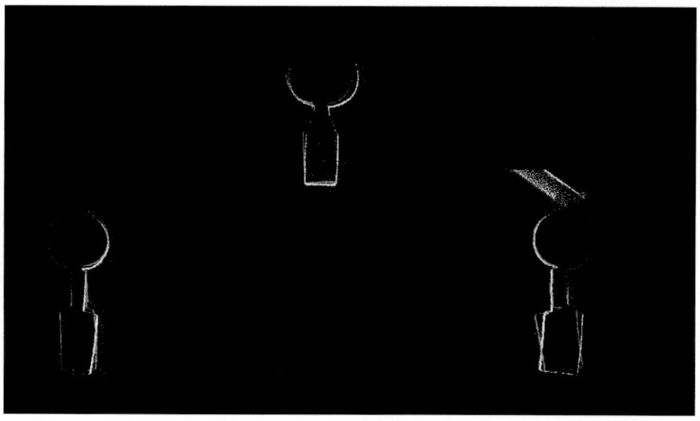

图5-13 站式扫描数据局部

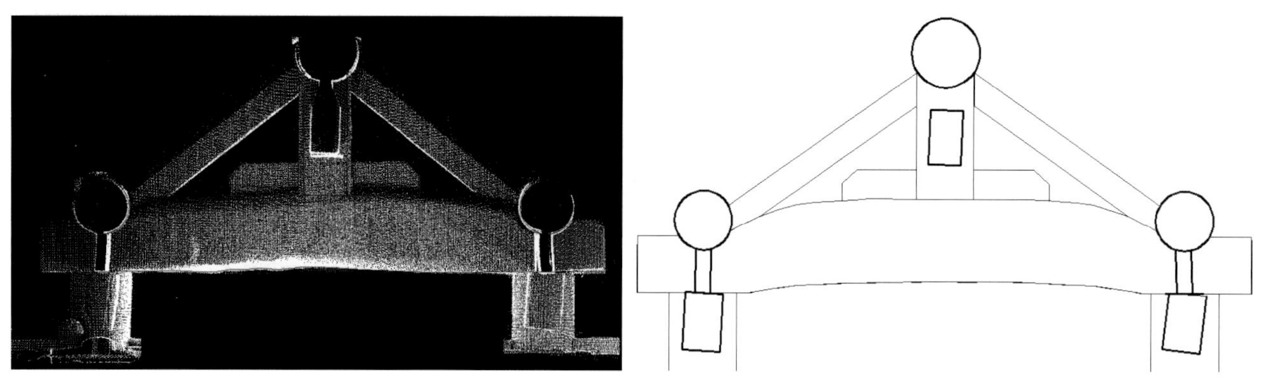

图5-14 扫描数据切片加工

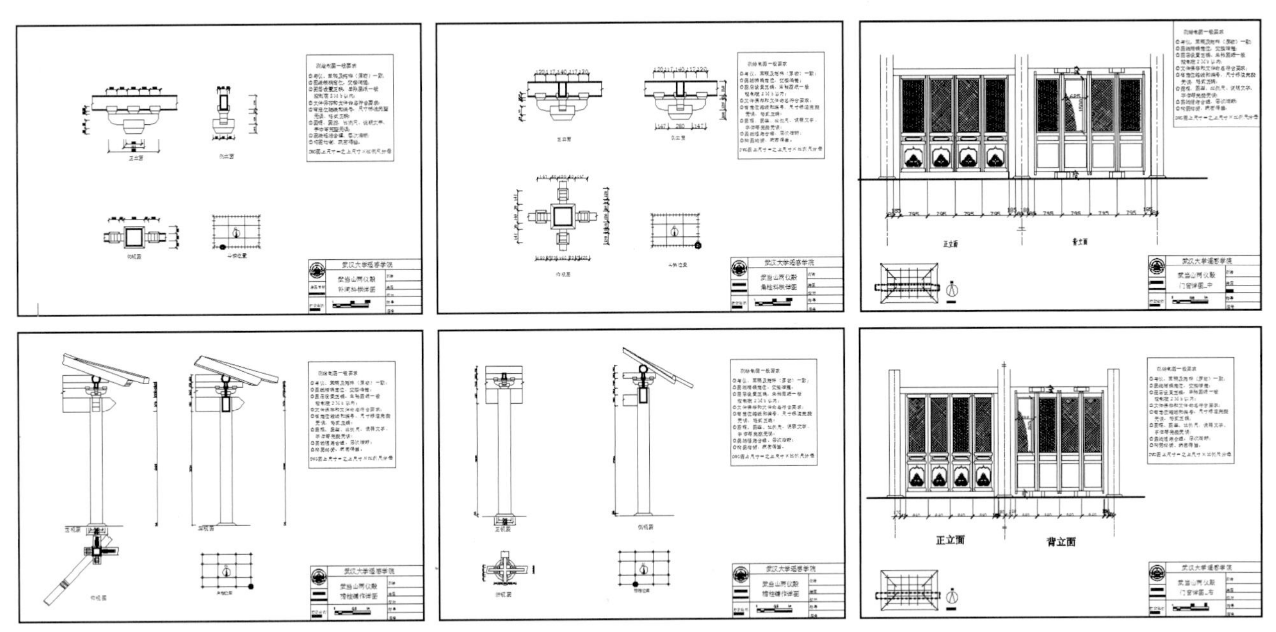

图 5-15　局部详图制作

2）局部单体测绘

局部单体主要指角兽等独立的装饰类对象，使用 Handyscan 3D™ 自定位扫描仪扫描获得。

图 5-16　手持扫描数据采集

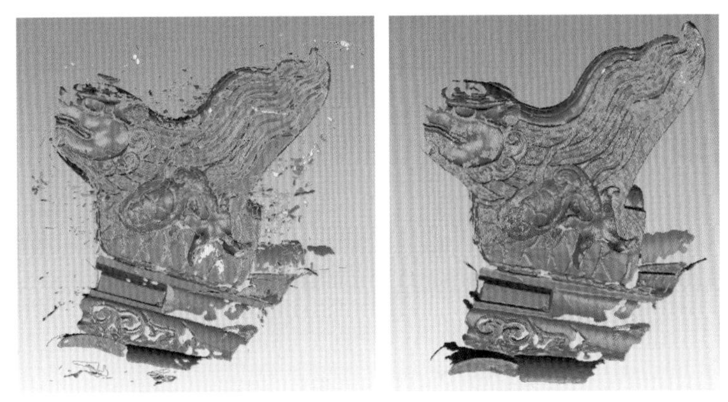

图 5-17　原始数据及去除杂质后效果

图 5-18　带有漏洞的数据图

图 5-19　修补漏洞

图 5-20　手持扫描成果

5.3.6 平面图绘制

在局部测绘的基础上通过模型将局部数据连接成整体后制作建筑物平面图。模型连接采用两种方式：第一种方式直接对激光扫描仪各站数据按同名点进行点云拼接，在整体点云的基础上在进行平面图制作；第二种方式在测量控制点的基础上进行模型连接。实际实测过程中，屋面以下部分按第一种方式根据扫描同名点进行点云连接，屋面以下部分与瓦面采用测量控制点进行连接。

图 5-21 靶标布设与激光扫描

图 5-22 通过靶标进行激光点云进行

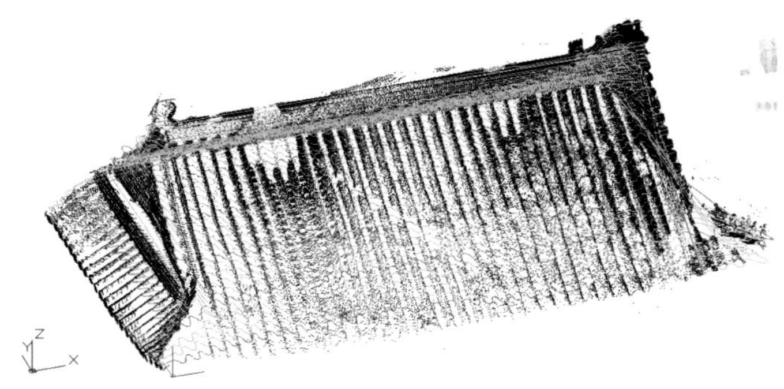

图 5-23 瓦面激光点云

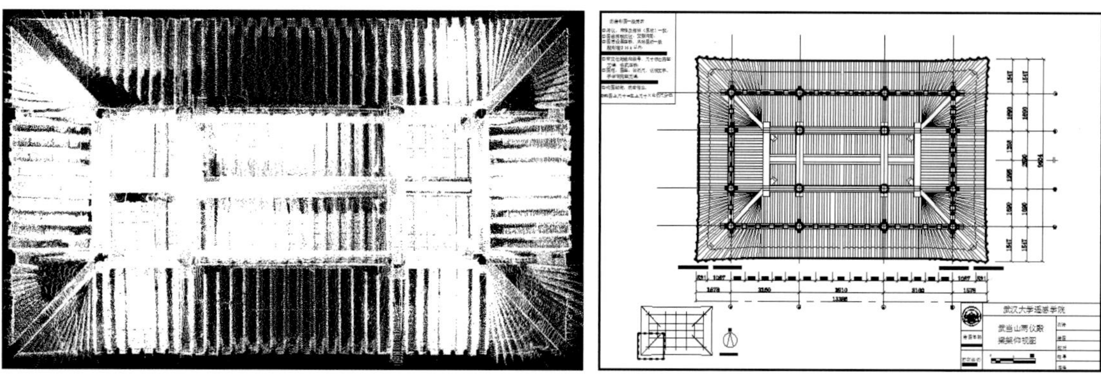

图 5-24　经拼接后的激光点云俯（仰）视及由此制作的梁架仰视图

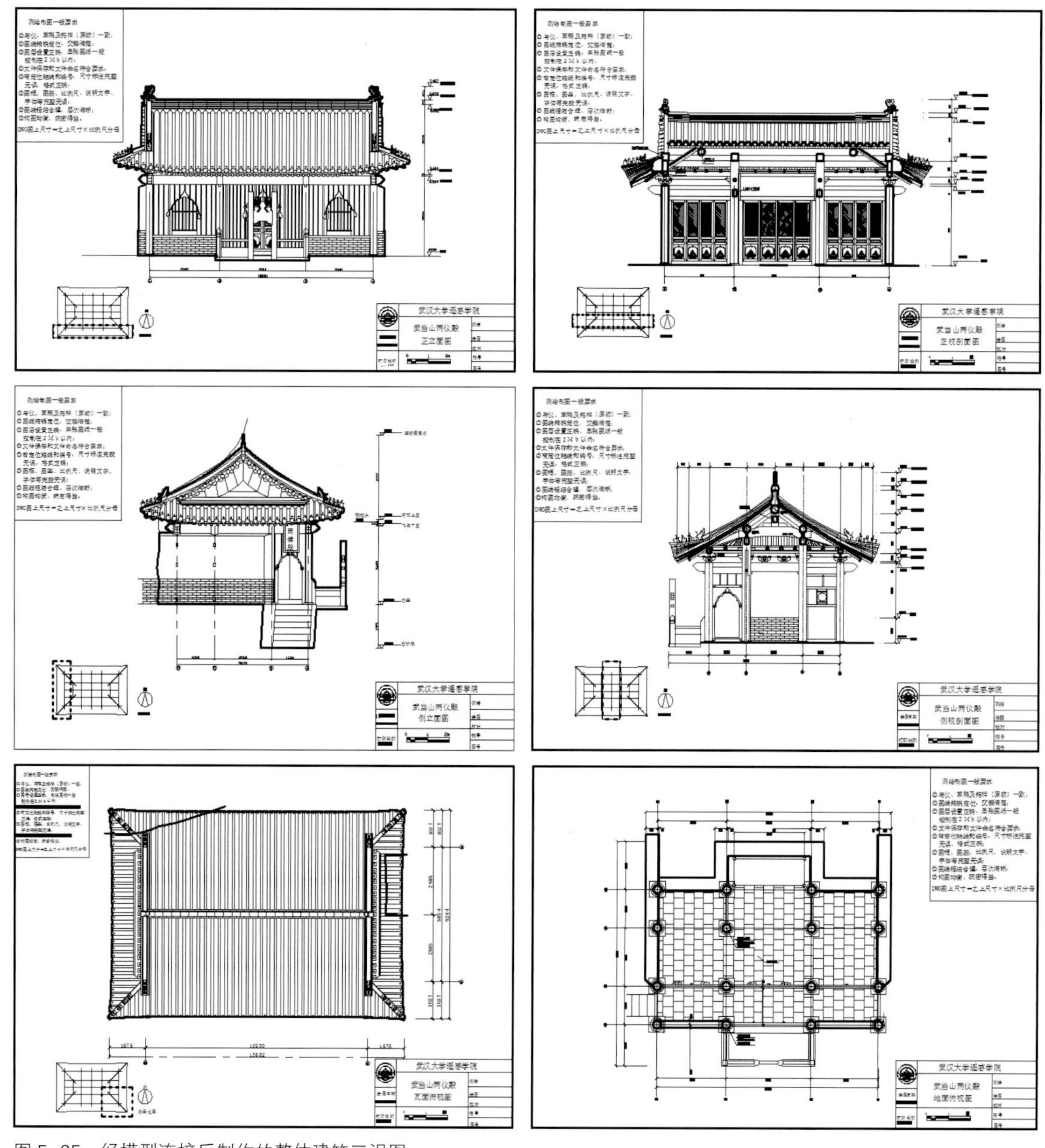

图 5-25　经模型连接后制作的整体建筑三视图

5.3.7 专题图制作

对建筑物变形较大的部位，制作器变形专题详图，由于建筑物整体由山体向山体外倾斜变形，造成前今柱歪闪较大（最大处达 102 毫米），柱底与柱顶都存在一定的偏移，如图 5-26 所示：

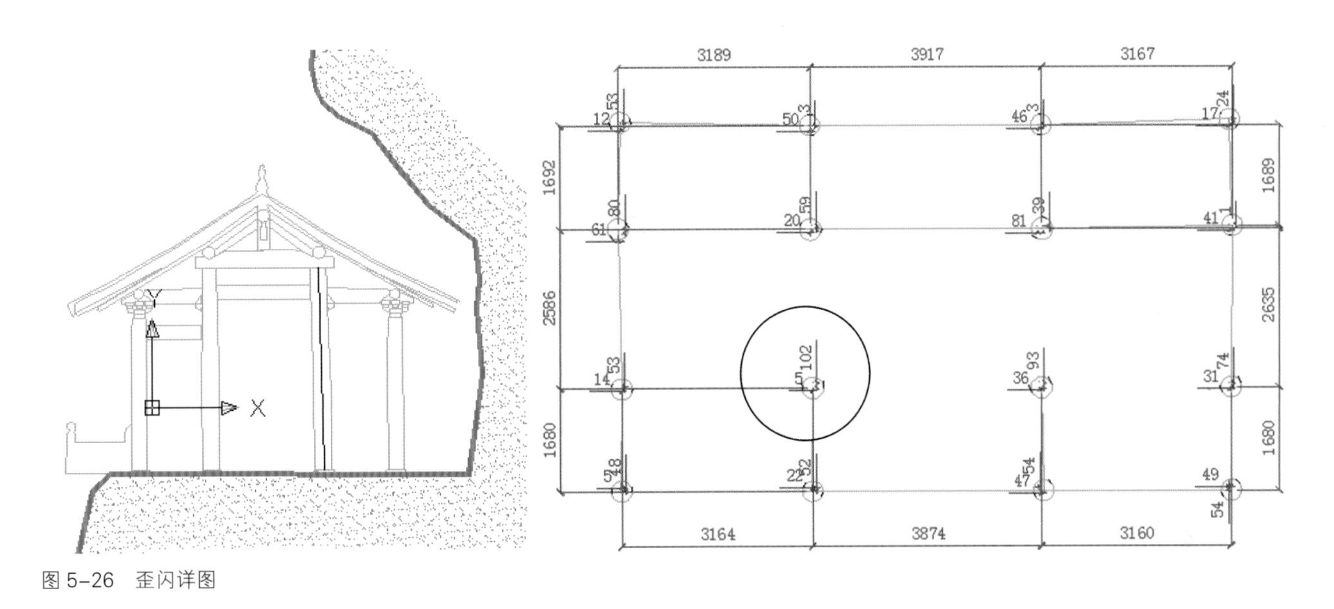

图 5-26　歪闪详图

5.3.8 三维模型建立

在局部扫描图及总体平面图的基础上，制作建筑物的构件三维图，进一步组装后生成建筑物的整体三维图。

图 5-27　建筑整体三维模型

5.4 精细测绘技术特点分析

5.4.1 三维激光扫描技术

三维激光扫描按激光测距原理（包括脉冲激光和相位激光），瞬时测得空间三维坐标值的测量技术。在逐步数字化的今天，三维已经逐渐的代替二维，因为其直观是二维无法表示的，现在的三维激光扫描仪每次测量的数据不仅仅包含 X、Y、Z 点的信息，还包括 R、G、B 颜色信息，同时还有物体反色率的信息，这样全面的信息能给人一种物体在电脑里真实再现的感觉，是一般测量手段无法做到的。其扫描结果直接显示为点云，依据点云提取建筑物的各种几何信息。

在本次精细测绘方案中，使用了三种三维激光扫描仪，一种为远距离扫描仪。激光扫描作用距离，可达 1200 米；一种为近距离激光扫描仪，作用距离为 120 米，但三维扫描点位精度高，点云密度大；还有一种手持式自定位激光扫描仪，使用灵活方便。

5.4.2 远距离激光扫描仪

图 5-28 Riegl VZ-1000 型激光扫描仪

在本次测绘中使用的远距离三维激光扫描仪为 Riegl VZ-1000 型激光扫描仪，用于在较远的扫描点上对两仪殿及其周边其他地物进行同一扫描测量获取一站式完整的扫描数据。扫描仪基本性能指标如下：

- ◆ 扫描距离：1200 米
- ◆ 扫描精度：5 毫米（100 米距离处，一次单点扫描）
- ◆ 激光发射频率：300 000 点 / 秒
- ◆ 扫描视场范围：100° × 360° （垂直 × 水平）
- ◆ 连接：LAN / WLAN 数据接口，支持无线数据传输
- ◆ 对人和动物眼睛安全的激光器：Laser Class1
- ◆ 操作控制：台式机，PDA 或笔记本电脑
- ◆ 数据存档：以目录树结构存储为 XML 文件格式
- ◆ 实体查看 / 核查，智能视图和特征抽取
- ◆ 提供全球坐标系拼接在内的全自动和半自动四种拼接方式

典型的扫描结果如图 5-29 所示。

5.4.3 近距离激光扫描仪

在本次测绘中使用的近距离三维激光扫描仪为 FARO FOCUS 3D 型激光扫描仪，用于在近距离扫描点上对两仪殿的局部进行精细扫描，该扫描仪也是本次测绘中应用最广的扫描仪。

图 5-29　Riegl VZ-1000 扫描结果

图 5-30　FARO FOCUS 3D 型激光扫描仪

典型的扫描结果如图 5-31 所示。

图 5-31 FARO FOCUS 3D 扫描结果

5.4.4 手持式自定位激光扫描仪

在本次测绘中使用的手持式自定位三维激光扫描仪为 Handyscan 3D™型激光扫描仪，用于部分单独构件模型扫描。扫描仪基本性能指标如图 5-32 所示：

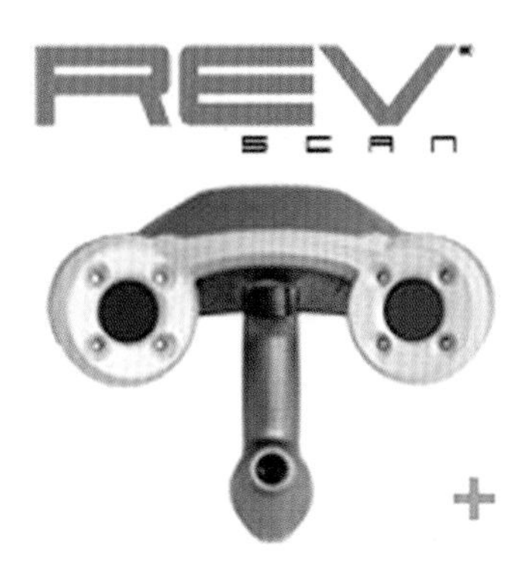

图 5-32 Handyscan 3D ™型激光扫描仪

5.4.5 点云拼接

站式扫描站与站之间的点云数据通过布设靶标提供站间同名点进行点云拼接。

图 5-33 球形靶标布设

靶标的布设位置直接决定点云拼接的精度，布设过程中，靶标的距离应尽可能远，严格避免短边控制长边的情况出现。

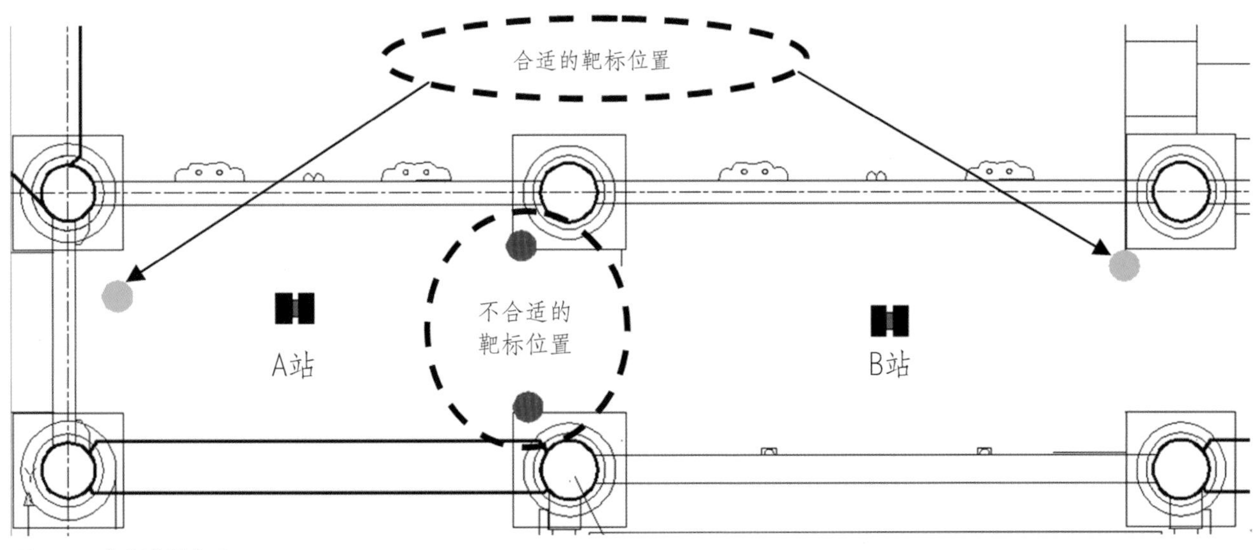

图 5-34 靶标布设位置

如图所示，如果在不合适的位置布设靶标对A、B两站的数据进行点云拼接，势必会造成短边控制长边的情况出现，在该位置靶标之间距离较近（边长较短），而扫描仪扫描范围会较长，因此会造成误差积累较大。而在合适的位置布设靶标则可较好地避免这一现象出现，提高点云拼接精度。

5.4.6 近景摄影测量

近景摄影测量是摄影测量的一个分支，通过摄影（摄像）手段以获取被摄目标形状、大小和运动状态的学科分支称为近景摄影测量学（Close-range Photogrammetry）。

近景摄影测量使用专为测量目的而设计制造的量测相机，或者普通的非量测相机来获取图像，由于量测相机需要复杂的辅助设备（如定向设备）支撑，无法用于本系统，因此系统中使用非量测相机，使用时必需测定其内外方位元素、畸变参数等。

5.4.7 数字图像采集设备标定

在本系统中使用的数字图像采集设备为非量测数字相机，非量测数字相机用于摄影测量之前，必须对相机进行严格的标定，标定相机的所有内部参数（包括内方位元素和镜头畸变差改正系数）和相机之间的相对位置、姿态参数。

5.4.8 近景立体相片解析

近景相片或影像需经过后续的图像处理和摄影测量处理以获得三维目标的三维构形。其中近景相片或影像的摄影测量处理可分作模拟法近景摄影测量、解析法近景摄影测量和数字近景摄影测量三种方案。而作为基础内容的解析法近景摄影测量方案中，因测量目标的不同以及硬软件贮备的不同，又可分作基于共线条件方程式的近景相片解析处理方法和直接线性变换解法等处理方法。

基于共线条件方程式的近景摄影测量解析处理方法有多种，借像点坐标误差方程式的一般式可方便地导出这些方法，以用于不同测量对象。

影响空间前方交会解法精度的因素、几何构形、像点坐标质量、外方位元素的测定精度、内方位元素的标定水平。采用最小二乘解算，即保证像片点的观测值的改正数的平方和最小。

本系统使用近景摄影测量的多片空间前方交会解法，实现目标空间位置、几何特征等属性的高精度测量。

5.4.9 精细三维建模与可视化展示

采用不同的三维模型表达技术表达不同对象的三维模型，如规则结构表面使用CAD技术，制作标准构件及建筑三维模型，对于不规则表面则使用表面三角网或点云直接表达三维模型。

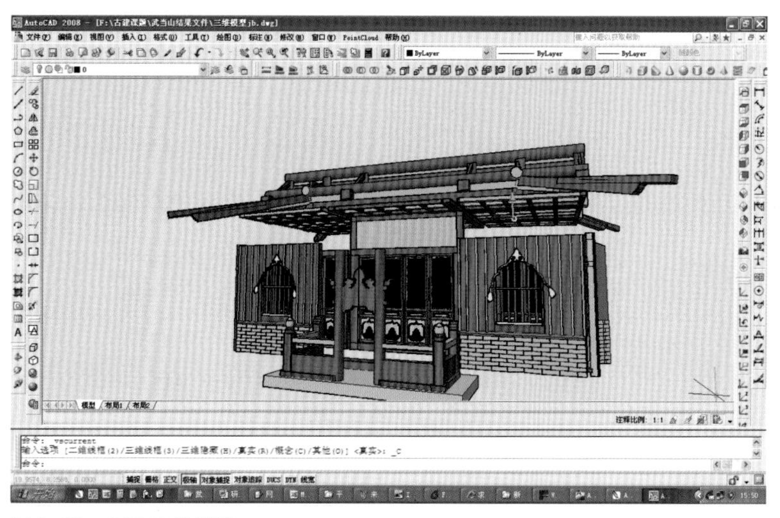

图5-35 CAD三维模型

图 5-36　三角网表面三维模型

图 5-37　点云直接表达的三维模型

第六章　两仪殿壁画病害调查与分析

6.1　两仪殿壁画及环境概述

武当山山体四周低下，中央呈块状突起，多由古生代千枚岩、板岩和片岩构成，局部有花岗岩。岩层节理发育，并有沿旧断层线不断上升迹象，形成许多断层崖地貌。山地两侧多陷落盆地，如房县盆地、郧县盆地等。气候温暖湿润，年降水量 900 ~ 1200 毫米，多集中夏季，为湖北省暴雨中心之一。原生植被属北亚热带常绿阔叶、落叶阔叶混合林，次生林为针阔混交林和针叶林，主要有松、杉、桦、栎等。这也反映了壁画危害的一大重要因素 ---- 潮湿的空气。

两仪殿是武当山重要宫殿格局，一般是在祀奉真武的大殿后建父母殿供人朝拜。在南岩，一是受地域所限，二是原有元代石殿需要保留，所以设计者巧妙结构，侧筑山门，建了这座父母殿。两仪殿坐北朝南，日照条件较好。但清代以后增加的木质外墙使得殿内采光受影响。同时由于在 600 年的使用过程中，香烛烟熏及土改后曾被用作居民使用等因素，导致存在一定烟熏破坏。另壁画表面有覆盖痕迹，推测是“文革”期间曾被粉刷，后粉刷层剥落后露出原有壁画，亦可见壁画质量之精良。

6.2　两仪殿壁画现况

壁画表面由于山上气候环境变化大，干湿交替导致色彩层脱落严重，脱落面积较大，呈现的病害有细泥层脱落、色彩层脱落、点状爆落、菌类寄生、起甲、酥碱、褪色等，且有大面污染。目测壁画表面受损程度高达 50%。壁画位于两仪殿入口左侧，常受香客影响，靠近室内部分污浊明显，应该是收到朝拜的香客所点香火影响，属于油灰污染。两仪殿为三开间、三进深的双槽平面形制，单檐歇山顶。而壁画中描述的建筑为重檐歇山顶，5 铺座 3 开间，高级别建筑形制，应该不是记录的两仪殿。壁画所绘殿中坐有一男一女戴冠之人，后有仆人服侍，可理解为帝王、帝后。整幅壁画用色有朱砂、石青、石绿、藤黄、赭石、炭黑。画面应该是记录的 ·次庆典活动。

图 6–1　壁画现况可见光照片

6.3 两仪殿壁画复原研究

6.3.1 现场色彩取值调查

调查中使用美能达 CR10 色差仪记录壁画色彩数据，并拍摄照片记录整体样貌。

色差仪使用方法：先将壁画表面灰尘用毛刷弹去后，将色差计取色口对准目标色，带对准后按键取色，得到相应的 LAB 值，记录下来（见表 6-1）。

表 6-1 色差计量测结果数值分析

	L	a	b	Color		Site
A1	42.5	+31.8	+15.5	红		左侧后方柱子下部分
A2	43.1	+31.8	+15.4			
A3	42.8	+32.5	+15.7			
B1	45.3	+30.1	+15.7	红		右侧后方柱子下部分
B2	45.4	+28.7	+15.4			
B3	45.3	+29.9	+15.7			
C1	55.0	−11.2	+4.7	绿		中部中间斗栱的坐斗下的梁
C2	53.7	−10.8	+5.2			
C3	57.1	−11.4	+4.7			
D1	52.6	−8.4	+5.7	绿		中部左数第 2 个斗栱下的柱子边的饰物
D2	53.2	−5.0	+7.0			
D3	52.6	−7.0	+6.3			
E1	41.9	+1.0	−1.0	蓝 / 石青		中部左数第 4 个斗栱下方坐斗
E2	39.7	+1.0	−1.0			
E3	45.6	+0.8	+0.0			
F1	42.2	+0.6	+1.4	蓝		中部左数第 1 个斗栱下方坐斗
F2	38.0	+1.0	+0.4			
F3	37.6	+1.0	+0.0			
G1	50.4	−1.2	+10.1	浅绿		中部左数第 1 个斗栱上方的屋瓦
G2	50.7	+0.5	+11.8			
G3	51.4	+0.2	+11.1			
H1	44.5	+1.2	+5.8	黑		左边左数第 1 个斗栱华栱
H2	40.2	+1.7	+6.1			
H3	42.9	+1.6	+6.4			
J1	57.1	+1.2	+11.0	灰		重檐歇山顶上部之外右侧
J2	53.1	+1.0	+11.4			
J3	47.5	+2.0	+10.9			
K1	29.9	+0.3	+4.0	黑		整个壁画的黑色外框的右上部
K2	33.8	−0.1	+4.4			
K3	38.5	−0.1	+5.7			
L1	65.2	+8.2	+25.1	黄（打底）		左侧后方柱子以下露底区域
L2	65.4	+8.1	+25.0			
L3	65.2	+8.3	+25.2			
M1	61.7	+0.7	+12.4	灰		左侧后方柱子以下地面
M2	60.2	+0.9	+12.5			
M3	60.9	+0.8	+12.0			
N1	52.3	+0.8	+11.1	灰		壁画左下部分松树之上云气里
N2	53.6	+0.5	+11.8			
N3	52.3	+0.8	+11.6			
P1	50.3	+1.4	+7.3	黑		壁画左下部分松树松针叶
P2	49.8	+1.4	+7.0			
P3	48.3	+1.1	+6.5			
Q1	72.9	+1.5	+10.8	白		左侧第 1 根柱子以左云气里
Q2	71.4	+1.6	+10.3			
Q3	73.4	+1.8	+11.3			

续表 6-1

	L	a	b	Color		Site
R1	58.1	−0.5	+11.5	绿		中部左数第 2 个斗拱上方的屋瓦
R2	59.2	−0.3	+12.4			
R3	60.6	−0.1	+12.4			
S1	65.3	+7.9	+23.6	黄		中部前方的台阶
S2	65.5	+8.3	+24.3			
S3	66.2	+8.4	+25.2			
T1	64.5	−4.5	+10.1	绿		最右下角
T2	64.9	−6.3	+10.1			
T3	62.7	−4.2	+10.2			
V1	70.4	+2.7	+11.7	白		右下角白色部分
V2	71.4	+2.1	+11.6			
V3	73.0	+2.4	+11.7			

注：壁画位置：两仪殿左（西）侧墙壁内部

壁画尺寸：宽：2110 毫米，高：2045 毫米。

6.3.2 基于仪器量测的色彩复原研究

操作步骤：

1. 将色差仪测得的各点的 LAB 数据按点记录制作出表格。
2. 打开 photoshop 的色彩选项，选择拾色器，将表格中的数据填入其中的 L、a、b 值选项，找出对应颜色。
3. 将所得颜色截取图片填入之前的表格中，完善表格。
4. 根据照片通过 CAD 描出不同色彩区域。
5. 根据表格中点的编号及位置，将对应颜色填入相应色彩区域内，完成绘制。

图 6-2 根据 LAB 值还原的部分色彩

基于计算机图像取色的色彩复原研究

操作步骤

1．打开 photoshop 的色彩选项中的拾色器；

2．同时打开拍摄的照片，直接将吸管对准照片中相应片区中的目标颜色进行吸取；

3．取得颜色后填入对应色彩区域中，完成绘制。

图 6–3　根据照片取色还原的部分色彩

壁画病害危害调查研究

壁画病害问题概述

为准确地记录和表述壁画中产生的病害问题，采用了以下符号（其中图片为两仪殿壁画中截取）：

表 6–2　壁画病害问题概述

名称	符号	描述	图片
地仗层			
裂缝		深及细泥层、粗泥层，甚至墙体的裂隙	
细裂缝		细泥层表面细小的裂隙，未及粗泥层	
细泥层脱落		彩绘下面的细泥层松脱掉落，露出下面的粗泥层	
空鼓		层与层之间失去结合力，可分为：细泥层与粗泥层之间松脱，整个地仗和墙体松脱。严重时壁面呈现鼓凸的现象	
点状爆落		地仗层所含的矿物结晶受热胀冷缩因素，在膨胀时破坏泥层而蹦出，形成一个锥装小凹凸	
菌藻类寄生		介于菌类和藻类的一种微生物寄生于壁面孔、缝隙中，经日照死亡后，留下的黑色瘢痕	
盐分析出		因盐分析出产生如花朵状的白色结晶	

续表 6-2

名称	符号	描述	图片
酥碱		由于建筑材料的质量问题和环境潮湿的原因，使建筑材料中的碱和盐类溶出，聚集在墙体的表层和表面，在化学和物理的双重作用下，墙体逐层酥软脱落	
机械破坏		人为的破坏产生的刮痕或因撞击产生的块状脱落	
彩绘层			
水渍		因雨水冲刷，干燥后产生的水痕	
污染		壁画表面外来物质（如：鞭炮、排泄物、施工水泥、油漆等）产生的污渍	
褪色		彩绘层的颜色因日照或雨水等因素变淡	
彩绘层脱落		彩绘层脱离细泥层	
彩绘层受损 细泥层脱落		彩绘层掉落时，损坏下细泥层，导致表面凹凸不平	
剪黏脱落		壁画上的瓷碗剪黏饰片从载体上掉落	
彩绘层起甲		彩绘层与地仗层间结合力丧失，形成鳞片状或块状的状况	
龟裂			
前人修复措施			
填补地仗层		以石灰泥浆将缺损的地仗补平	
全色		用矿物颜料在修补好的地仗层上修饰，使整个彩绘色调呈现和谐，西欧目前用细线或点描等方式补全，以区别作品真迹与修复补全的彩绘	
保护层		壁画彩绘后涂覆一层薄膜保护彩绘层	

现场调查方法说明

拍摄照片以及描图记录，以视觉和触觉判断病害原因。

现场调查结果说明

实例（两仪殿壁画局部）

图 6-4　两仪殿壁画局部

灰色：色彩层脱落，细泥层受损

紫色：发霉

绿色：色彩层脱落

黄色：细泥层脱落

红色：褪色

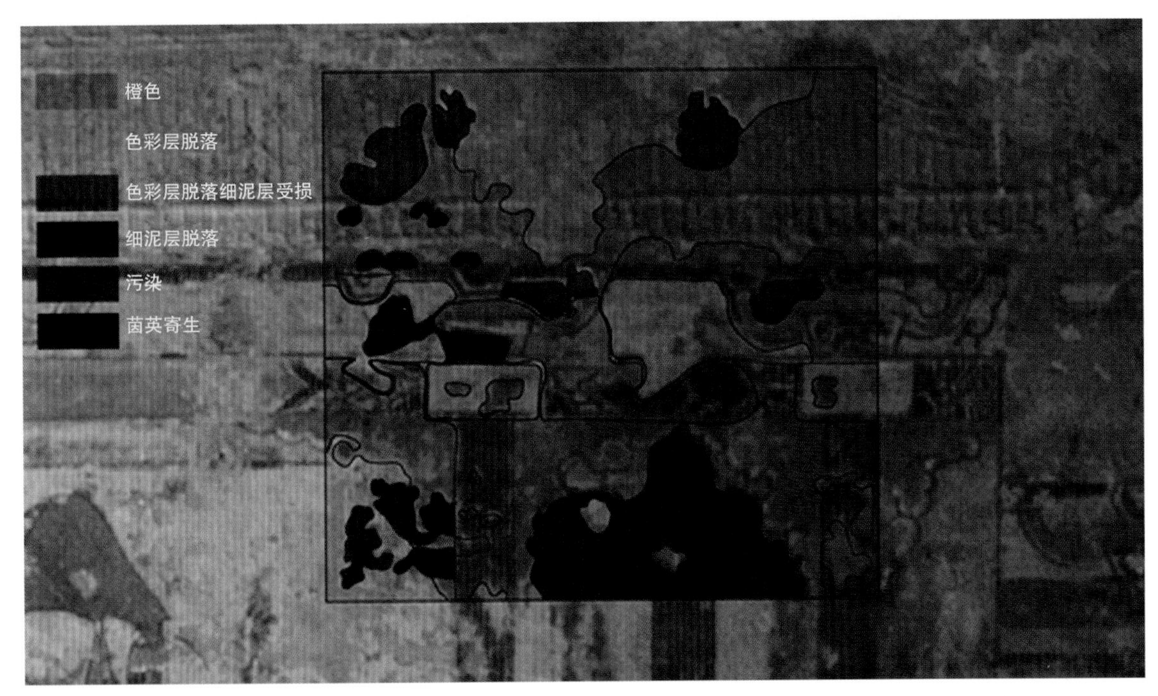

图 6-5　两仪殿壁画病害分析

6.4　调查环境病害症状分析

武当山两仪殿壁画多呈现色彩层脱落和细泥层脱落的问题，其主要原因是空鼓引起起甲破坏导致脱落，而空鼓的主要原因是受潮、酥碱将层剥离导致。壁画中很多起甲病害包围色彩层脱落，甚至细泥层脱落露出粗泥层就能看出其中原委。另外壁画维护力度不够也间接导致现状的产生。壁画壁面有呈现出填补地仗和全色的维护措施，但是紧紧是修补，没有合适的预防措施，其他部分要脱落的也还是会脱落。壁画处于两仪殿口，进出入人流量较大，壁画上 15 处有些许机械破坏，下部人手可触及高度受损较严重，15% 面积细泥层脱落露出粗泥层。壁画靠近室内部分一侧有较多油灰污染，应该是香客烧香导致。因此除气候原因引起的起甲破坏和色彩层脱落之外，人为的机械性破坏和污染就是壁画损害的最大原因，在之后的维修和保护过程中要予以重视。

6.5　初步研究结论

武当山两仪殿壁画有相当的历史价值，从曾经有大面积的修缮情况来看也能得知。其色彩测量与记录由操作员来完成，使用的仪器为美能达 CR10 色差仪，并同时拍照记录。取色与拍照过程较顺利，取得数据较准确。回到室内作业时描线轮廓准确，成功利用 photoshop 的拾取色功能还原两种记录方式下的色彩。在色彩还原的同时利用照片中的记录进行病害分析，将壁画现有情况中的病害类型进行分类，并分析其中主要问题的产生原因，以便之后针对此原因进行有效的维护与保护措施。调研中又将破坏性质按破坏严重性的轻重将最大的两类破坏挑出来予以重视，一是环境湿度的戏剧性变化导致酥碱、起甲病害接而导致色彩层和细泥层脱落损害；二是香客的不文明行为造成的机械性损害和香客上香导致的油灰污染。

两仪殿壁画的问题比较集中，可以在修补之后有针对性地进行防护。其中人为因素可以管理，但是气候环境不容易改变，因此在修复过程中对修复原料的选择要针对不光是受潮而是干燥与潮湿环境交替产生的危害。

第七章　两仪殿壁画病害信息系统建构研究

7.1　病害系统构成基本原理

7.1.1　建筑彩绘病害问题的系统特征

基于已有的壁画信息收集工作，建筑彩绘病害作为一个系统考虑时需要尽可能做到完善的表述彩绘现状以及后续维护的方法，因此系统需要具备以下几点特征：掌握准确、全面的描述病害现象；推演病害成因；辅助设计病害维护。

其中准确、全面的描述病害特征基于对壁画现有病害的信息收集，这一项目前也是壁画信息整理中必做项目，可以说手法和判断方式已经有所成型，但大多数情况还是基于经验型的现场判断劣化类型，而定量能力较弱，要完善此项需要相关规范的指导，做到定性定量。但是针对壁画病害判断方面的规范缺乏也导致了描述壁画病害的含糊不清，使得病害的修复维护施工不确定性增大，靠临场操作完成壁画维护工作，也不能准确的预计消耗。于是要考虑已有经验结合类似规范的方式来尝试着对劣化程度的一个定量。

而后的推演病害成因和设计病害维护又基于病害现象的准确掌握，同时参考地域性气候和地质状况便能更好地进行。

7.1.2　病害信息系统的系统构成概念

为了准确全面的描述和管理，推荐将病害信息系统中的病害现象依照病害的表现形式被赋予几何特性（点、线、面）、裂化特性（地仗层、色彩层）、表里特性（表面、里层）、生物物理化学特性（生物性、物理性、化学性），而其具体描述的病害现象为：开裂、粉化、剥落、片落、点状爆落、起泡、脆化、盐分析出、褪色、漂白、变黄、变深、渗色、机械破坏、水渍、侵蚀、污染痕迹、长霉。与此同时，病害现象与修复方式对应起来构成完整的病例信息系统映射。

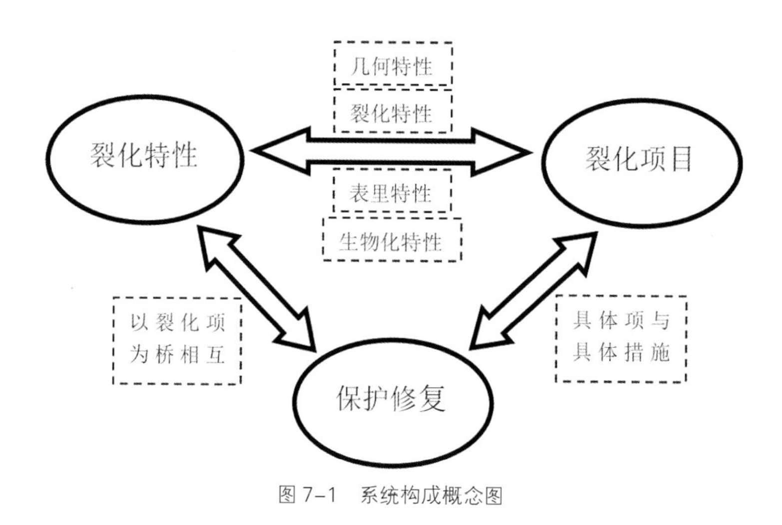

图 7-1　系统构成概念图

有了结构构思后，要将其表现出来，就需要有信息的载体，而壁画画面则是不二选择。其优势在于直观地表达准确的定位，与其将画面建立坐标后以坐标这种点的形式承载信息并表达位置，不如在画面中以面和线的区域来诠释更易懂和准确。由此考虑结合电脑软件的制图和信息管理功能来实现壁画病害信息系统的可操作性。

7.2 系统建构实作

7.2.1 病害信息与地理信息的类比关系

在构建病害信息系统时，需要选择性的参考已有的其他类似系统作为基础，而地理信息系统的结构和工作方式是十分适合参考借鉴的，都是对图像的处理、对区域和边界的划定、对属性的定性定量。

表 7–1 建筑裂化信息系统与地理信息系统相似性

系统名	信息		操作方式	
系统名	原始数据	处理信息	数据采集	数据处理
病害信息系统	①目标图像信息(原始彩绘) ②目标病害类型(劣化类型) ③目标病害分布(劣化区块，包括位置、形状等) ④目标地处区域气候（年平均温、湿度等）	①劣化边界勾画（借助图形软件上机操作） ②劣化类型归类（按项目类别将劣化区域分开） ③劣化程度分级（依据现有规范移植） ④各项属性测定（仪器测定）	①现场拍照 ②现场判定裂化位置及类型 ③询问当地气象局气候或定时测定气候信息	①利用图形软件(CAD)进行边界勾画和区块划分 ②劣化类型定位（依据现场的判断）并输入对应的CAD图层 ③数据管理、调用
地理信息系统	①地理图像信息（卫星图） ②地貌信息（高程，地貌类型等） ③区块分布（土地分布、海域等） ④附属信息（人口、房屋信息、气候等）	①区块勾画（国境线、海域线等） ②区块归类（按区块类型和属地划分开） ③各附属信息输入（调查登记、勘测） ④区块等级划分	①卫星拍照 ②勘测地理地貌信息 ③调查登记信息	①利用GIS或其他软件制作地图区块、确定边界 ②按信息种类归类采集的信息 ③地理信息管理、调用

7.2.2 病害信息系统的合适计算机软件评选

各软件都有自己的优势和弱势，考虑配合使用会非常有效，利用CAD的强绘图能力、Arcmap的分层管理和分析能力以及ArcCatalog的调用和管理能力，能够很好地完成系统的建构和优化，并且建立在GIS基础之上使系统的分析、管理能力更可靠。

表 7–2 各类适用软件特性比较

软件名	图形能力	分层管理能力	分析能力	调用能力	软件操作
CAD	较强	一般	较弱	一般	较易
Photoshop	强	一般	较弱	一般	较易
Arcmap	一般	强	强	强	较难
Arccatalog	较弱	较强	一般	较强	较难
Arcview	一般	强	一般	一般	难

7.2.3 病害信息系统的数位化建构

在确定了以地理信息系统为参考建构病害信息系统后，考虑配合使用CAD、Arcmap、Arccatalog软件达到数位信息建构：

首先，利用CAD的图形能力和基础分层能力将建筑彩绘底图做基本的区域描绘和图层分类:描绘为劣化边界描绘;图层分类则依据系统建构概念中的18劣化项。除开CAD制图准确不说，它还能与各软件配合使用，在不同软件中互导格式，作为信息的源文件是最佳的选择，而且也是操作最熟练的软件。

然后，利用Arcmap的管理能力较强的分析能力，做进一步的分层和分析，完善各项劣化的定量分析。Arcmap

的分析能力在规划中体现十分明显，重点在于其较方便的面积核算和属性添加，对于记录和分析裂化信息有十分大的帮助。

导入 Arccatalog 做最后的管理调整，借其较强的管理能力和调用能力，方便以后调用信息，为维护做准备。Arccatalog 在调用查询的时候十分方便，是一个很好的图像信息管理软件，这对后期分析研究维护措施帮助很大，有查询方便、信息齐全等特点。

根据病害信息的基础建构内的信息，针对性的设计维护方式计入系统的维护属性内。后期分析研究维护措施后，只需将结果输入 Arccatalog 或 Arcmap 的属性表内即可，方便施工时调用。

7.3 两仪殿建筑壁画案例应用

7.3.1 两仪殿建筑壁画色彩系统

1）现场调查方法说明

现场调查时，先将壁画表面灰尘用毛刷弹去后，将色差仪取色口对准目标色，待对准后按键取色，得到相应的 LAB 值，记录下来，并拍摄照片记录整体样貌。

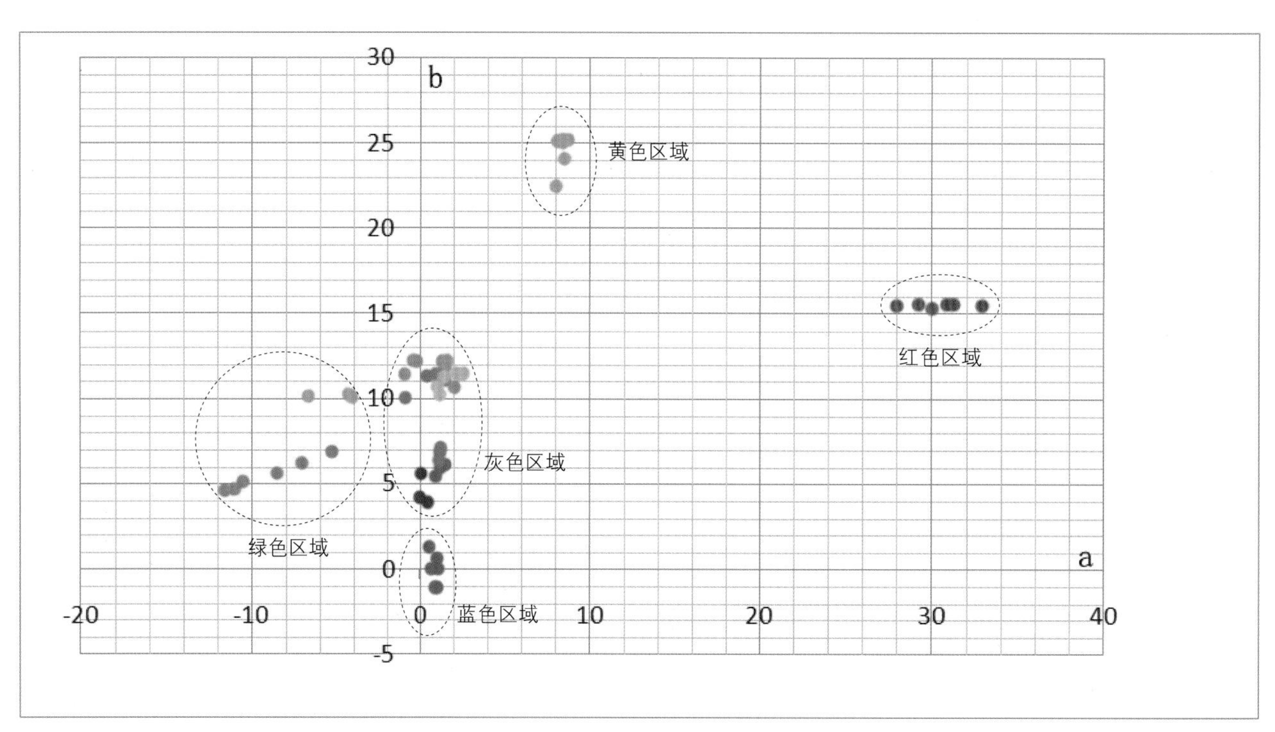

图 7–2　壁画色彩 LAB 色彩体系图

2）色差计量测结果数值分析（美能达 CR10）

以 a、b 值建立坐标系将色彩填入，了解主要色彩范围和使用频率。

在色彩还原前，先根据照片描出壁画中主要线稿，画出色彩区界以方便填色。然后根据线稿，分为测量色还原和照片色还原两种方式进行色彩分析还原。

7.3.2　建筑壁画病害系统应用

1）以褪色、剥落、污染痕迹、侵蚀这 4 种破损面较大的劣化为例，将 CAD 描线文件导入 Arcmap（导出线和面的属性即可）。

（图 7-3 中右图为 Arcmap 内容列表区域，横线为线属性，色块为面属性）

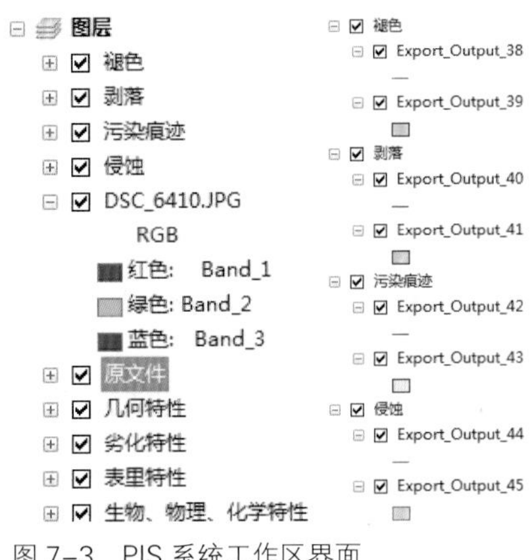

图 7-3　PIS 系统工作区界面

2）随后在 Arcmap 中依照概念结构将各数据归类管理，例如以地仗层和色彩层分类，并完成面的合成。

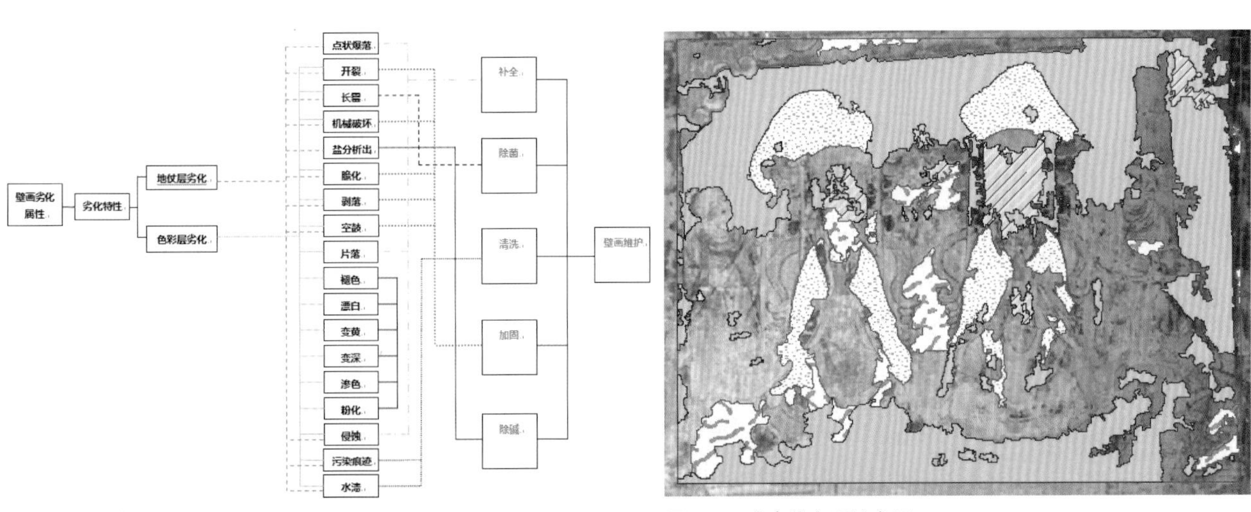

图 7-4　病害系统分层管理概念图

图 7-5　病害信息系统应用

图 7-6　裂损图层面域

以剥落图层为例（紫色线框部分），在 Arcmap 中只需打开列表，在图中选择到你想要了解的区块后，表中对应的数据就会高亮显示，能直观地得出区域面积、劣化等级、修补方式等信息，帮助估算耗材和修复决策的确定。

3）需要对应加入额外不属于地理信息类的属性时，如修复方法、程度分级等，只需要右键添加项目即可。

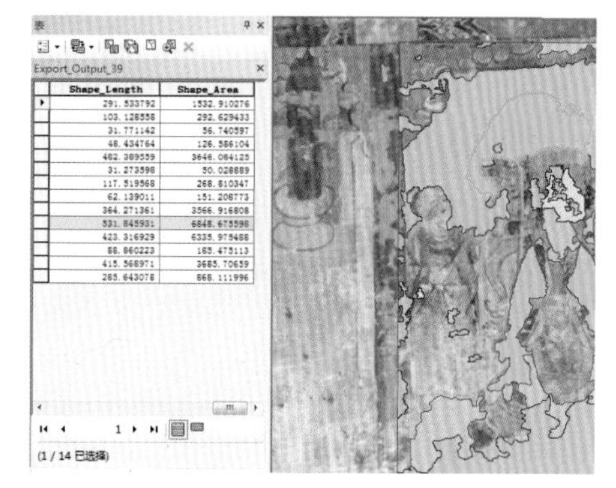

图 7-7　选区信息

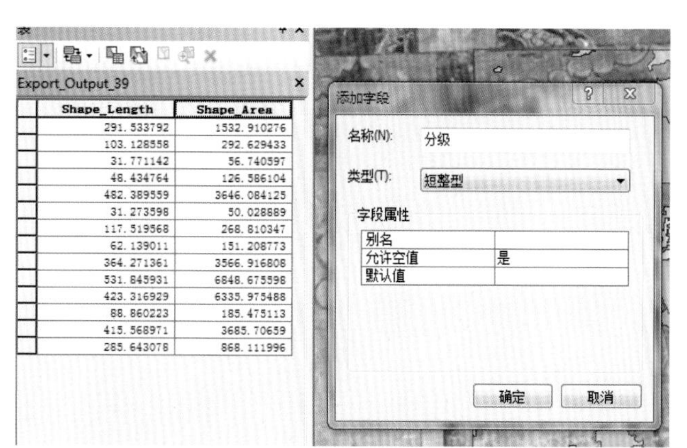

图 7-8　添加属性

壁画裂化信息系统基于 GIS 系统，制作严谨可靠，而且利用 ArcCatalog 的管理使调用方便，能很好地完成和表达系统架构概念。

7.3.3　建筑壁画修复系统应用

1）针对实例中的病害问题，提出了补全（包括填色）、除菌、清洗、加固、除碱等相应的修复方法。

2）针对武当山两仪殿壁画的修复：根据信息整理，利用 Arcmap 计算各劣化项目的面积、劣化级别等属性要素并记录；依据已有的修补技法，针对不同的劣化提出对应的维护方式；整理入信息架构中。

7.4　研究结论

利用壁画病例信息系统不仅能很好地对壁画现有信息进行全面的掌控和管理，而且能确实有效地帮助壁画修复措施的进行，提供确实的信息帮助修复决策的制定，让整个壁画系统规范化。但同时这个系统还是雏形，并不完善。一方面缺少一个专项软件的支持，目前还在借助绘图软件和信息管理软件交叉使用，不够方便，但若不用则不方便信息提取的分析，期望今后软件上能有更好的选择，让这一学科更加完善。而另一个缺陷在于没有针对壁画维护中测量破坏程度的分级标准。希望在后续研究中能将统筹各个相关标准，用来制定壁画劣化等级的测定标准。

附录

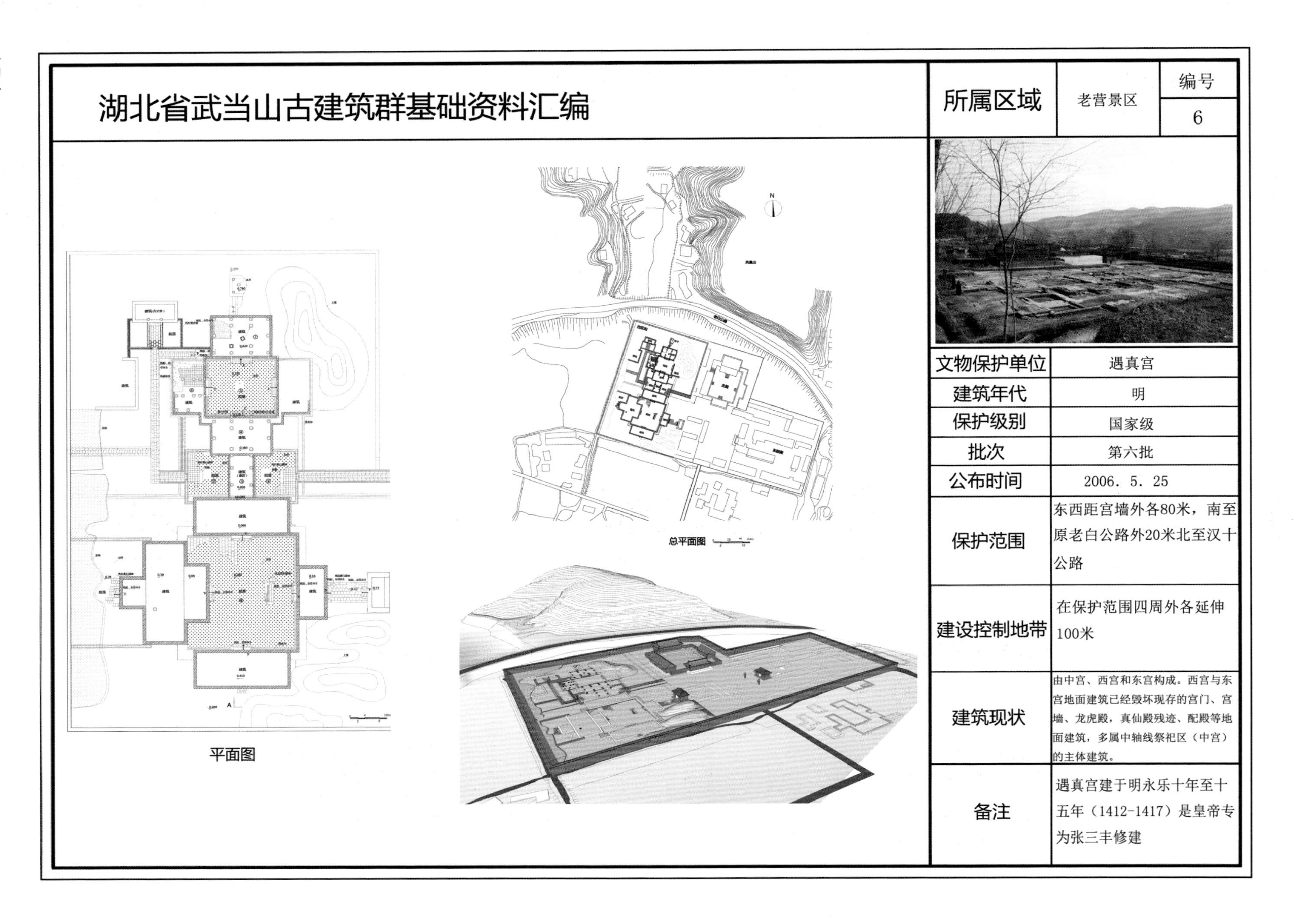

湖北省武当山古建筑群基础资料汇编

所属区域	老营景区	编号 6

文物保护单位	遇真宫
建筑年代	明
保护级别	国家级
批次	第六批
公布时间	2006. 5. 25
保护范围	东西距宫墙外各80米，南至原老白公路外20米北至汉十公路
建设控制地带	在保护范围四周外各延伸100米
建筑现状	由中宫、西宫和东宫构成。西宫与东宫地面建筑已经毁坏现存的宫门、宫墙、龙虎殿，真仙殿残迹、配殿等地面建筑，多属中轴线祭祀区（中宫）的主体建筑。
备注	遇真宫建于明永乐十年至十五年（1412-1417）是皇帝专为张三丰修建

平面图

总平面图

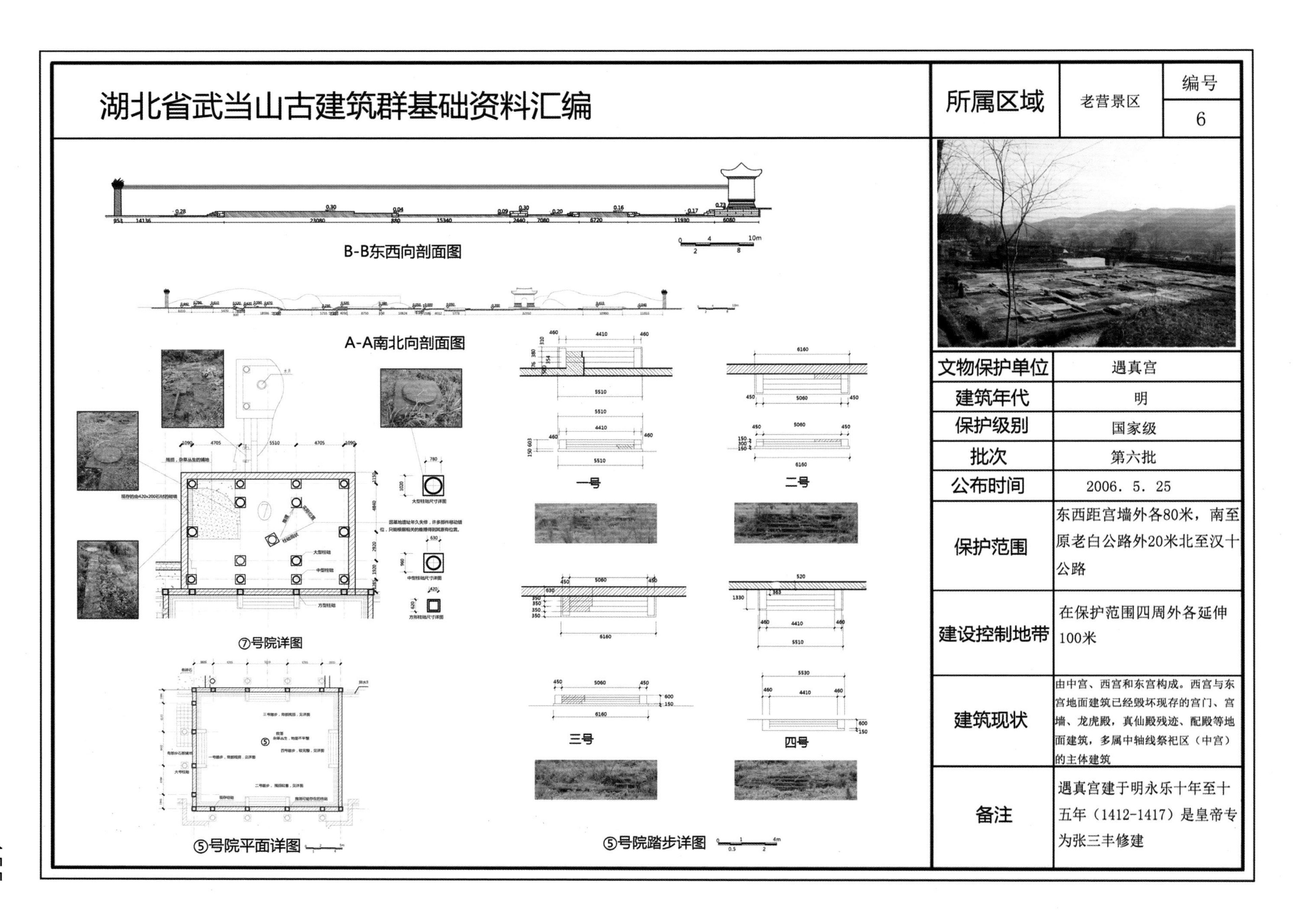

湖北省武当山古建筑群基础资料汇编

所属区域	老营景区	编号 6
文物保护单位	遇真宫	
建筑年代	明	
保护级别	国家级	
批次	第六批	
公布时间	2006．5．25	
保护范围	东西距宫墙外各80米，南至原老白公路外20米北至汉十公路	
建设控制地带	在保护范围四周外各延伸100米	
建筑现状	由中宫、西宫和东宫构成。西宫与东宫地面建筑已经毁坏现存的宫门、宫墙、龙虎殿，真仙殿残迹、配殿等地面建筑，多属中轴线祭祀区（中宫）的主体建筑	
备注	遇真宫建于明永乐十年至十五年（1412-1417）是皇帝专为张三丰修建	

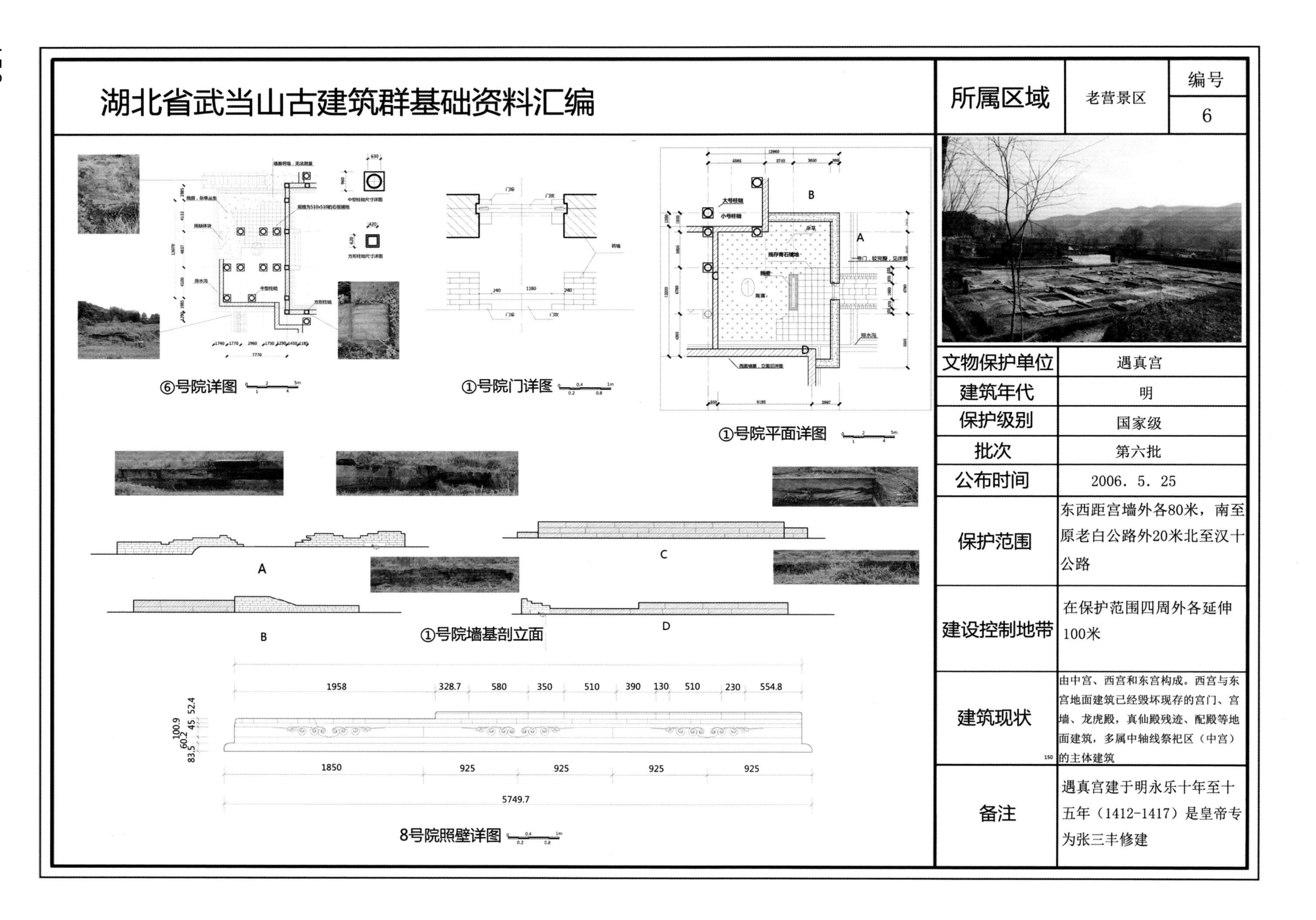

湖北省武当山古建筑群基础资料汇编

所属区域	老营景区	编号 6
文物保护单位	遇真宫	
建筑年代	明	
保护级别	国家级	
批次	第六批	
公布时间	2006. 5. 25	
保护范围	东西距宫墙外各80米，南至原老白公路外20米北至汉十公路	
建设控制地带	在保护范围四周外各延伸100米	
建筑现状	由中宫、西宫和东宫构成。西宫与东宫地面建筑已经毁坏现存的宫门、宫墙、龙虎殿，真仙殿残迹、配殿等地面建筑，多属中轴线祭祀区（中宫）的主体建筑	
备注	遇真宫建于明永乐十年至十五年（1412-1417）是皇帝专为张三丰修建	

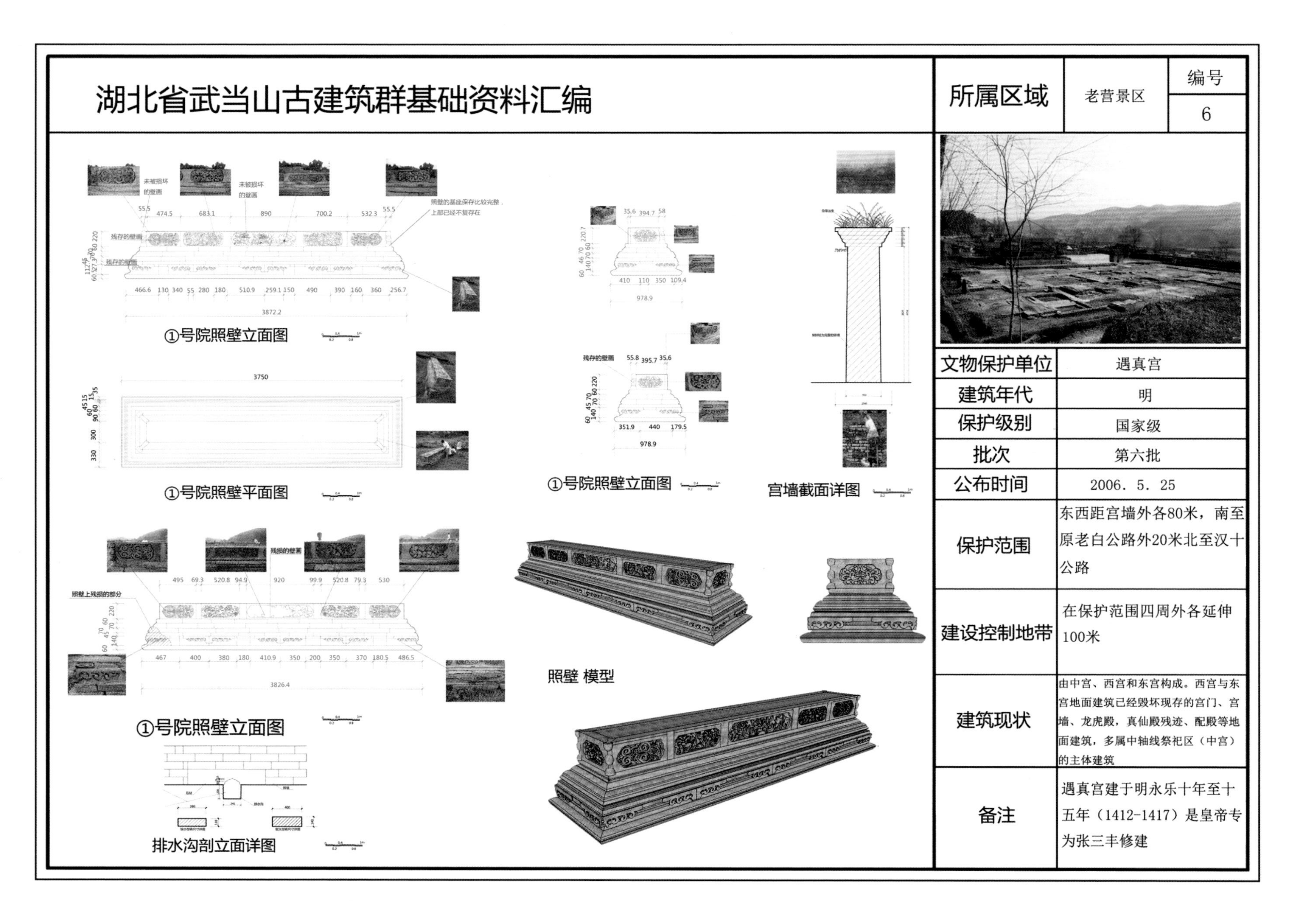

湖北省武当山古建筑群基础资料汇编

所属区域	老营景区	编号 6
文物保护单位	遇真宫	
建筑年代	明	
保护级别	国家级	
批次	第六批	
公布时间	2006. 5. 25	
保护范围	东西距宫墙外各80米，南至原老白公路外20米北至汉十公路	
建设控制地带	在保护范围四周外各延伸100米	
建筑现状	由中宫、西宫和东宫构成。西宫与东宫地面建筑已经毁坏现存的宫门、宫墙、龙虎殿，真仙殿残迹、配殿等地面建筑，多属中轴线祭祀区（中宫）的主体建筑	
备注	遇真宫建于明永乐十年至十五年（1412-1417）是皇帝专为张三丰修建	

湖北省武当山古建筑群基础资料汇编

建筑清单

所属区域	老营景区
保护等级	国家级

建筑编号	建筑名称	年代	建筑保护等级
5 －（1-5）	十方室	明	国家级
5 － 6	十方室南侧广场	明	国家级
5 － 7	须弥座	明	国家级
5 －（8-9）	龙虎殿南侧广场	明	国家级
5 － 10	宫门南侧神道	明	国家级

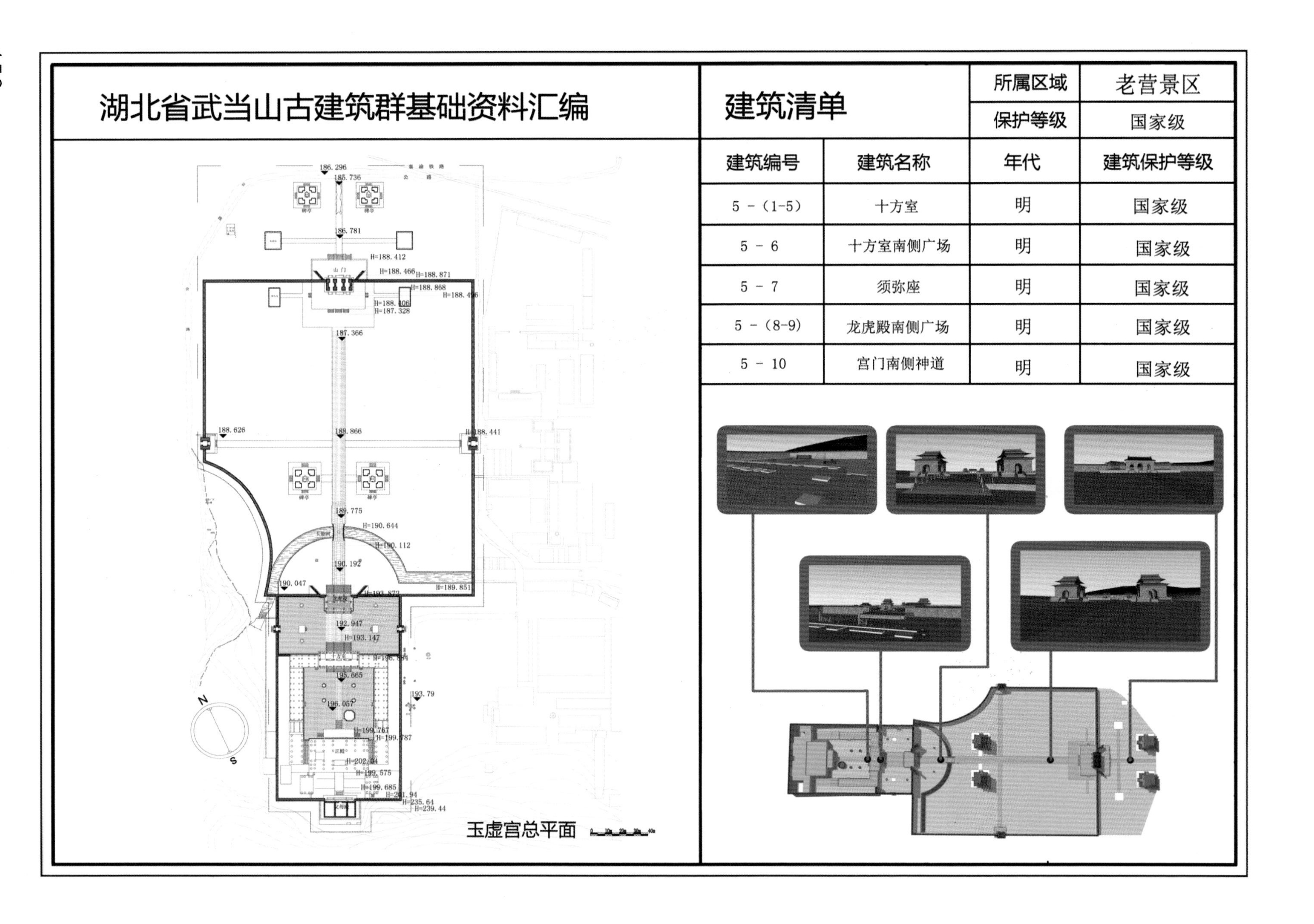

玉虚宫总平面

湖北省武当山古建筑群基础资料汇编

所属区域	老营景区	编号 5-1

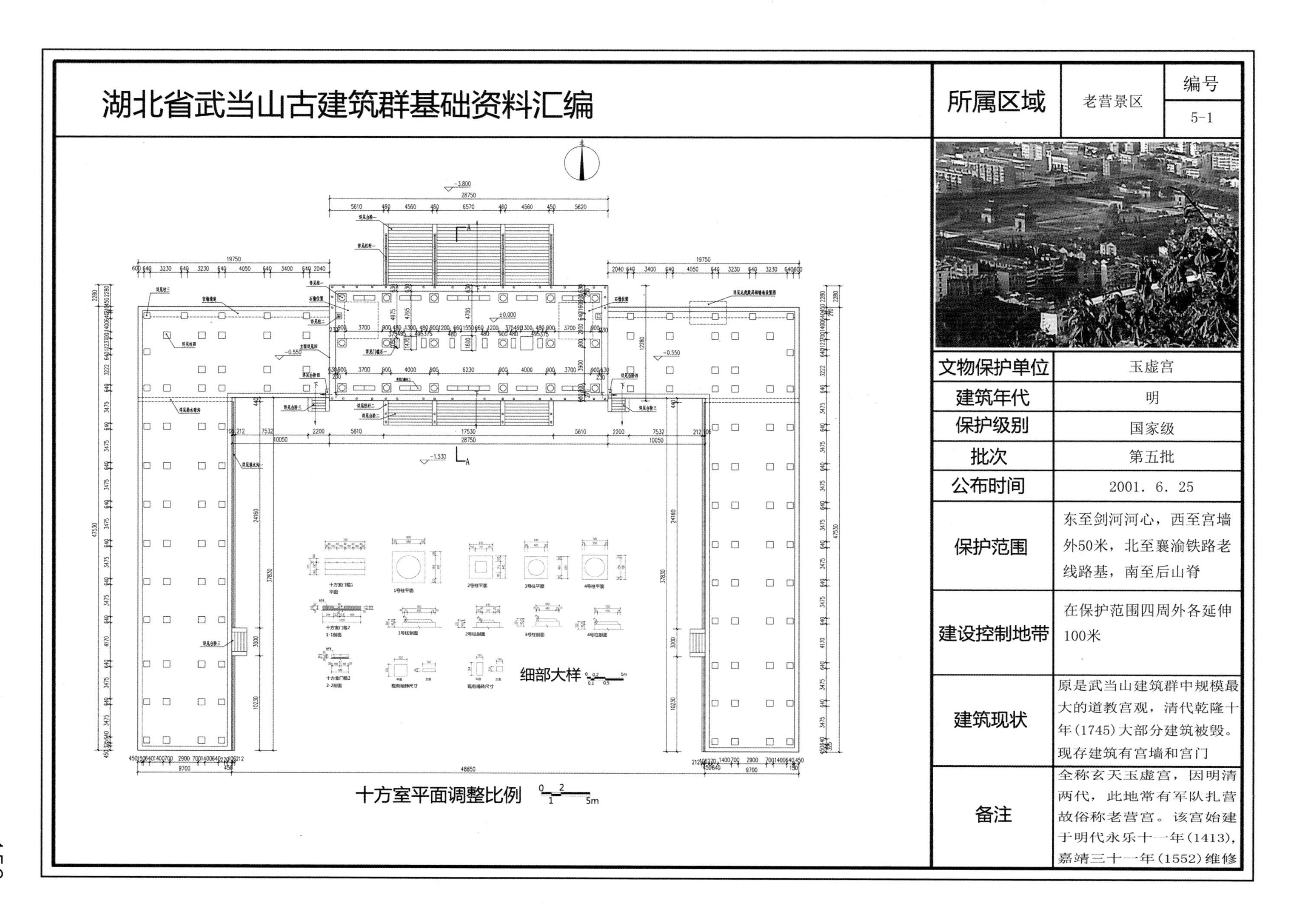

文物保护单位	玉虚宫
建筑年代	明
保护级别	国家级
批次	第五批
公布时间	2001. 6. 25
保护范围	东至剑河河心，西至宫墙外50米，北至襄渝铁路老线路基，南至后山脊
建设控制地带	在保护范围四周外各延伸100米
建筑现状	原是武当山建筑群中规模最大的道教宫观，清代乾隆十年(1745)大部分建筑被毁。现存建筑有宫墙和宫门
备注	全称玄天玉虚宫，因明清两代，此地常有军队扎营故俗称老营宫。该宫始建于明代永乐十一年(1413)，嘉靖三十一年(1552)维修

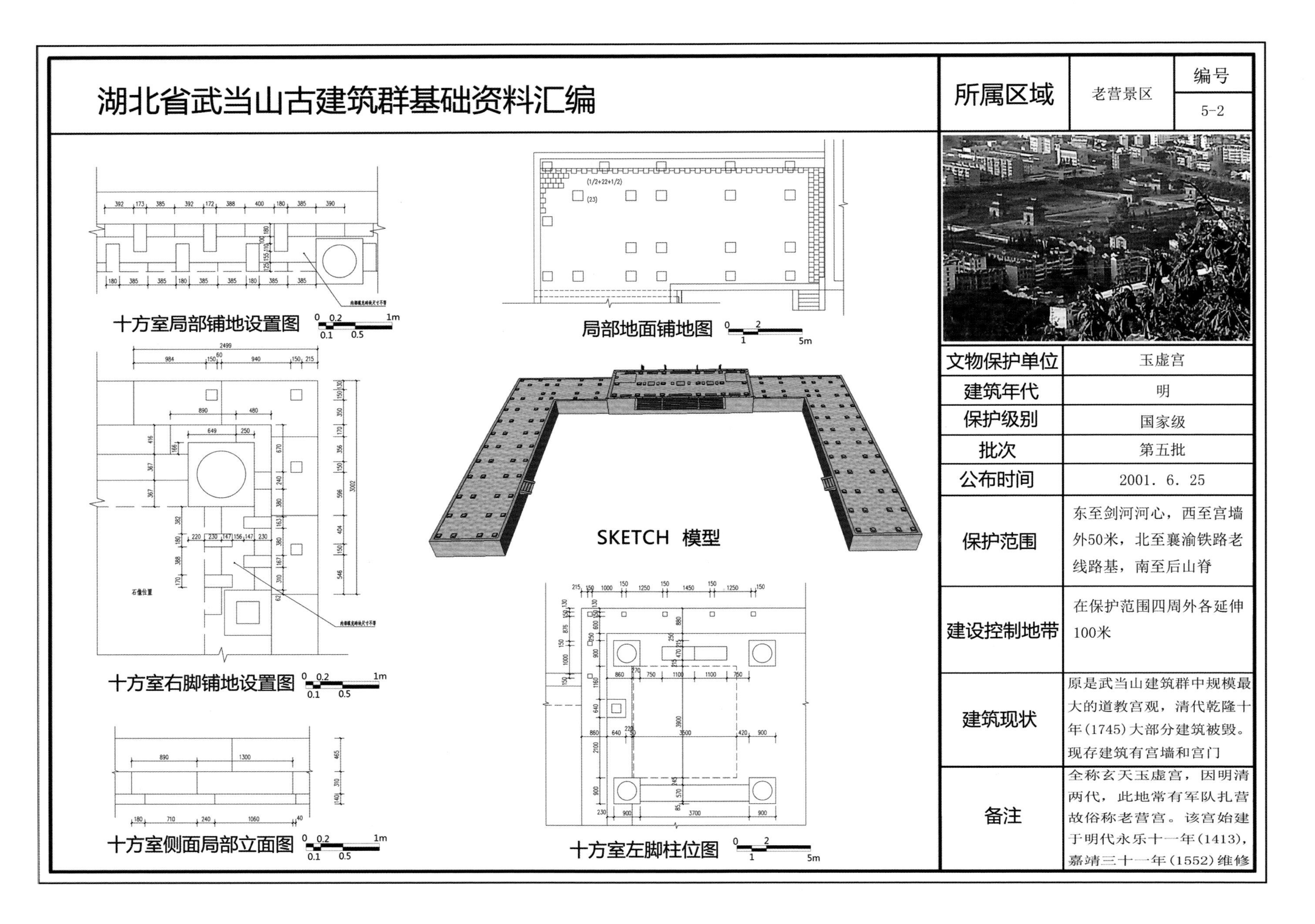
湖北省武当山古建筑群基础资料汇编
所属区域
老营景区
编号
5-2
文物保护单位
玉虚宫
建筑年代
明
保护级别
国家级
批次
第五批
公布时间
2001. 6. 25
保护范围
东至剑河河心，西至宫墙外50米，北至襄渝铁路老线路基，南至后山脊
建设控制地带
在保护范围四周外各延伸100米
建筑现状
原是武当山建筑群中规模最大的道教宫观，清代乾隆十年(1745)大部分建筑被毁。现存建筑有宫墙和宫门
备注
全称玄天玉虚宫，因明清两代，此地常有军队扎营故俗称老营宫。该宫始建于明代永乐十一年(1413)，嘉靖三十一年(1552)维修
十方室局部铺地设置图
局部地面铺地图
SKETCH 模型
十方室右脚铺地设置图
十方室侧面局部立面图
十方室左脚柱位图
石像位置

湖北省武当山古建筑群基础资料汇编

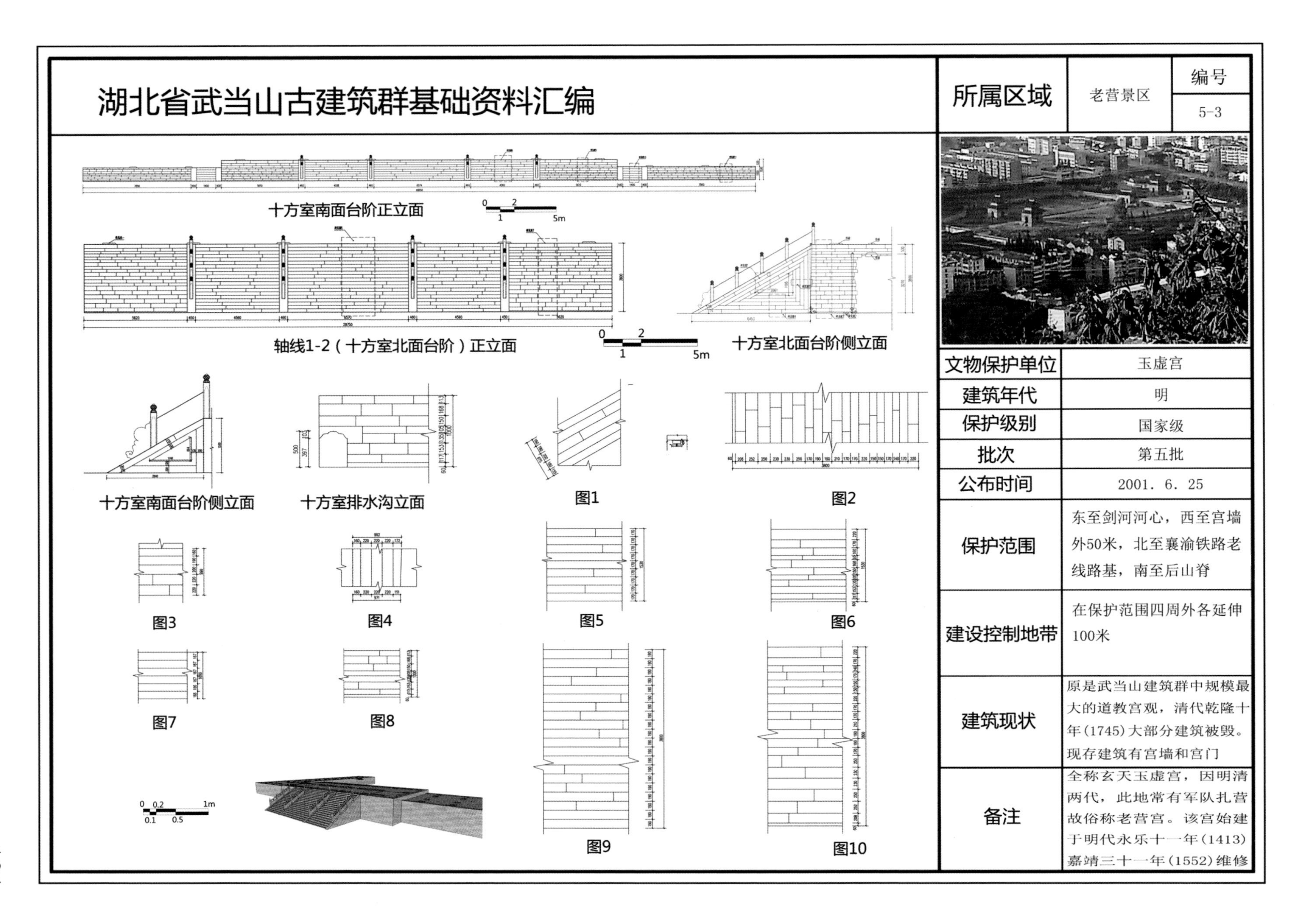

所属区域	老营景区	编号 5-3
文物保护单位	玉虚宫	
建筑年代	明	
保护级别	国家级	
批次	第五批	
公布时间	2001. 6. 25	
保护范围	东至剑河河心，西至宫墙外50米，北至襄渝铁路老线路基，南至后山脊	
建设控制地带	在保护范围四周外各延伸100米	
建筑现状	原是武当山建筑群中规模最大的道教宫观，清代乾隆十年(1745)大部分建筑被毁。现存建筑有宫墙和宫门	
备注	全称玄天玉虚宫，因明清两代，此地常有军队扎营故俗称老营宫。该宫始建于明代永乐十一年(1413)嘉靖三十一年(1552)维修	

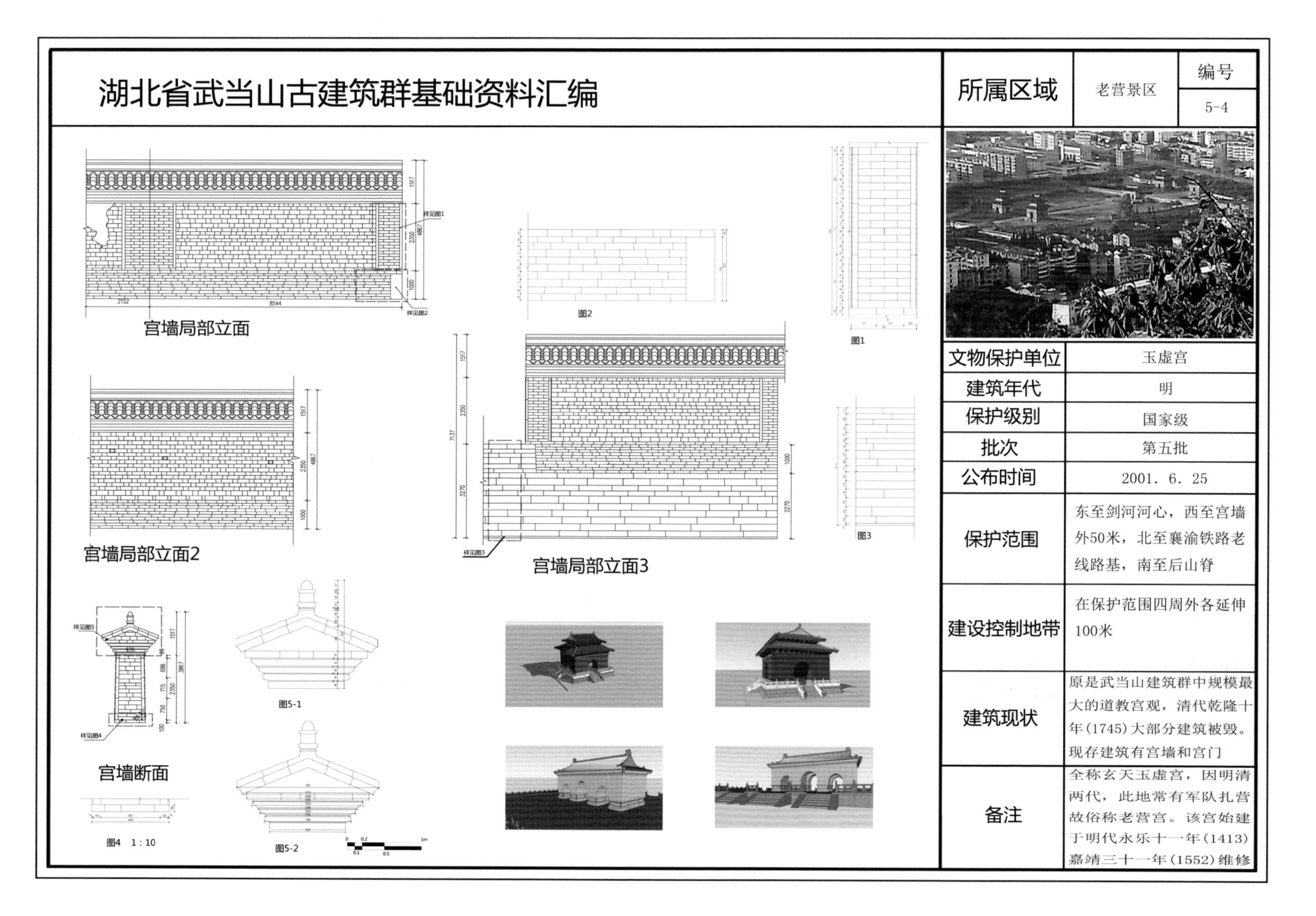

文物保护单位	玉虚宫
建筑年代	明
保护级别	国家级
批次	第五批
公布时间	2001. 6. 25
保护范围	东至剑河河心，西至宫墙外50米，北至襄渝铁路老线路基，南至后山脊
建设控制地带	在保护范围四周外各延伸100米
建筑现状	原是武当山建筑群中规模最大的道教宫观，清代乾隆十年(1745)大部分建筑被毁。现存建筑有宫墙和宫门
备注	全称玄天玉虚宫，因明清两代，此地常有军队扎营故俗称老营宫。该宫始建于明代永乐十一年(1413)嘉靖三十一年(1552)维修

湖北省武当山古建筑群基础资料汇编

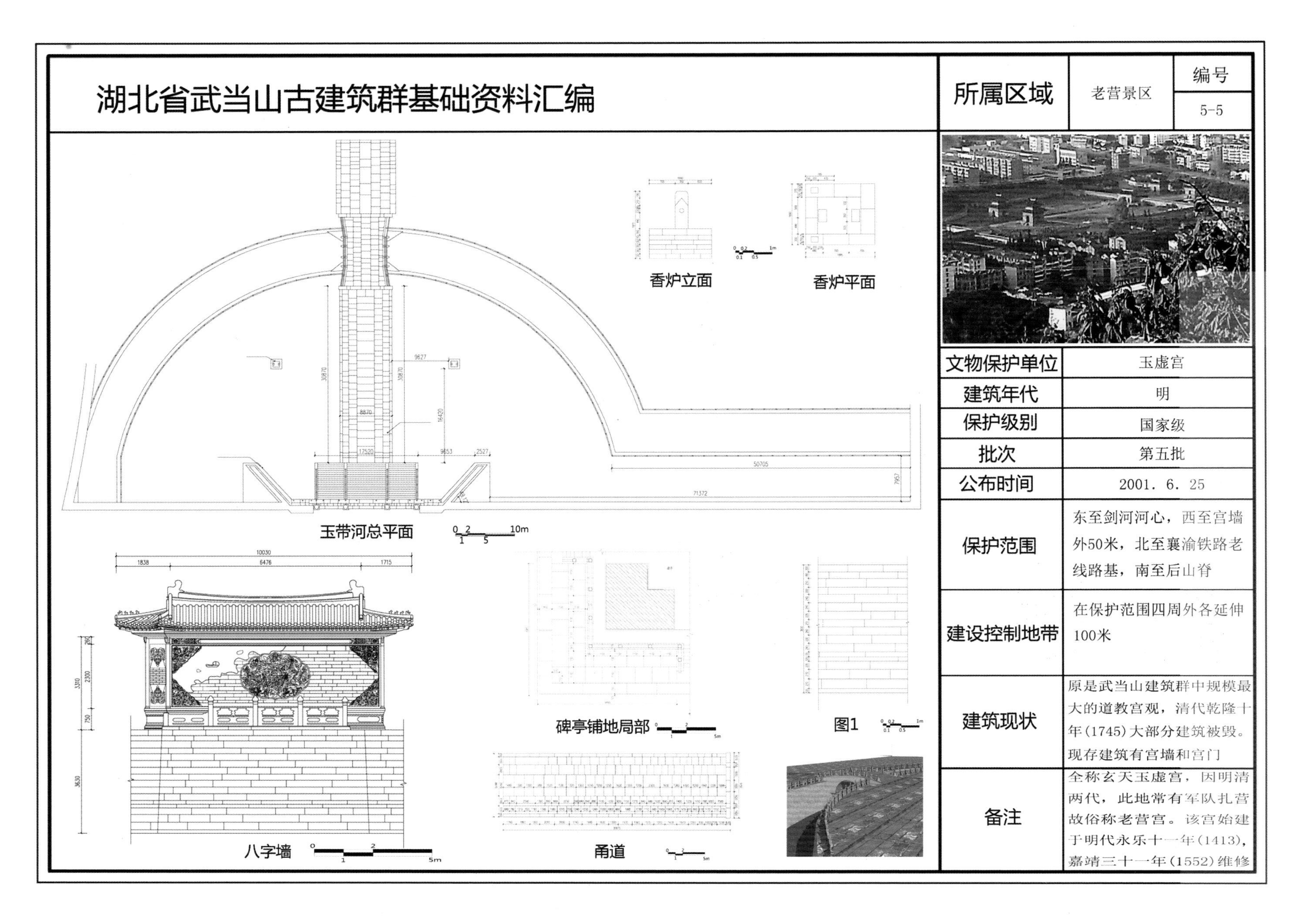

所属区域	老营景区	编号 5-5
文物保护单位	玉虚宫	
建筑年代	明	
保护级别	国家级	
批次	第五批	
公布时间	2001．6．25	
保护范围	东至剑河河心，西至宫墙外50米，北至襄渝铁路老线路基，南至后山脊	
建设控制地带	在保护范围四周外各延伸100米	
建筑现状	原是武当山建筑群中规模最大的道教宫观，清代乾隆十年(1745)大部分建筑被毁。现存建筑有宫墙和宫门	
备注	全称玄天玉虚宫，因明清两代，此地常有军队扎营故俗称老营宫。该宫始建于明代永乐十一年(1413)，嘉靖三十一年(1552)维修	

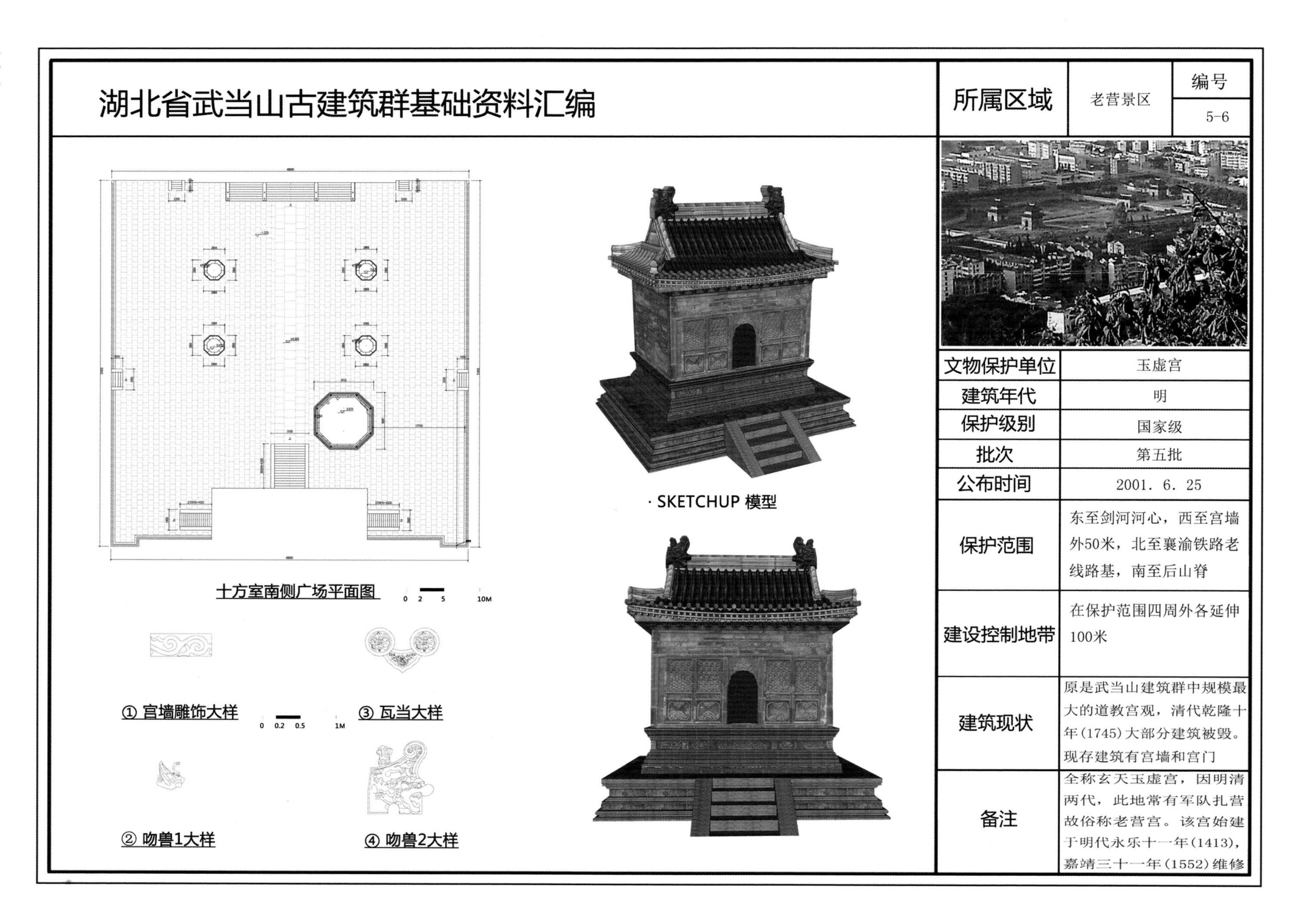

湖北省武当山古建筑群基础资料汇编

所属区域	老营景区	编号 5-6
文物保护单位	玉虚宫	
建筑年代	明	
保护级别	国家级	
批次	第五批	
公布时间	2001. 6. 25	
保护范围	东至剑河河心，西至宫墙外50米，北至襄渝铁路老线路基，南至后山脊	
建设控制地带	在保护范围四周外各延伸100米	
建筑现状	原是武当山建筑群中规模最大的道教宫观，清代乾隆十年(1745)大部分建筑被毁。现存建筑有宫墙和宫门	
备注	全称玄天玉虚宫，因明清两代，此地常有军队扎营故俗称老营宫。该宫始建于明代永乐十一年(1413)，嘉靖三十一年(1552)维修	

十方室南侧广场平面图

·SKETCHUP 模型

① 宫墙雕饰大样

② 吻兽1大样

③ 瓦当大样

④ 吻兽2大样

湖北省武当山古建筑群基础资料汇编

所属区域	老营景区	编号 5-7

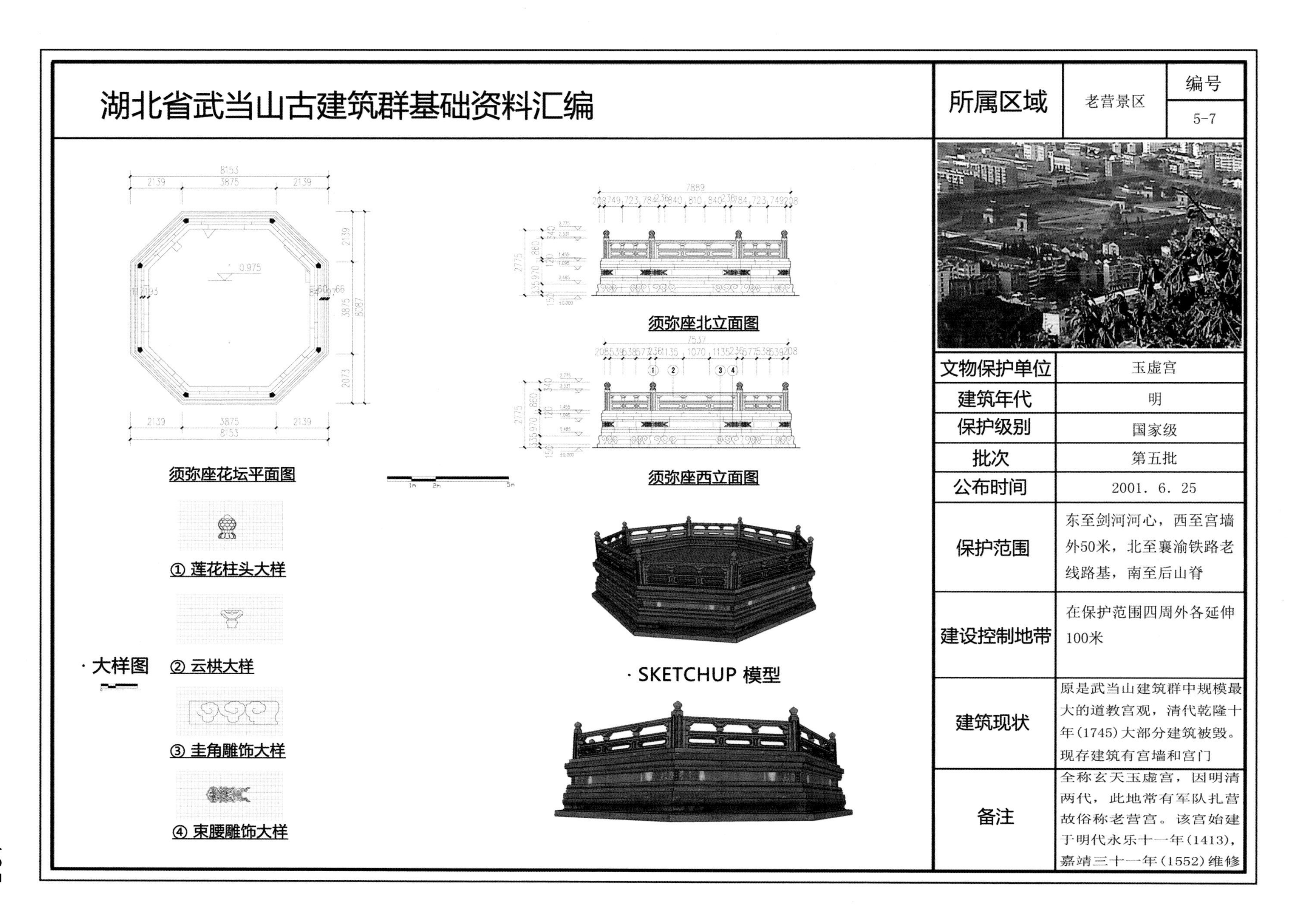

文物保护单位	玉虚宫
建筑年代	明
保护级别	国家级
批次	第五批
公布时间	2001. 6. 25
保护范围	东至剑河河心，西至宫墙外50米，北至襄渝铁路老线路基，南至后山脊
建设控制地带	在保护范围四周外各延伸100米
建筑现状	原是武当山建筑群中规模最大的道教宫观，清代乾隆十年(1745)大部分建筑被毁。现存建筑有宫墙和宫门
备注	全称玄天玉虚宫，因明清两代，此地常有军队扎营故俗称老营宫。该宫始建于明代永乐十一年(1413)，嘉靖三十一年(1552)维修

湖北省武当山古建筑群基础资料汇编

所属区域	老营景区	编号 5-8

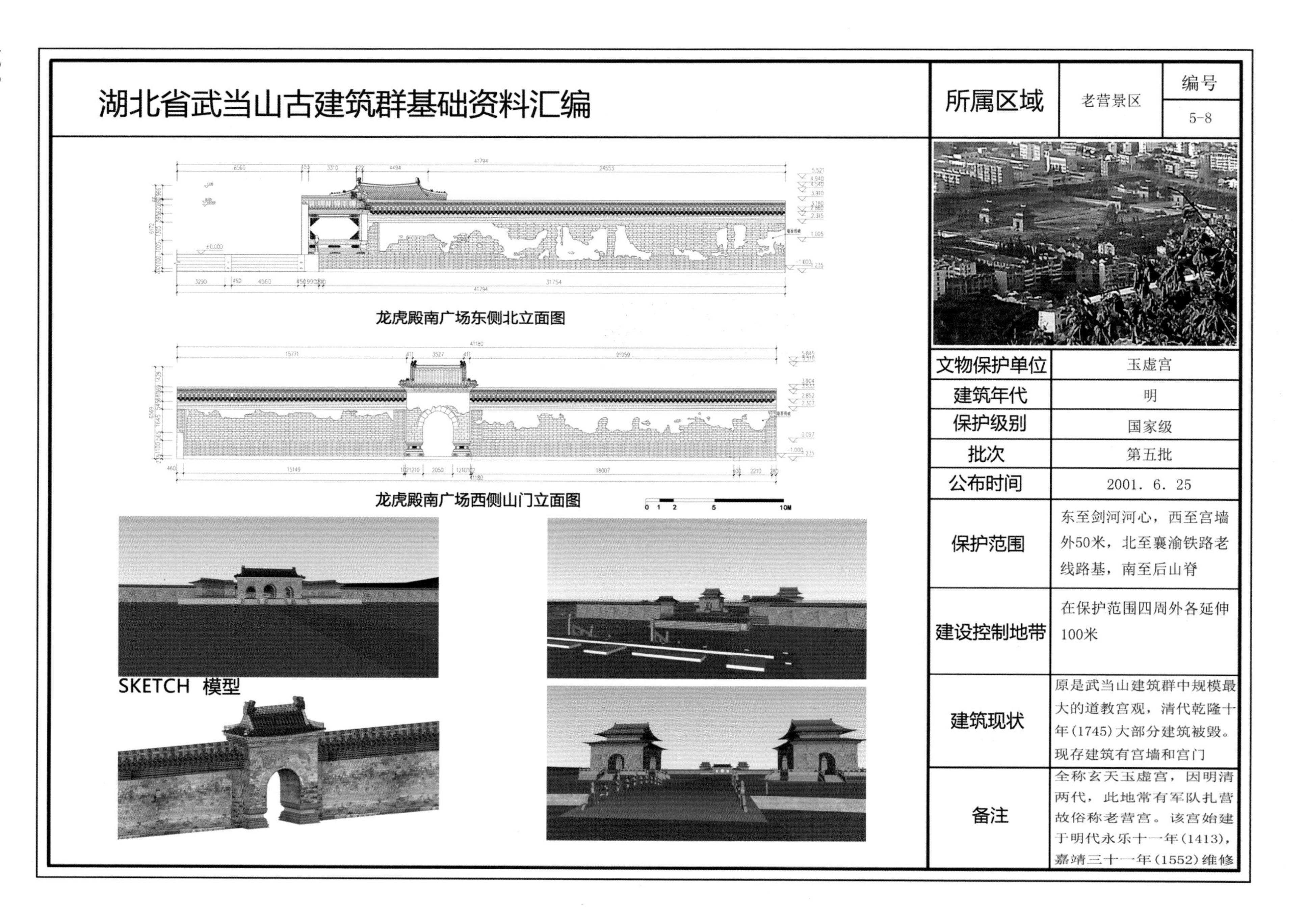

文物保护单位	玉虚宫
建筑年代	明
保护级别	国家级
批次	第五批
公布时间	2001. 6. 25
保护范围	东至剑河河心，西至宫墙外50米，北至襄渝铁路老线路基，南至后山脊
建设控制地带	在保护范围四周外各延伸100米
建筑现状	原是武当山建筑群中规模最大的道教宫观，清代乾隆十年(1745)大部分建筑被毁。现存建筑有宫墙和宫门
备注	全称玄天玉虚宫，因明清两代，此地常有军队扎营故俗称老营宫。该宫始建于明代永乐十一年(1413)，嘉靖三十一年(1552)维修

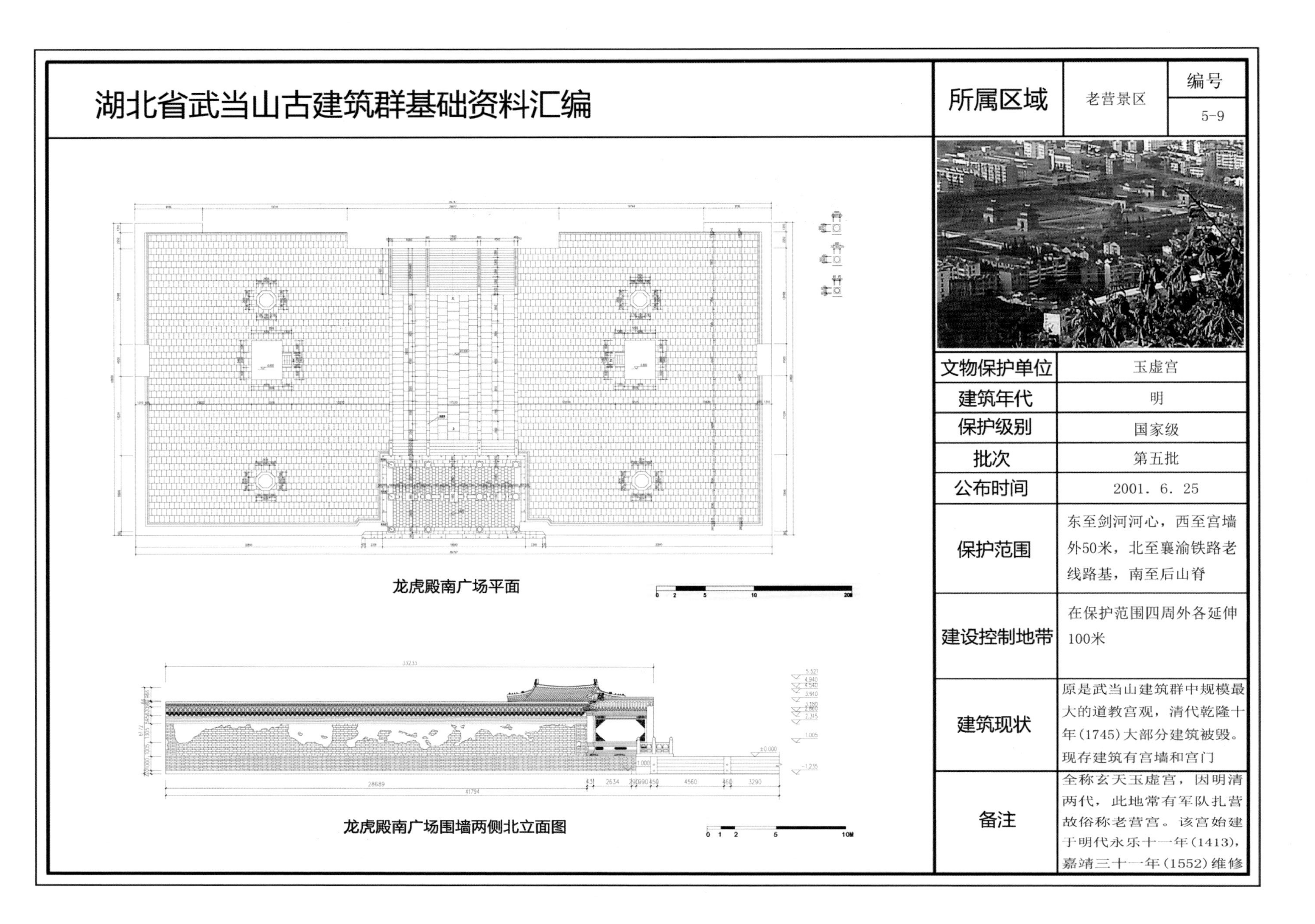

湖北省武当山古建筑群基础资料汇编

所属区域	老营景区	编号 5-9
文物保护单位	玉虚宫	
建筑年代	明	
保护级别	国家级	
批次	第五批	
公布时间	2001. 6. 25	
保护范围	东至剑河河心，西至宫墙外50米，北至襄渝铁路老线路基，南至后山脊	
建设控制地带	在保护范围四周外各延伸100米	
建筑现状	原是武当山建筑群中规模最大的道教宫观，清代乾隆十年(1745)大部分建筑被毁。现存建筑有宫墙和宫门	
备注	全称玄天玉虚宫，因明清两代，此地常有军队扎营故俗称老营宫。该宫始建于明代永乐十一年(1413)，嘉靖三十一年(1552)维修	

龙虎殿南广场平面

龙虎殿南广场围墙两侧北立面图

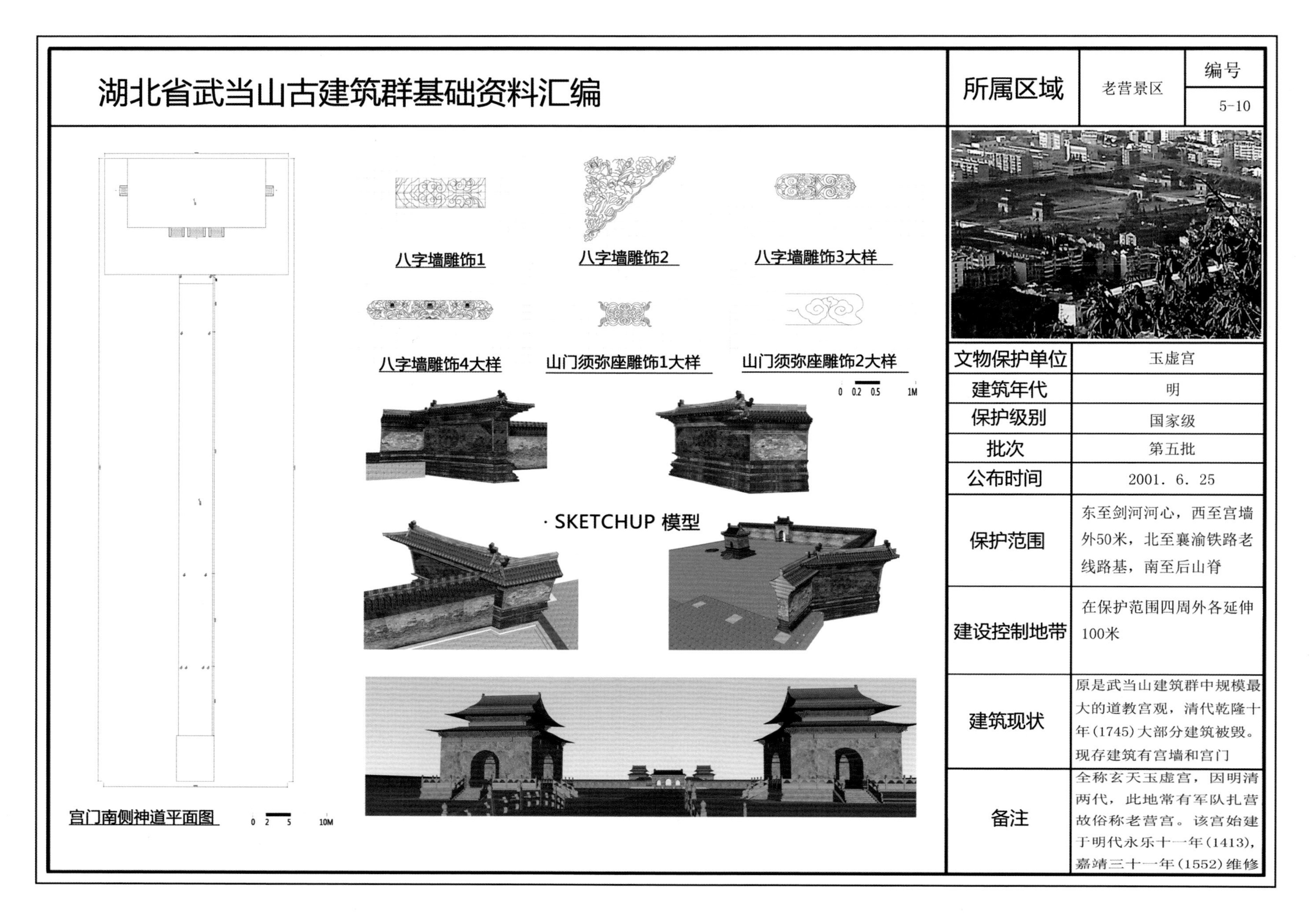

所属区域	老营景区	编号 5-10
文物保护单位	玉虚宫	
建筑年代	明	
保护级别	国家级	
批次	第五批	
公布时间	2001. 6. 25	
保护范围	东至剑河河心，西至宫墙外50米，北至襄渝铁路老线路基，南至后山脊	
建设控制地带	在保护范围四周外各延伸100米	
建筑现状	原是武当山建筑群中规模最大的道教宫观，清代乾隆十年(1745)大部分建筑被毁。现存建筑有宫墙和宫门	
备注	全称玄天玉虚宫，因明清两代，此地常有军队扎营故俗称老营宫。该宫始建于明代永乐十一年(1413)，嘉靖三十一年(1552)维修	

湖北省武当山古建筑群基础资料汇编

紫霄宫总体平面图

建筑清单

所属区域		紫霄景区	
保护等级		国家级	
建筑编号	建筑名称	年代	建筑保护等级
2-1	金水桥**	明代	国家级
2-2	福地门*	明代	国家级
2-3	龙虎殿*	明代	国家级
2-4	御碑亭*	明代	国家级
2-5	十方堂(朝拜殿)*	明代	国家级
2-6	东西配殿*	明代	国家级
2-7	钟鼓楼*	明代	国家级
2-8	紫霄殿*	明代	国家级
2-9	父母殿*	清代	国家级
2-10	西道院*	明代	国家级
2-11	东道院*	明代	国家级
2-12	太子洞**	明代	国家级

备注：* 为待校测
**为无测稿

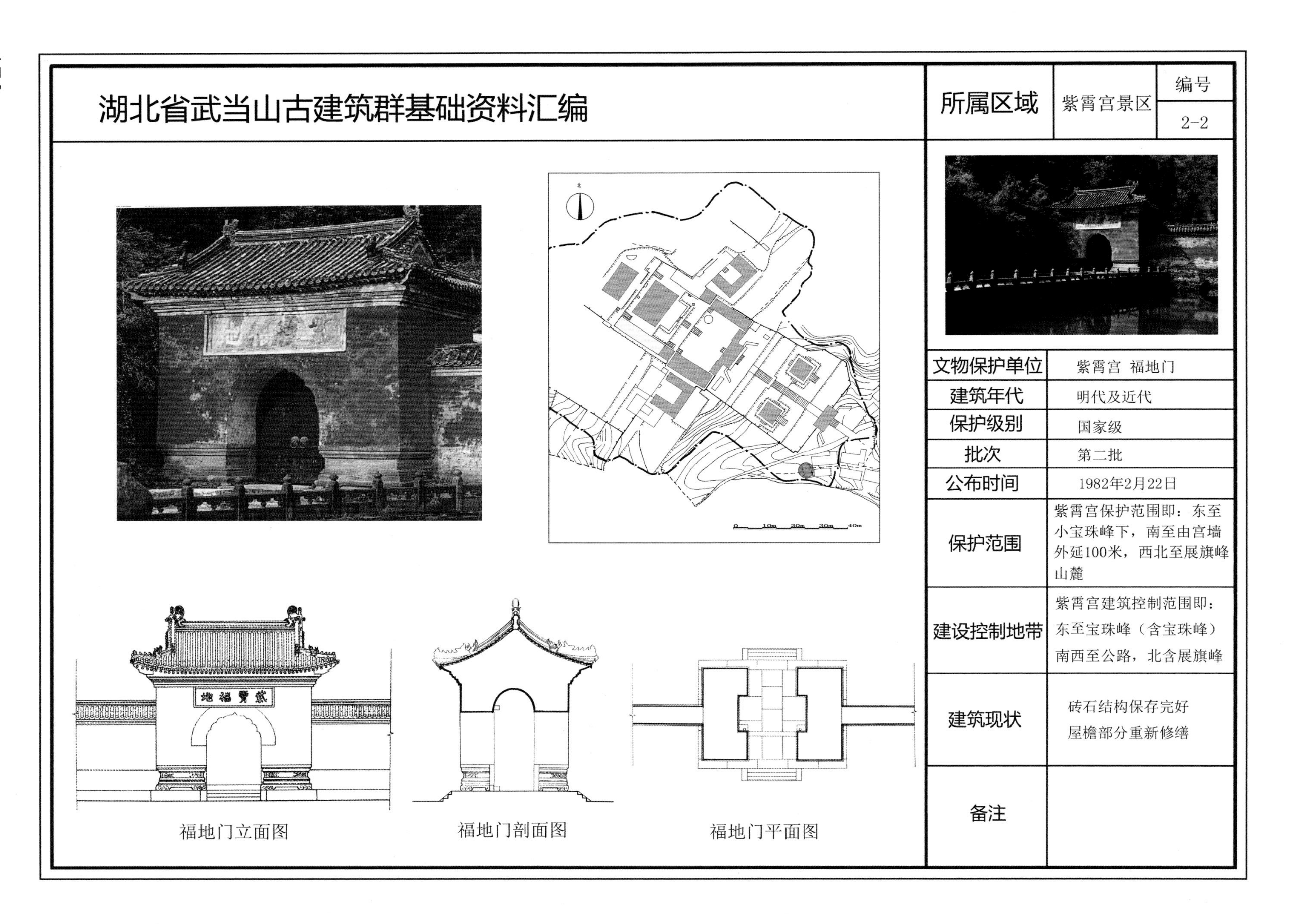

湖北省武当山古建筑群基础资料汇编

所属区域	紫霄宫景区	编号 2-2
文物保护单位	紫霄宫　福地门	
建筑年代	明代及近代	
保护级别	国家级	
批次	第二批	
公布时间	1982年2月22日	
保护范围	紫霄宫保护范围即：东至小宝珠峰下，南至由宫墙外延100米，西北至展旗峰山麓	
建设控制地带	紫霄宫建筑控制范围即：东至宝珠峰（含宝珠峰）南西至公路，北含展旗峰	
建筑现状	砖石结构保存完好 屋檐部分重新修缮	
备注		

福地门立面图

福地门剖面图

福地门平面图

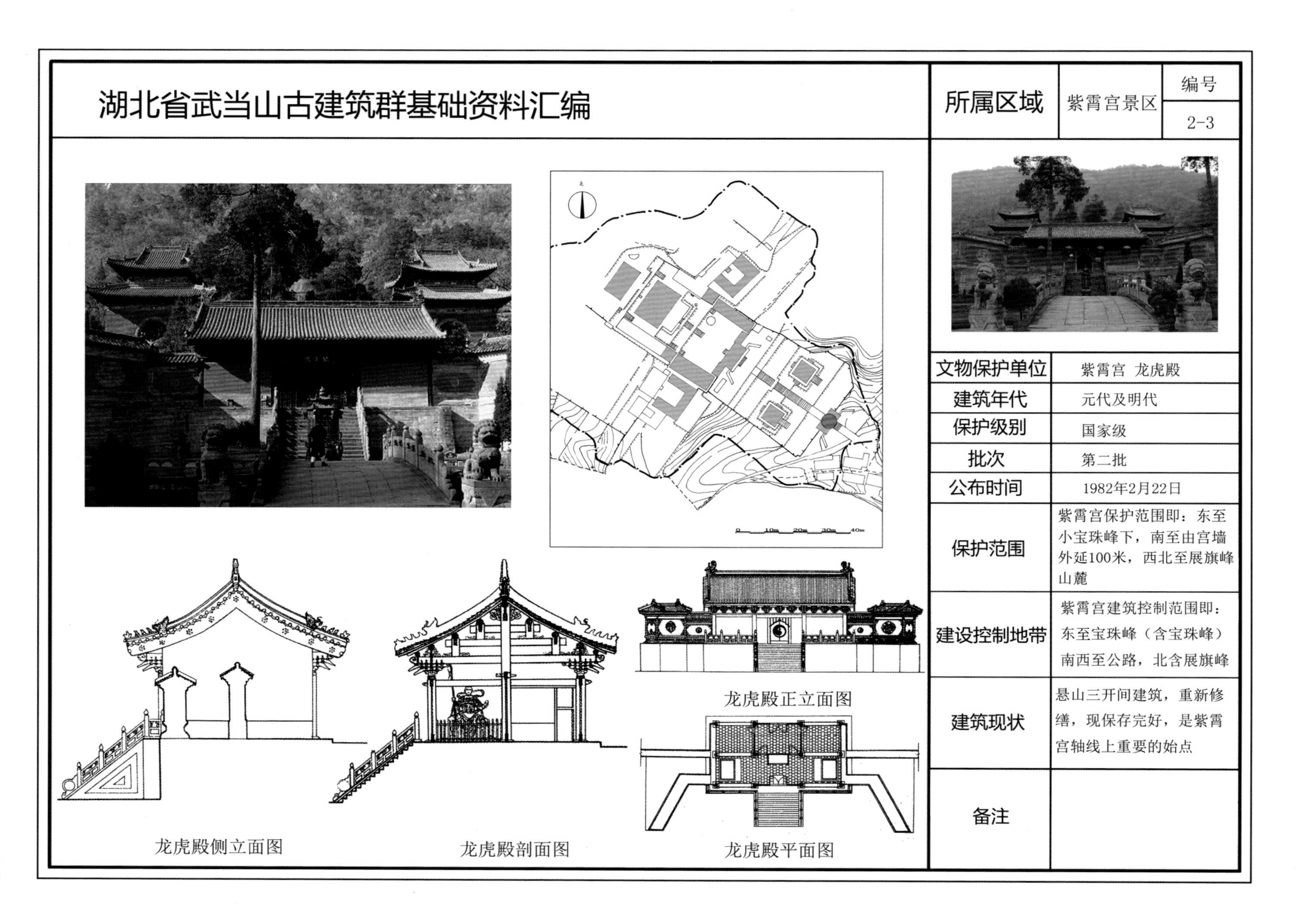

湖北省武当山古建筑群基础资料汇编

所属区域	紫霄宫景区	编号 2-3
文物保护单位	紫霄宫 龙虎殿	
建筑年代	元代及明代	
保护级别	国家级	
批次	第二批	
公布时间	1982年2月22日	
保护范围	紫霄宫保护范围即：东至小宝珠峰下，南至由宫墙外延100米，西北至展旗峰山麓	
建设控制地带	紫霄宫建筑控制范围即：东至宝珠峰（含宝珠峰）南西至公路，北含展旗峰	
建筑现状	悬山三开间建筑，重新修缮，现保存完好，是紫霄宫轴线上重要的始点	
备注		

龙虎殿正立面图

龙虎殿平面图

龙虎殿侧立面图

龙虎殿剖面图

湖北省武当山古建筑群基础资料汇编

所属区域	紫霄宫景区	编号 2-4

文物保护单位	紫霄宫 御碑亭
建筑年代	明代
保护级别	国家级
批次	第二批
公布时间	1982年2月22日
保护范围	紫霄宫保护范围即：东至小宝珠峰下，南至由宫墙外延100米，西北至展旗峰山麓
建设控制地带	紫霄宫建筑控制范围即：东至宝珠峰（含宝珠峰）南西至公路，北含展旗峰
建筑现状	砖石结构保存完好 屋檐部分重新修缮
备注	1992年维修时 重新加盖屋面

0 10m 20m 30m 40m

御碑亭横剖面图

御碑亭正立面图

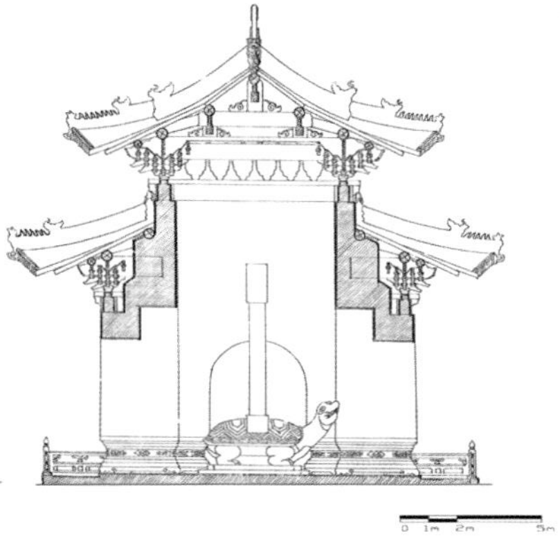

御碑亭纵剖面图

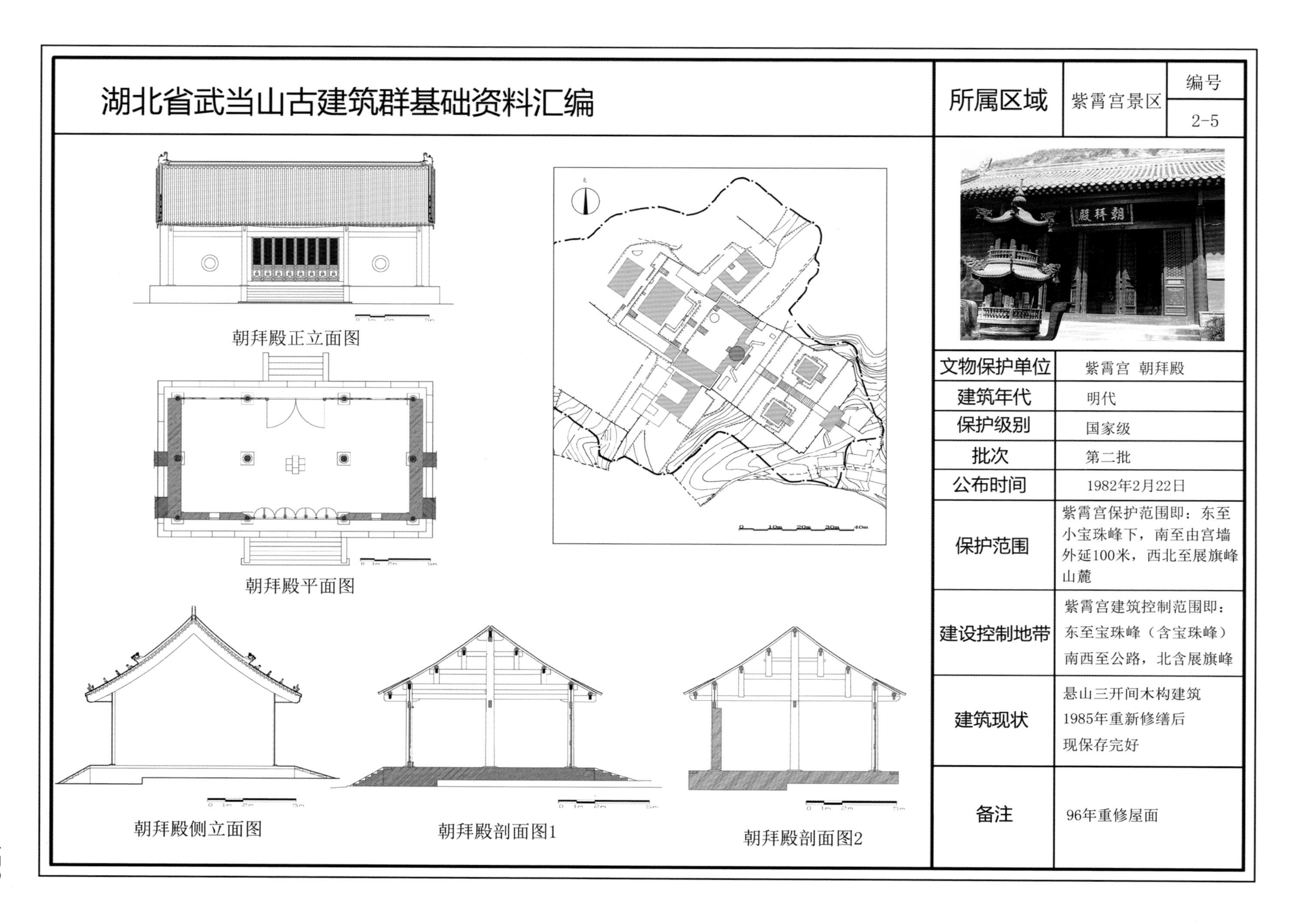

湖北省武当山古建筑群基础资料汇编

所属区域	紫霄宫景区	编号 2-5
文物保护单位	紫霄宫 朝拜殿	
建筑年代	明代	
保护级别	国家级	
批次	第二批	
公布时间	1982年2月22日	
保护范围	紫霄宫保护范围即：东至小宝珠峰下，南至由宫墙外延100米，西北至展旗峰山麓	
建设控制地带	紫霄宫建筑控制范围即：东至宝珠峰（含宝珠峰）南西至公路，北含展旗峰	
建筑现状	悬山三开间木构建筑 1985年重新修缮后 现保存完好	
备注	96年重修屋面	

朝拜殿正立面图

朝拜殿平面图

朝拜殿侧立面图

朝拜殿剖面图1

朝拜殿剖面图2

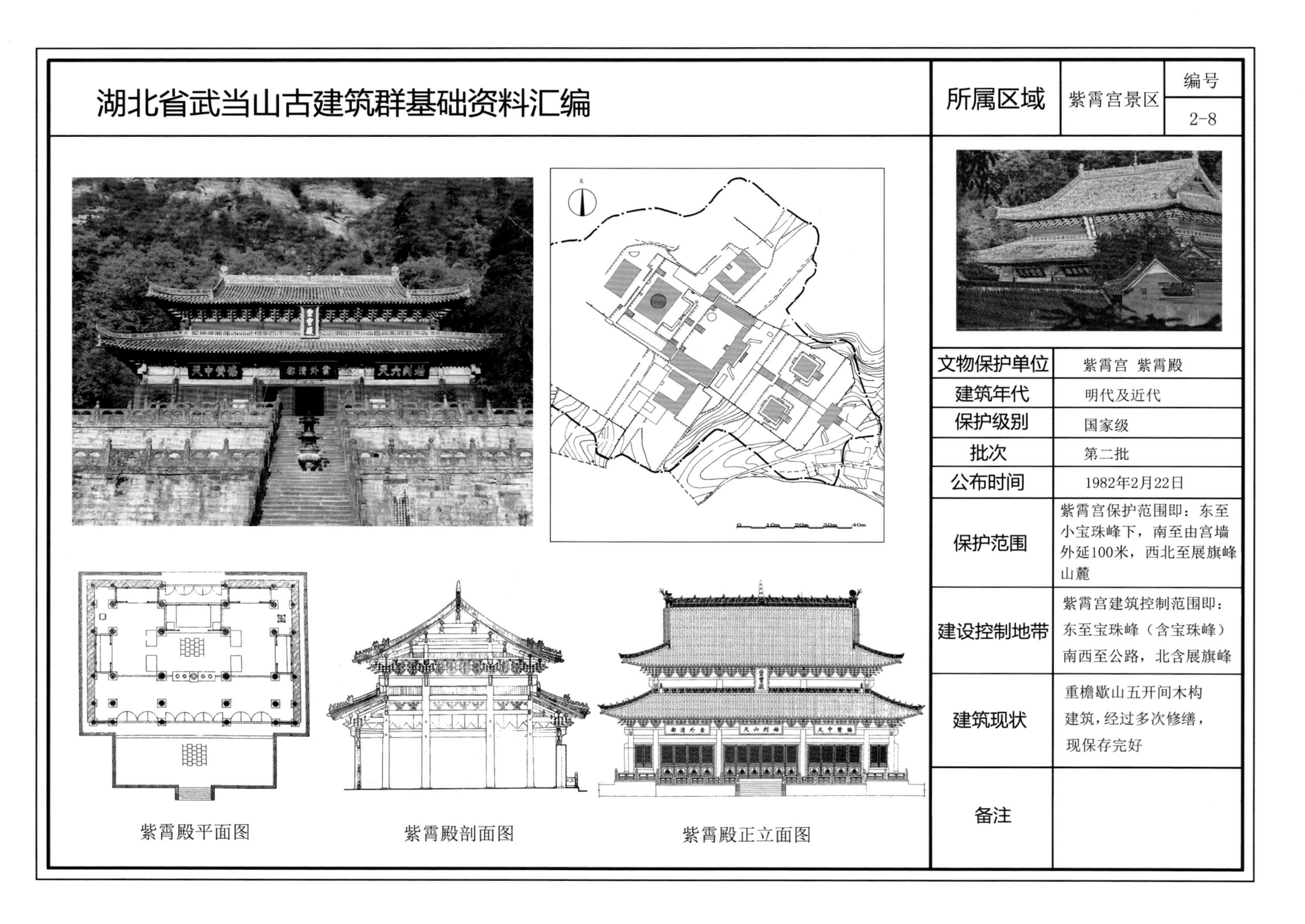

湖北省武当山古建筑群基础资料汇编

所属区域	紫霄宫景区	编号 2-8
文物保护单位	紫霄宫 紫霄殿	
建筑年代	明代及近代	
保护级别	国家级	
批次	第二批	
公布时间	1982年2月22日	
保护范围	紫霄宫保护范围即：东至小宝珠峰下，南至由宫墙外延100米，西北至展旗峰山麓	
建设控制地带	紫霄宫建筑控制范围即：东至宝珠峰（含宝珠峰）南西至公路，北含展旗峰	
建筑现状	重檐歇山五开间木构建筑，经过多次修缮，现保存完好	
备注		

紫霄殿平面图

紫霄殿剖面图

紫霄殿正立面图

湖北省武当山古建筑群基础资料汇编

所属区域	紫霄宫景区	编号 2-9

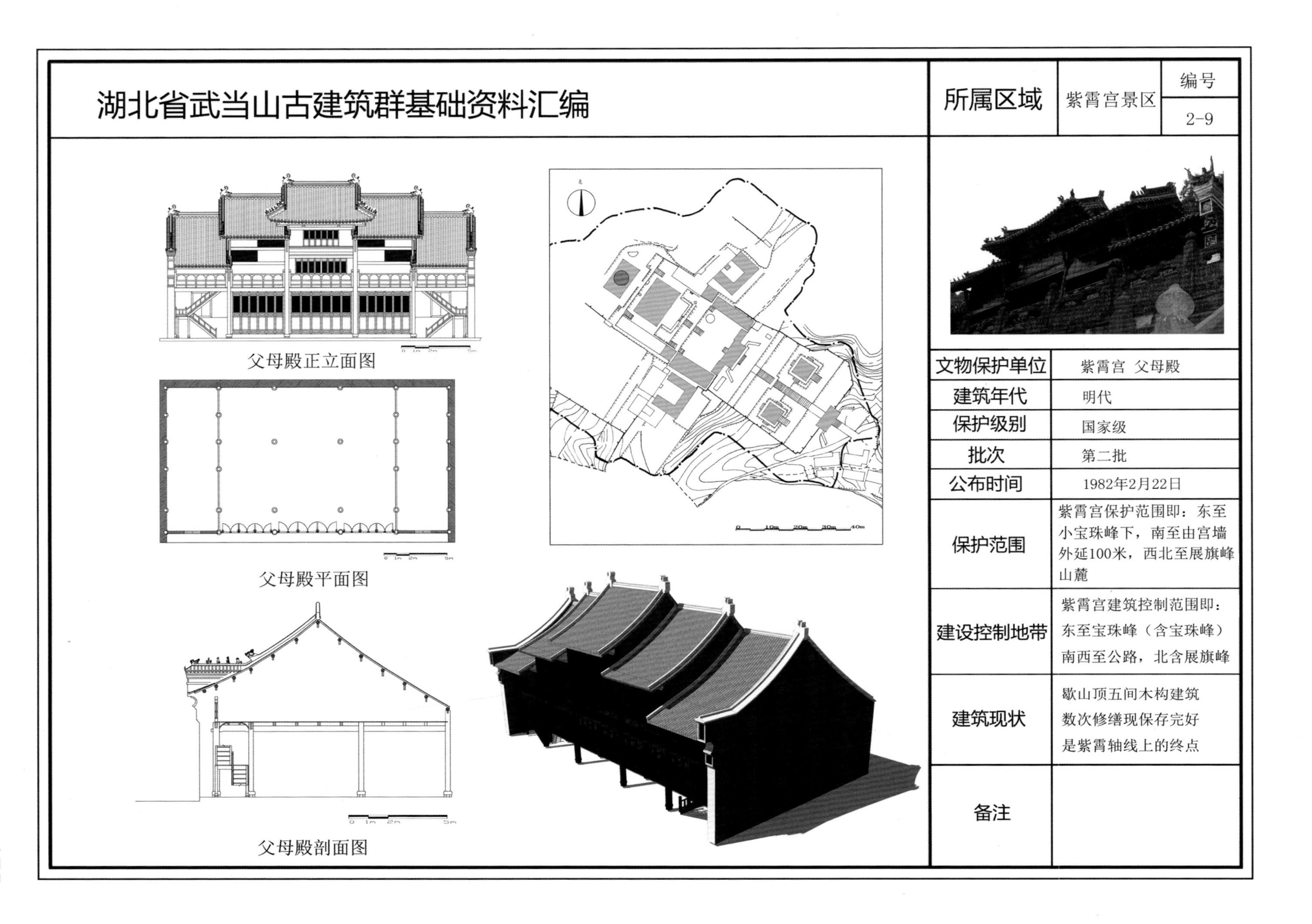

父母殿正立面图

父母殿平面图

父母殿剖面图

文物保护单位	紫霄宫 父母殿
建筑年代	明代
保护级别	国家级
批次	第二批
公布时间	1982年2月22日
保护范围	紫霄宫保护范围即：东至小宝珠峰下，南至由宫墙外延100米，西北至展旗峰山麓
建设控制地带	紫霄宫建筑控制范围即：东至宝珠峰（含宝珠峰）南西至公路，北含展旗峰
建筑现状	歇山顶五间木构建筑数次修缮现保存完好是紫霄轴线上的终点
备注	

湖北省武当山古建筑群基础资料汇编

建筑清单

所属区域	五龙景区
保护级别	国家级

建筑编号	建筑名称	年代	建筑保护等级
47-1	五龙井	明	国家级
47-2	北道院山门	清、民国	国家级
47-3	北道院餐厅	清、民国	国家级
47-4	北道院文昌楼	清、民国	国家级
47-5	北道院仓库	清、民国	国家级
47-6	北道院道士宿舍	清、民国	国家级
47-7	龙虎殿	清	国家级
47-8	碑亭	明	国家级
47-9	照壁	明	国家级
47-10	焚波炉	明	国家级
47-11	李素希墓	明	国家级
47-12	北天门	明	国家级

N

0 10m 20m 30m 40m

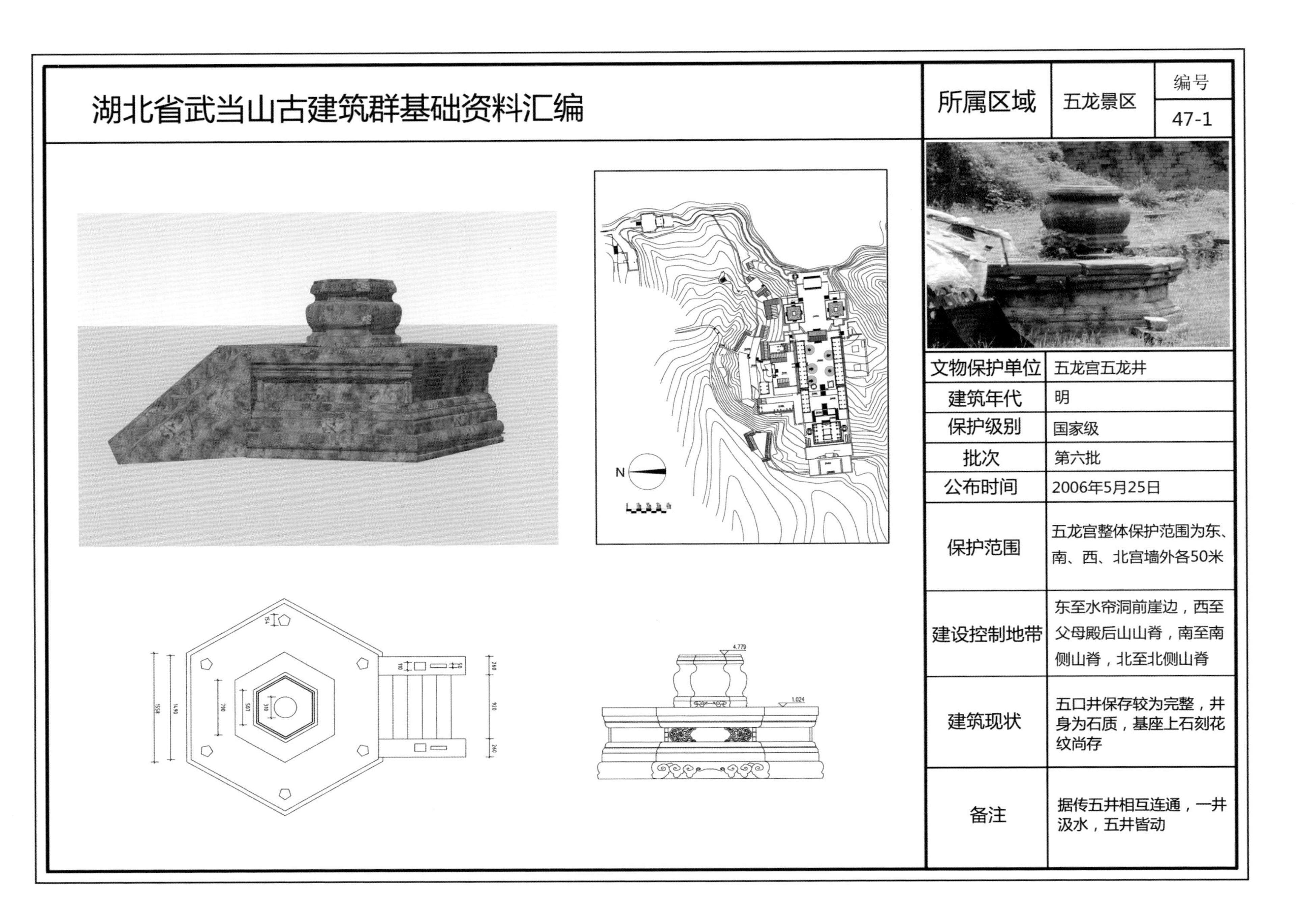

湖北省武当山古建筑群基础资料汇编

所属区域	五龙景区	编号 47-1
文物保护单位	五龙宫五龙井	
建筑年代	明	
保护级别	国家级	
批次	第六批	
公布时间	2006年5月25日	
保护范围	五龙宫整体保护范围为东、南、西、北宫墙外各50米	
建设控制地带	东至水帘洞前崖边，西至父母殿后山山脊，南至南侧山脊，北至北侧山脊	
建筑现状	五口井保存较为完整，井身为石质，基座上石刻花纹尚存	
备注	据传五井相互连通，一井汲水，五井皆动	

湖北省武当山古建筑群基础资料汇编

所属区域	五龙景区	编号
		47-2

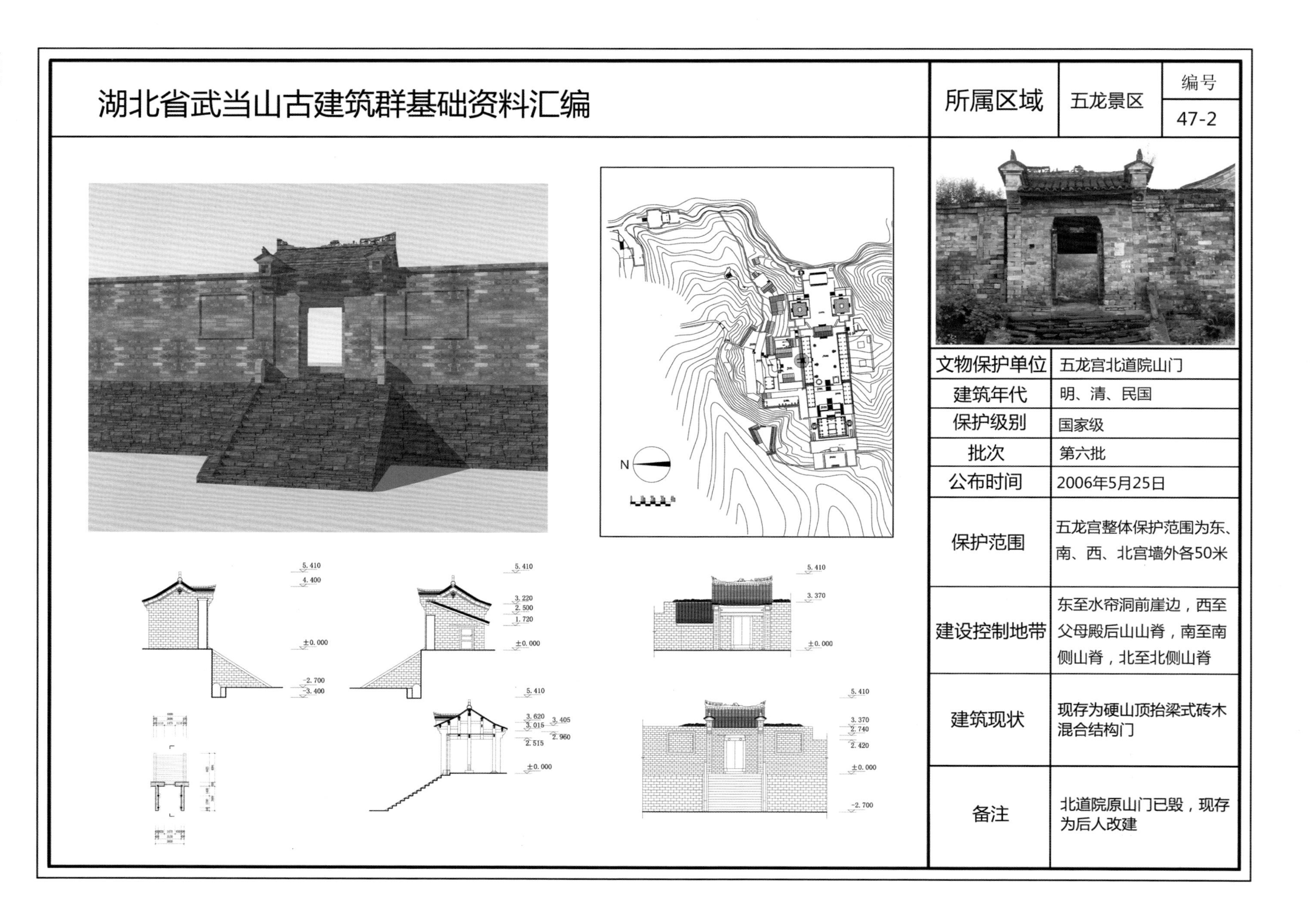

文物保护单位	五龙宫北道院山门
建筑年代	明、清、民国
保护级别	国家级
批次	第六批
公布时间	2006年5月25日
保护范围	五龙宫整体保护范围为东、南、西、北宫墙外各50米
建设控制地带	东至水帘洞前崖边，西至父母殿后山山脊，南至南侧山脊，北至北侧山脊
建筑现状	现存为硬山顶抬梁式砖木混合结构门
备注	北道院原山门已毁，现存为后人改建

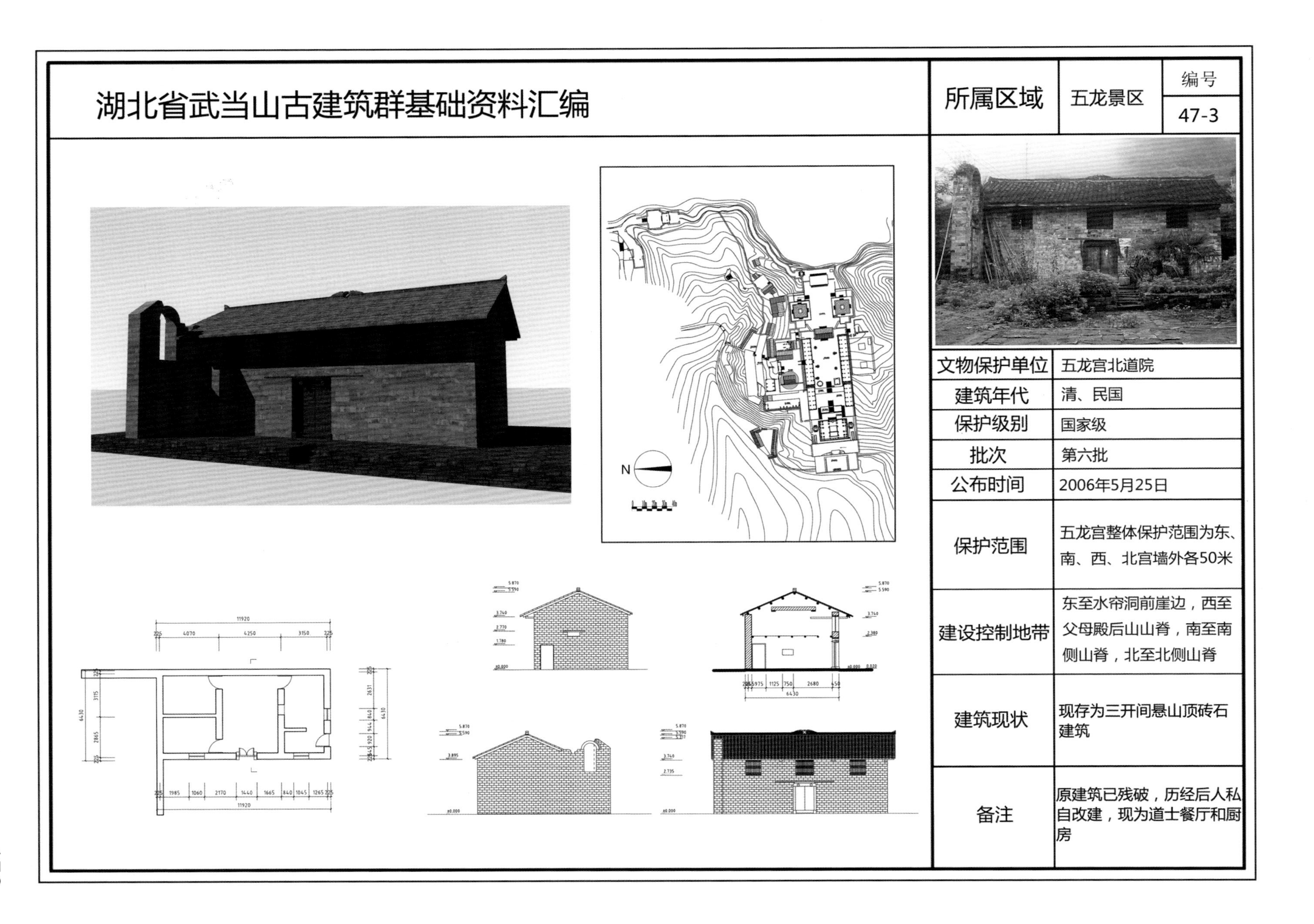

湖北省武当山古建筑群基础资料汇编

所属区域	五龙景区	编号 47-3
文物保护单位	五龙宫北道院	
建筑年代	清、民国	
保护级别	国家级	
批次	第六批	
公布时间	2006年5月25日	
保护范围	五龙宫整体保护范围为东、南、西、北宫墙外各50米	
建设控制地带	东至水帘洞前崖边，西至父母殿后山山脊，南至南侧山脊，北至北侧山脊	
建筑现状	现存为三开间悬山顶砖石建筑	
备注	原建筑已残破，历经后人私自改建，现为道士餐厅和厨房	

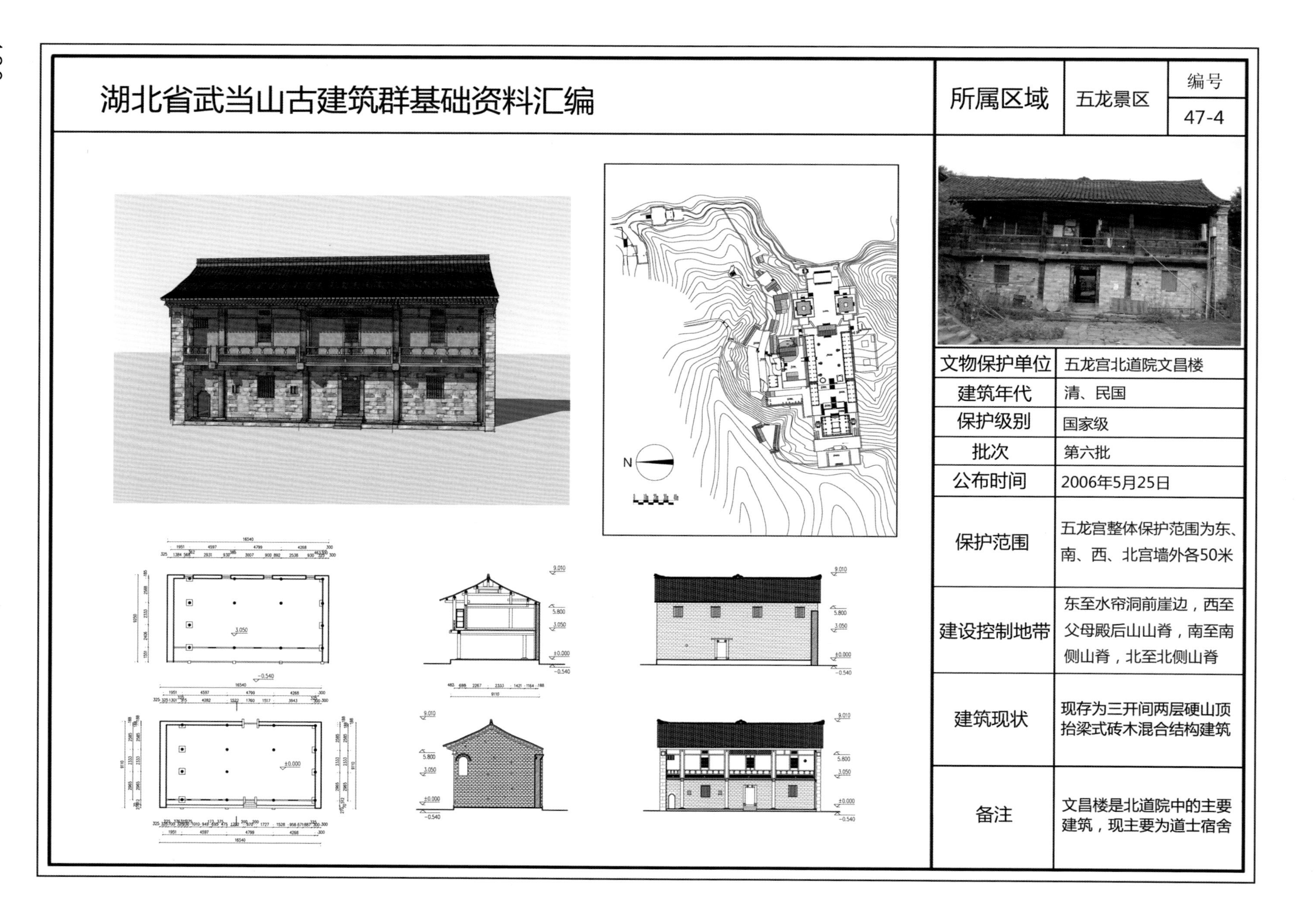

湖北省武当山古建筑群基础资料汇编

所属区域	五龙景区	编号 47-4
文物保护单位	五龙宫北道院文昌楼	
建筑年代	清、民国	
保护级别	国家级	
批次	第六批	
公布时间	2006年5月25日	
保护范围	五龙宫整体保护范围为东、南、西、北宫墙外各50米	
建设控制地带	东至水帘洞前崖边，西至父母殿后山山脊，南至南侧山脊，北至北侧山脊	
建筑现状	现存为三开间两层硬山顶抬梁式砖木混合结构建筑	
备注	文昌楼是北道院中的主要建筑，现主要为道士宿舍	

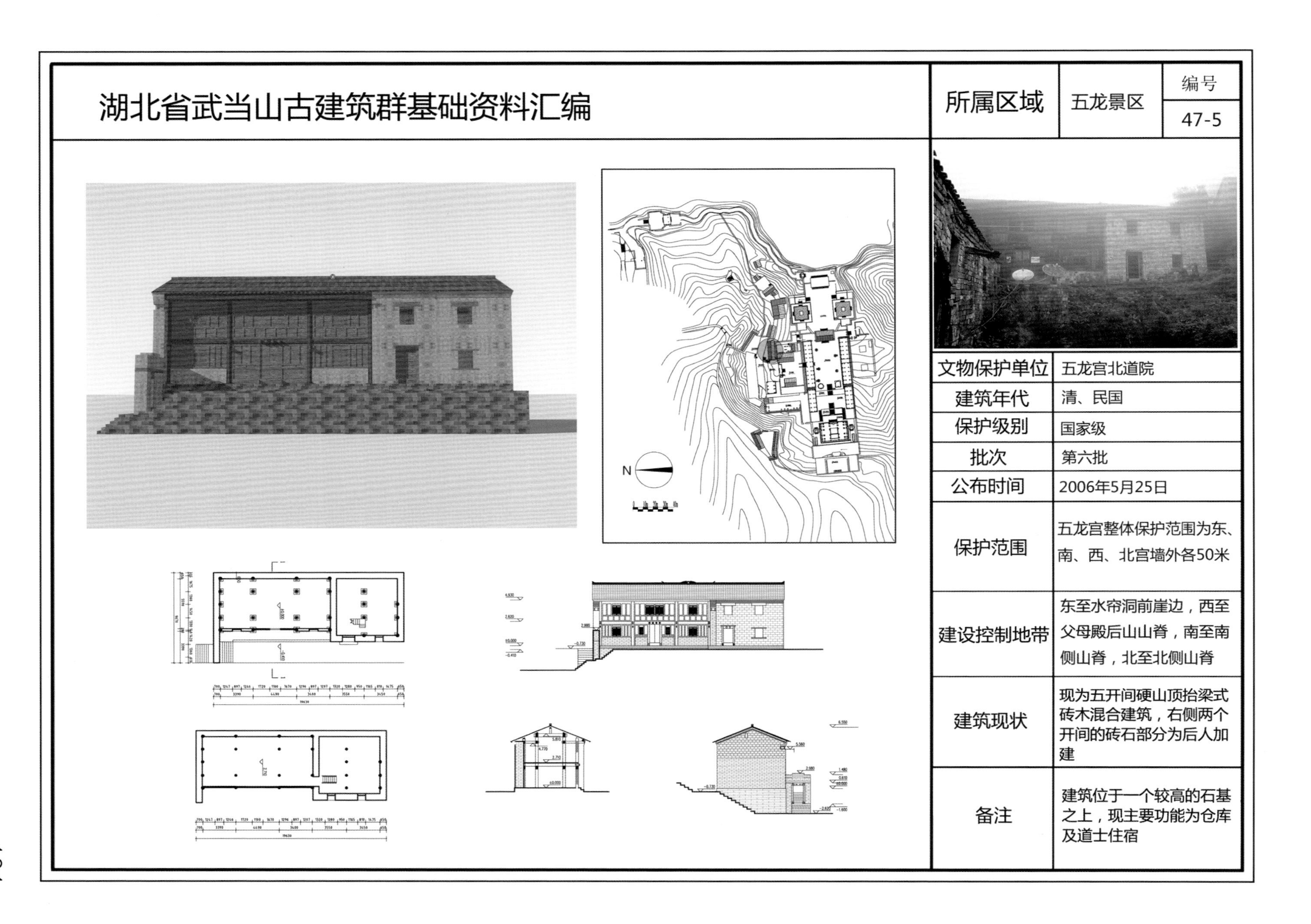

湖北省武当山古建筑群基础资料汇编

所属区域	五龙景区	编号 47-5
文物保护单位	五龙宫北道院	
建筑年代	清、民国	
保护级别	国家级	
批次	第六批	
公布时间	2006年5月25日	
保护范围	五龙宫整体保护范围为东、南、西、北宫墙外各50米	
建设控制地带	东至水帘洞前崖边，西至父母殿后山山脊，南至南侧山脊，北至北侧山脊	
建筑现状	现为五开间硬山顶抬梁式砖木混合建筑，右侧两个开间的砖石部分为后人加建	
备注	建筑位于一个较高的石基之上，现主要功能为仓库及道士住宿	

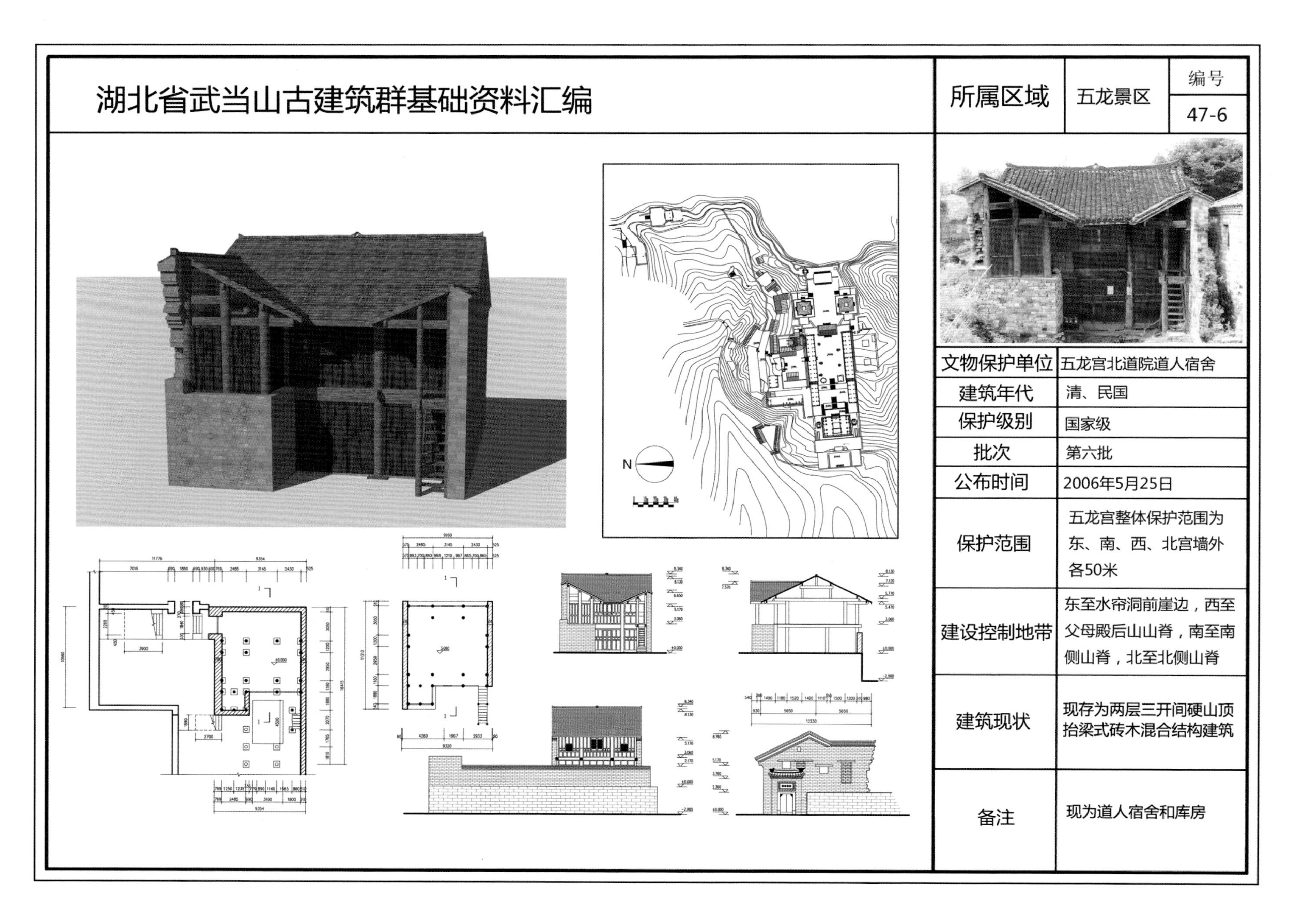

湖北省武当山古建筑群基础资料汇编

所属区域	五龙景区	编号 47-6
文物保护单位	五龙宫北道院道人宿舍	
建筑年代	清、民国	
保护级别	国家级	
批次	第六批	
公布时间	2006年5月25日	
保护范围	五龙宫整体保护范围为东、南、西、北宫墙外各50米	
建设控制地带	东至水帘洞前崖边，西至父母殿后山山脊，南至南侧山脊，北至北侧山脊	
建筑现状	现存为两层三开间硬山顶抬梁式砖木混合结构建筑	
备注	现为道人宿舍和库房	

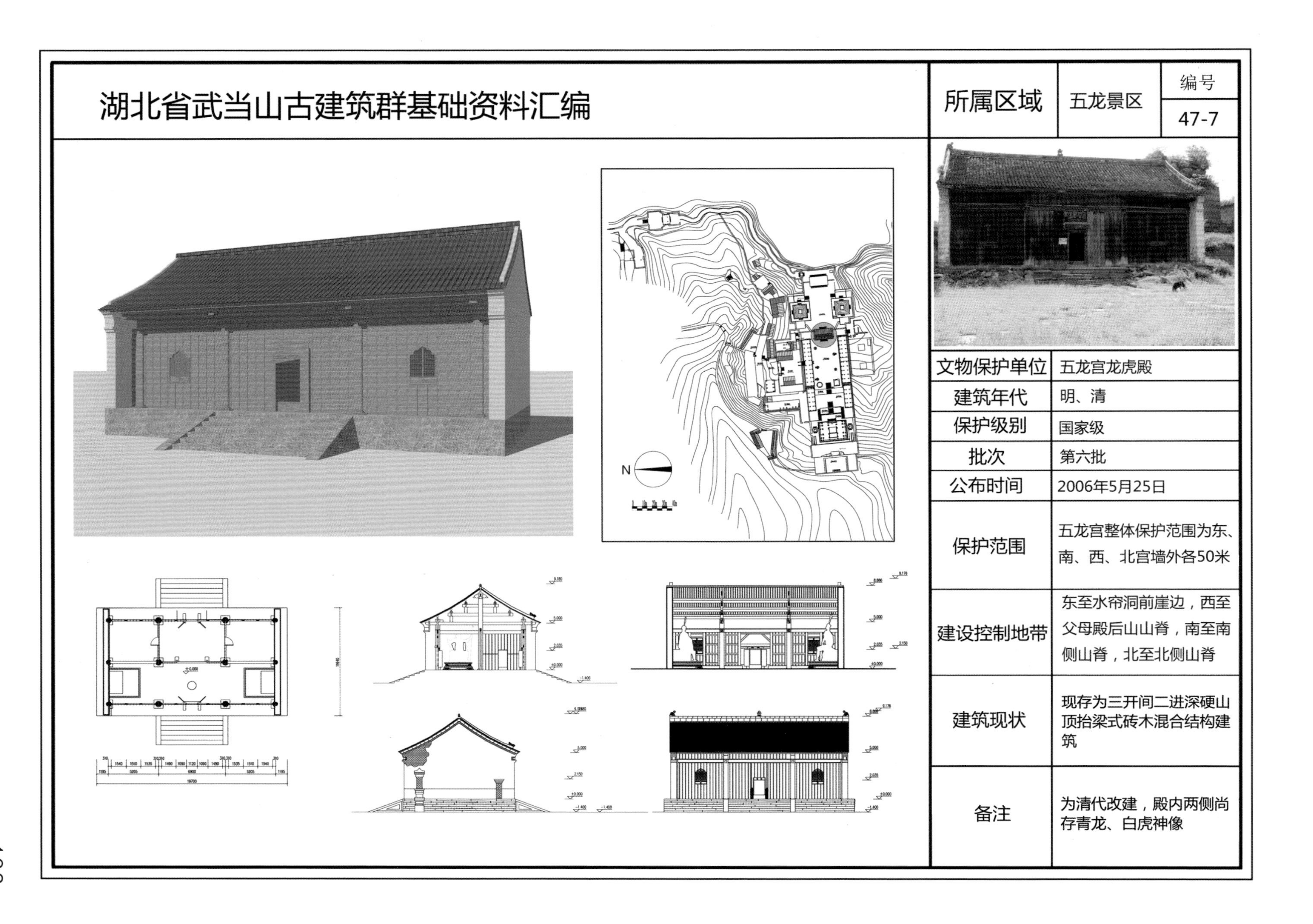

湖北省武当山古建筑群基础资料汇编

所属区域	五龙景区	编号 47-7
文物保护单位	五龙宫龙虎殿	
建筑年代	明、清	
保护级别	国家级	
批次	第六批	
公布时间	2006年5月25日	
保护范围	五龙宫整体保护范围为东、南、西、北宫墙外各50米	
建设控制地带	东至水帘洞前崖边，西至父母殿后山山脊，南至南侧山脊，北至北侧山脊	
建筑现状	现存为三开间二进深硬山顶抬梁式砖木混合结构建筑	
备注	为清代改建，殿内两侧尚存青龙、白虎神像	

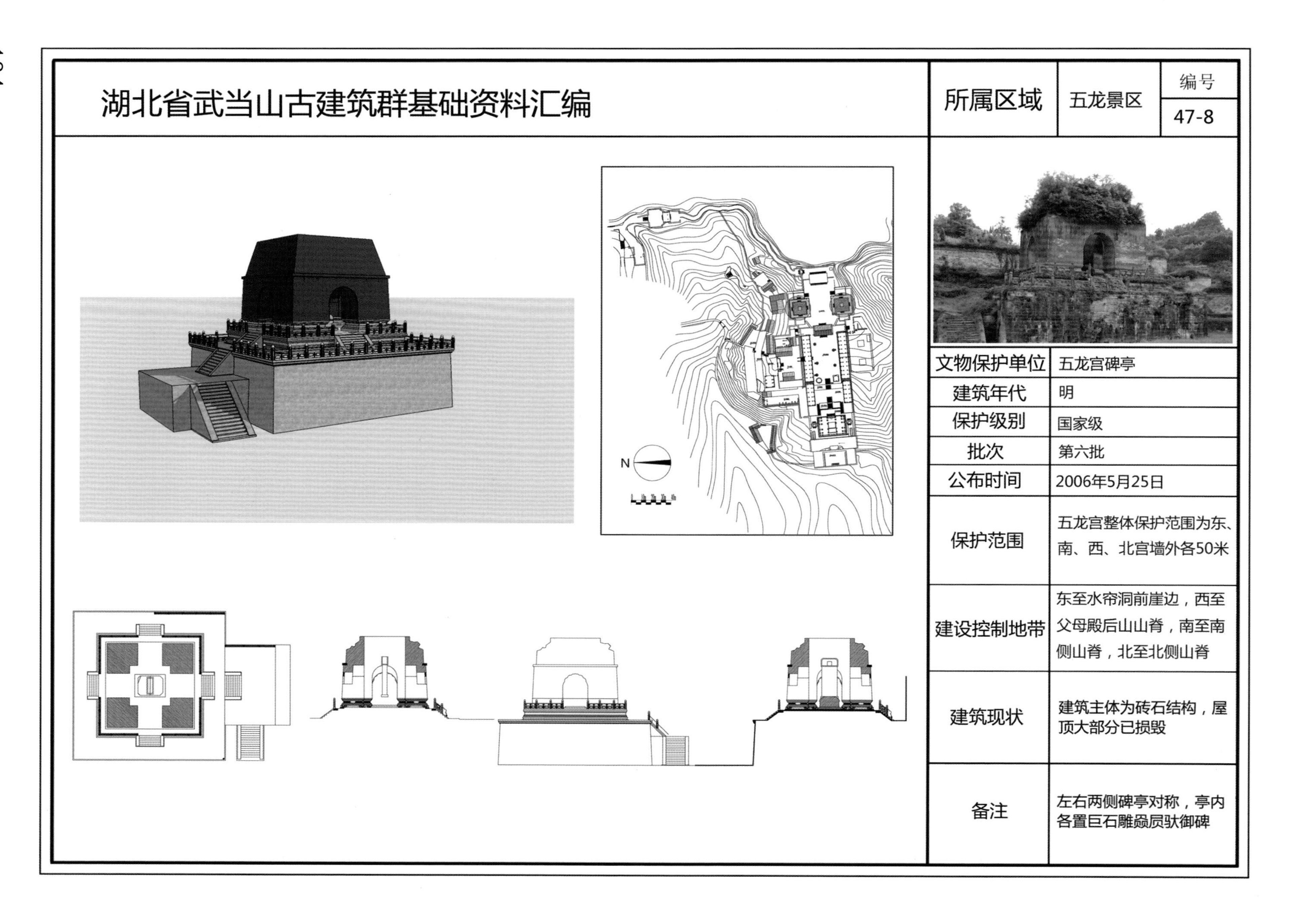

湖北省武当山古建筑群基础资料汇编

所属区域	五龙景区	编号 47-8
文物保护单位	五龙宫碑亭	
建筑年代	明	
保护级别	国家级	
批次	第六批	
公布时间	2006年5月25日	
保护范围	五龙宫整体保护范围为东、南、西、北宫墙外各50米	
建设控制地带	东至水帘洞前崖边，西至父母殿后山山脊，南至南侧山脊，北至北侧山脊	
建筑现状	建筑主体为砖石结构，屋顶大部分已损毁	
备注	左右两侧碑亭对称，亭内各置巨石雕赑屃驮御碑	

湖北省武当山古建筑群基础资料汇编

所属区域	五龙景区	编号 47-9

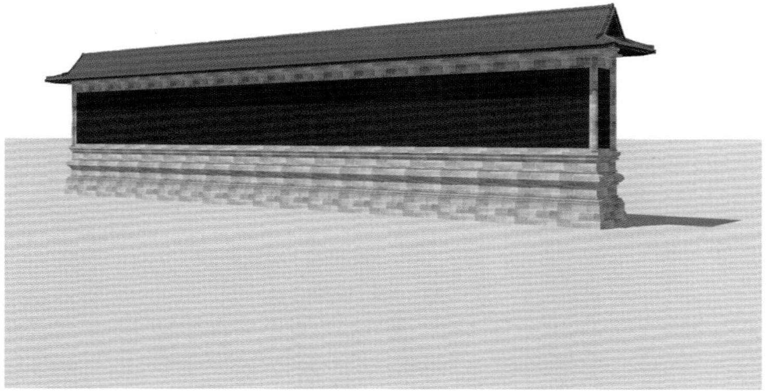

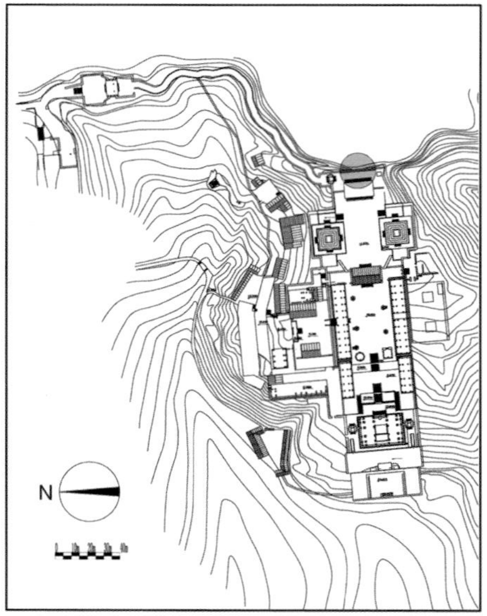

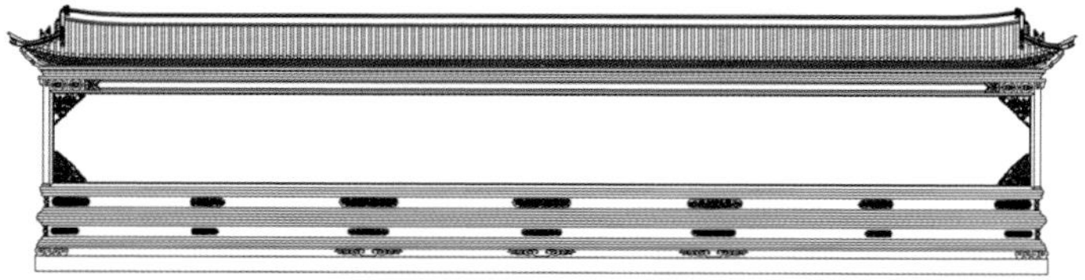

文物保护单位	五龙宫照壁
建筑年代	明
保护级别	国家级
批次	第六批
公布时间	2006年5月25日
保护范围	五龙宫整体保护范围为东、南、西、北宫墙外各50米
建设控制地带	东至水帘洞前崖边，西至父母殿后山山脊，南至南侧山脊，北至北侧山脊
建筑现状	墙体整体保存较好，墙面有局部损毁，顶部损毁较为严重
备注	

N

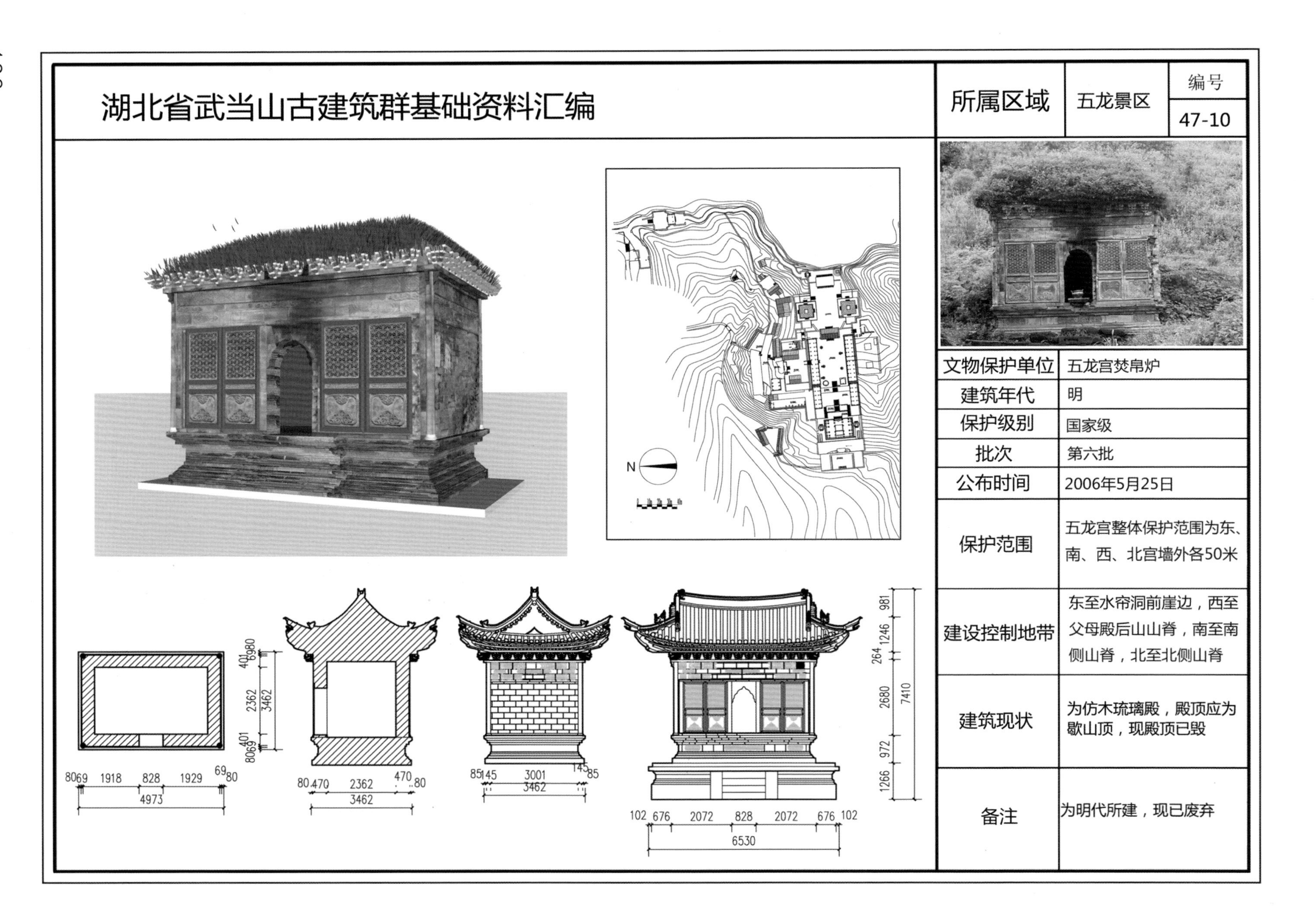

湖北省武当山古建筑群基础资料汇编
所属区域
五龙景区
编号
47-10
文物保护单位
五龙宫焚帛炉
建筑年代
明
保护级别
国家级
批次
第六批
公布时间
2006年5月25日
保护范围
五龙宫整体保护范围为东、南、西、北宫墙外各50米
建设控制地带
东至水帘洞前崖边，西至父母殿后山山脊，南至南侧山脊，北至北侧山脊
建筑现状
为仿木琉璃殿，殿顶应为歇山顶，现殿顶已毁
备注
为明代所建，现已废弃
N
80 69 1918 828 1929 69 80
4973
401 2362 401
3462
80 470 2362 470 80
3462
85 145 3001 145 85
3462
102 676 2072 828 2072 676 102
6530
981 1246 264 2680 972 1266
7410

湖北省武当山古建筑群基础资料汇编

所属区域	五龙景区	编号 47-11
文物保护单位	五龙宫李素希墓	
建筑年代	明	
保护级别	国家级	
批次	第六批	
公布时间	2006年5月25日	
保护范围	五龙宫整体保护范围为东、南、西、北宫墙外各50米	
建设控制地带	东至水帘洞前崖边，西至父母殿后山山脊，南至南侧山脊，北至北侧山脊	
建筑现状	整体形制保存完好、构件散落于地，西侧碑亭仅存遗址，遗址上残存石碑	
备注		

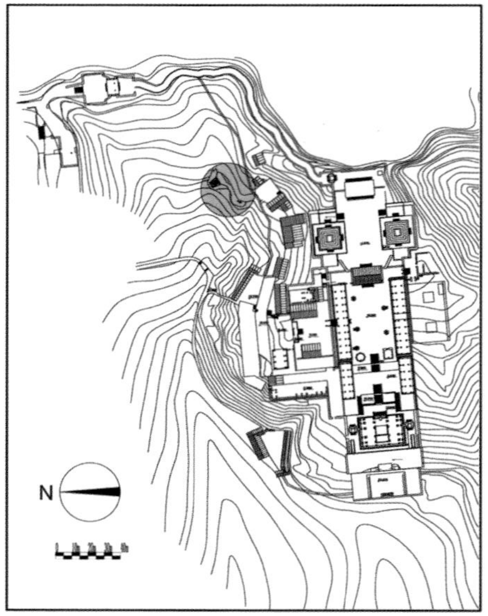

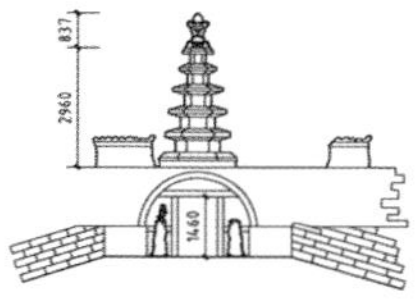

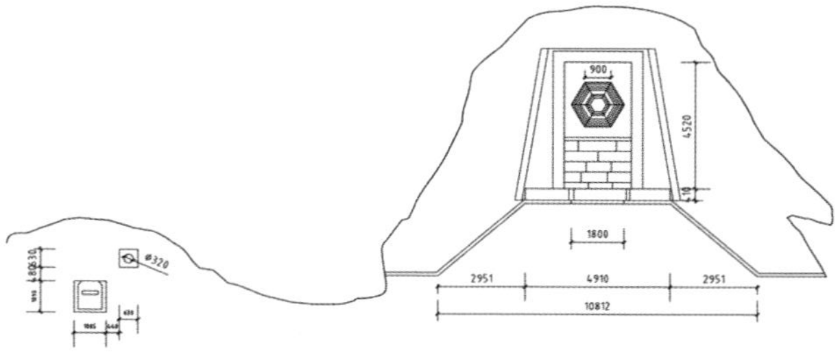

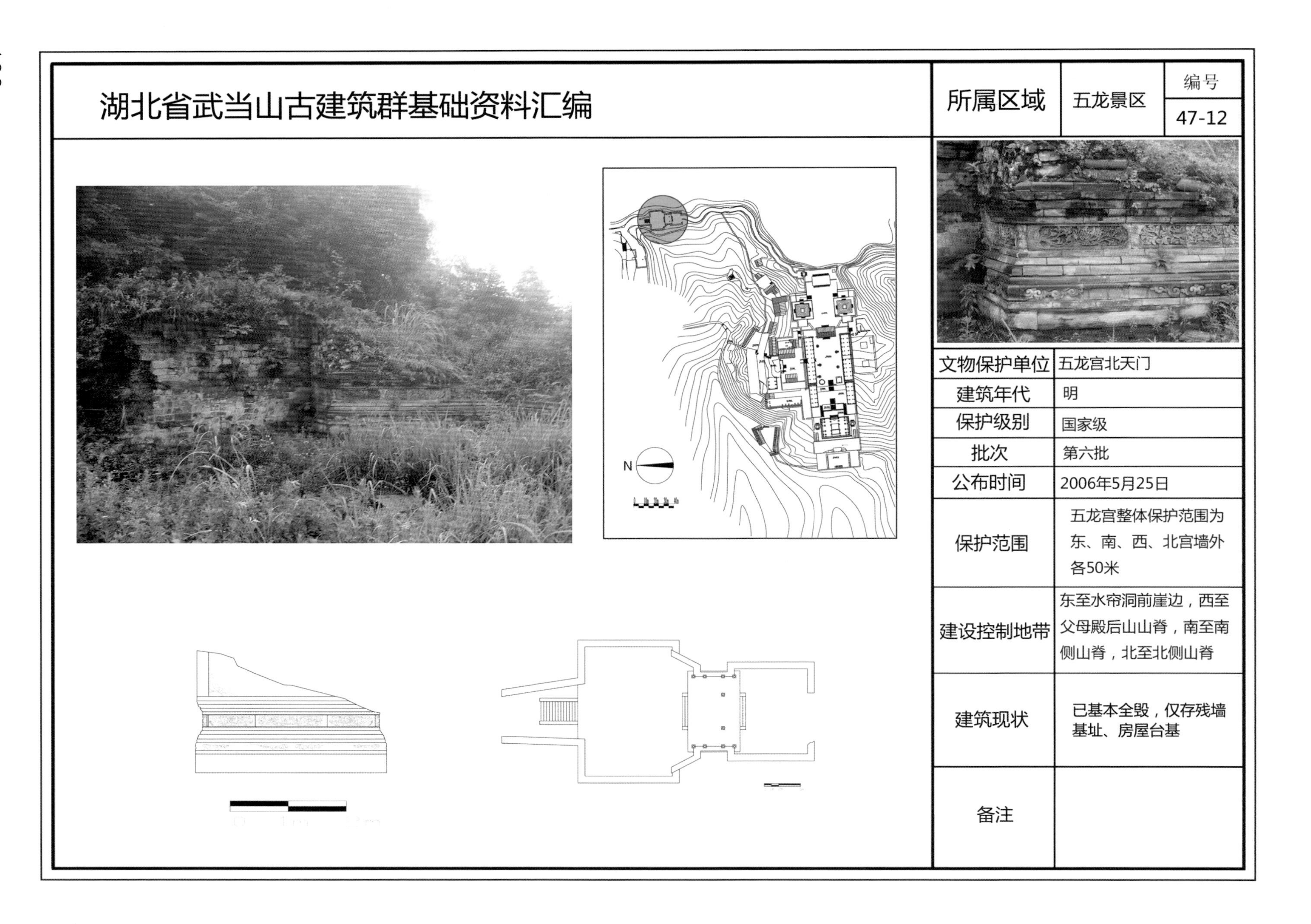

湖北省武当山古建筑群基础资料汇编

所属区域	五龙景区	编号 47-12
文物保护单位	五龙宫北天门	
建筑年代	明	
保护级别	国家级	
批次	第六批	
公布时间	2006年5月25日	
保护范围	五龙宫整体保护范围为东、南、西、北宫墙外各50米	
建设控制地带	东至水帘洞前崖边，西至父母殿后山山脊，南至南侧山脊，北至北侧山脊	
建筑现状	已基本全毁，仅存残墙基址、房屋台基	
备注		

湖北省武当山古建筑群基础资料汇编

建筑清单

所属区域	南岩景区
保护等级	国家级

北

0 30m 60m

1 2 3 3 4 5 6 6 7 8 9 10 11 12 13 14

建筑编号	建筑名称	年代	建筑保护等级
4-1	南天门*	明代	国家级
4-2	东山门	明代	国家级
4-3	御碑亭	明代	国家级
4-4	焚帛炉	明代	国家级
4-5	龙虎殿*	明代及清代	国家级
4-6	配殿*	明代及清代	国家级
4-7	玄帝殿*	明代及现代	国家级
4-8	两亭一堂*	明代及清代	国家级
4-9	两仪殿*	明代	国家级
4-10	天乙真庆宫	元代	国家级
4-11	古棋亭*	明代及清代	国家级
4-12	北天门*	明代	国家级
4-13	飞身崖**	明代	国家级
4-14	道塔	清代	国家级

备注：* 为待校测
**为无测稿

湖北省武当山古建筑群基础资料汇编

所属区域	南岩宫景区	编号 4-1

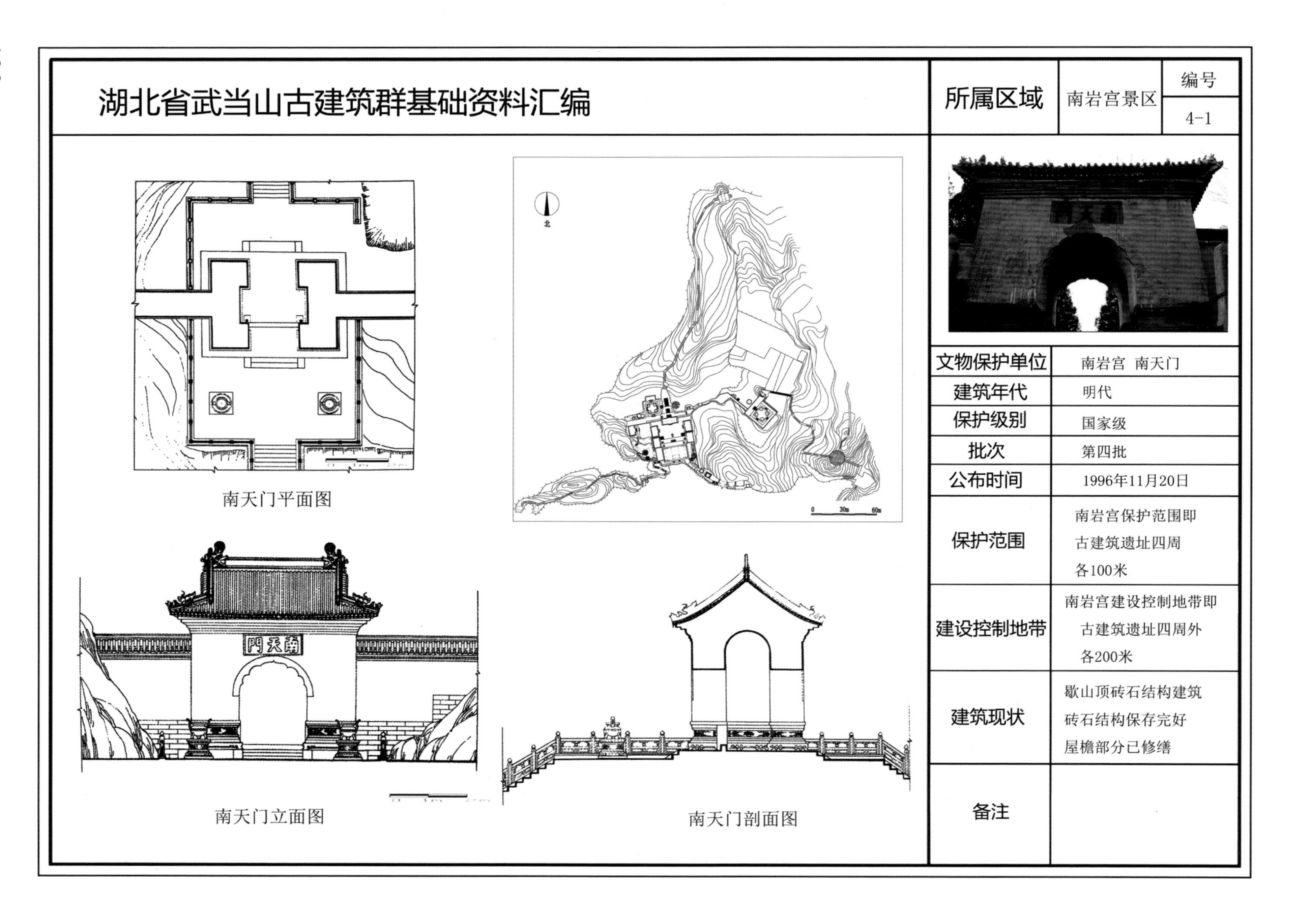

南天门平面图

南天门立面图

南天门剖面图

文物保护单位	南岩宫 南天门
建筑年代	明代
保护级别	国家级
批次	第四批
公布时间	1996年11月20日
保护范围	南岩宫保护范围即古建筑遗址四周各100米
建设控制地带	南岩宫建设控制地带即古建筑遗址四周外各200米
建筑现状	歇山顶砖石结构建筑 砖石结构保存完好 屋檐部分已修缮
备注	

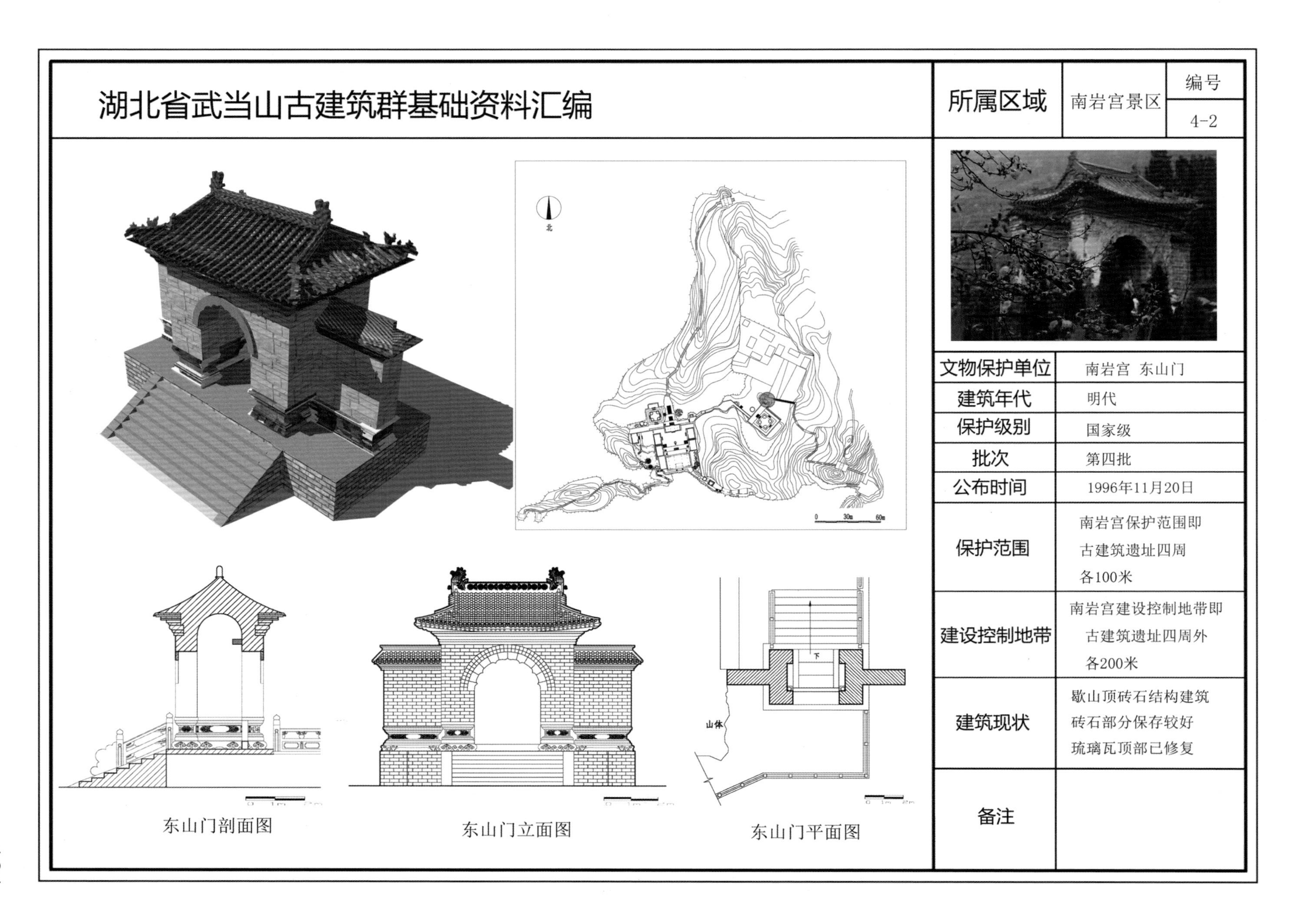

湖北省武当山古建筑群基础资料汇编

所属区域	南岩宫景区	编号 4-2
文物保护单位	南岩宫 东山门	
建筑年代	明代	
保护级别	国家级	
批次	第四批	
公布时间	1996年11月20日	
保护范围	南岩宫保护范围即古建筑遗址四周各100米	
建设控制地带	南岩宫建设控制地带即古建筑遗址四周外各200米	
建筑现状	歇山顶砖石结构建筑砖石部分保存较好琉璃瓦顶部已修复	
备注		

东山门剖面图

东山门立面图

东山门平面图

湖北省武当山古建筑群基础资料汇编

所属区域	南岩宫景区	编号 4-3

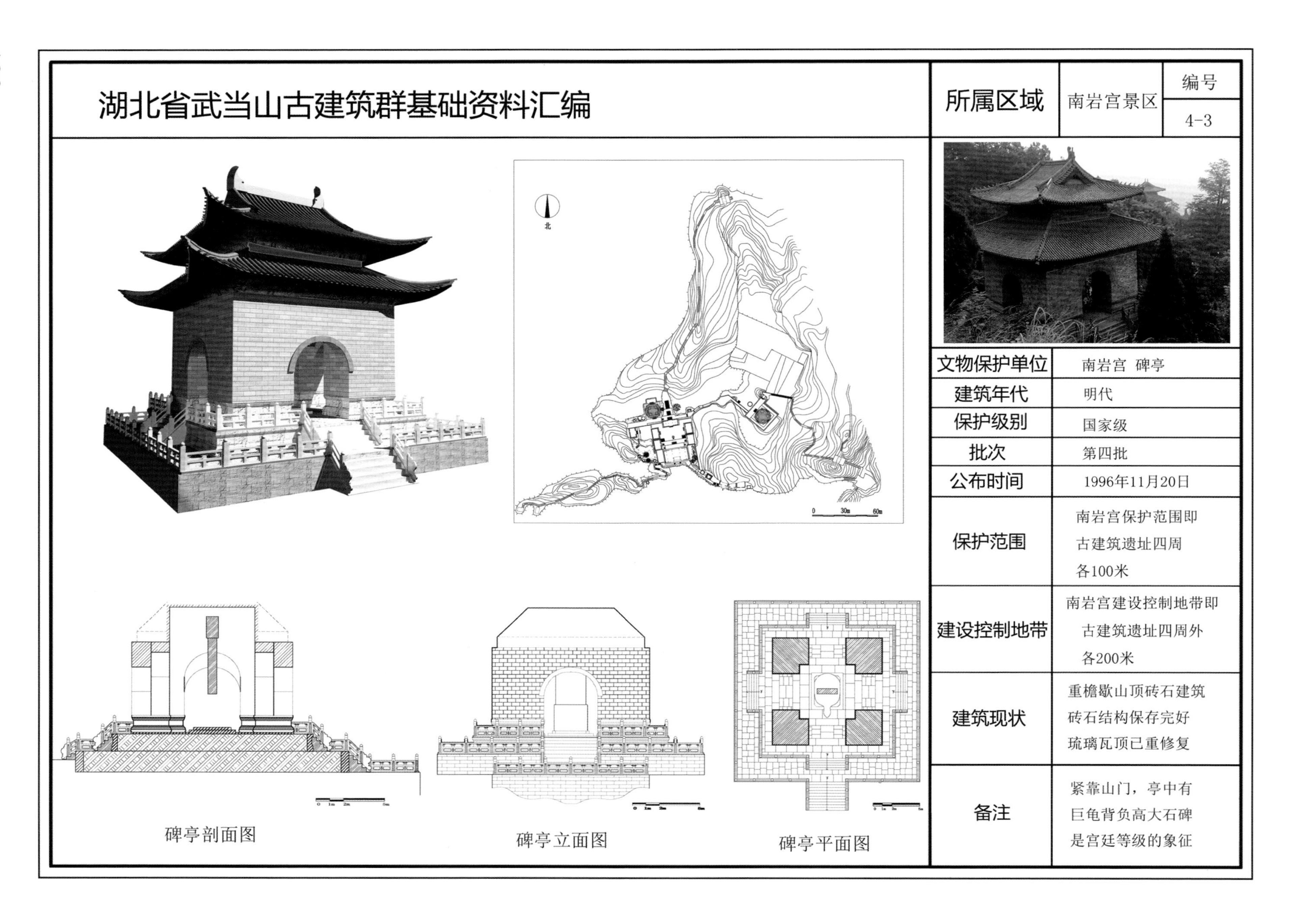

碑亭剖面图

碑亭立面图

碑亭平面图

文物保护单位	南岩宫 碑亭
建筑年代	明代
保护级别	国家级
批次	第四批
公布时间	1996年11月20日
保护范围	南岩宫保护范围即古建筑遗址四周各100米
建设控制地带	南岩宫建设控制地带即古建筑遗址四周外各200米
建筑现状	重檐歇山顶砖石建筑砖石结构保存完好琉璃瓦顶已重修复
备注	紧靠山门，亭中有巨龟背负高大石碑是宫廷等级的象征

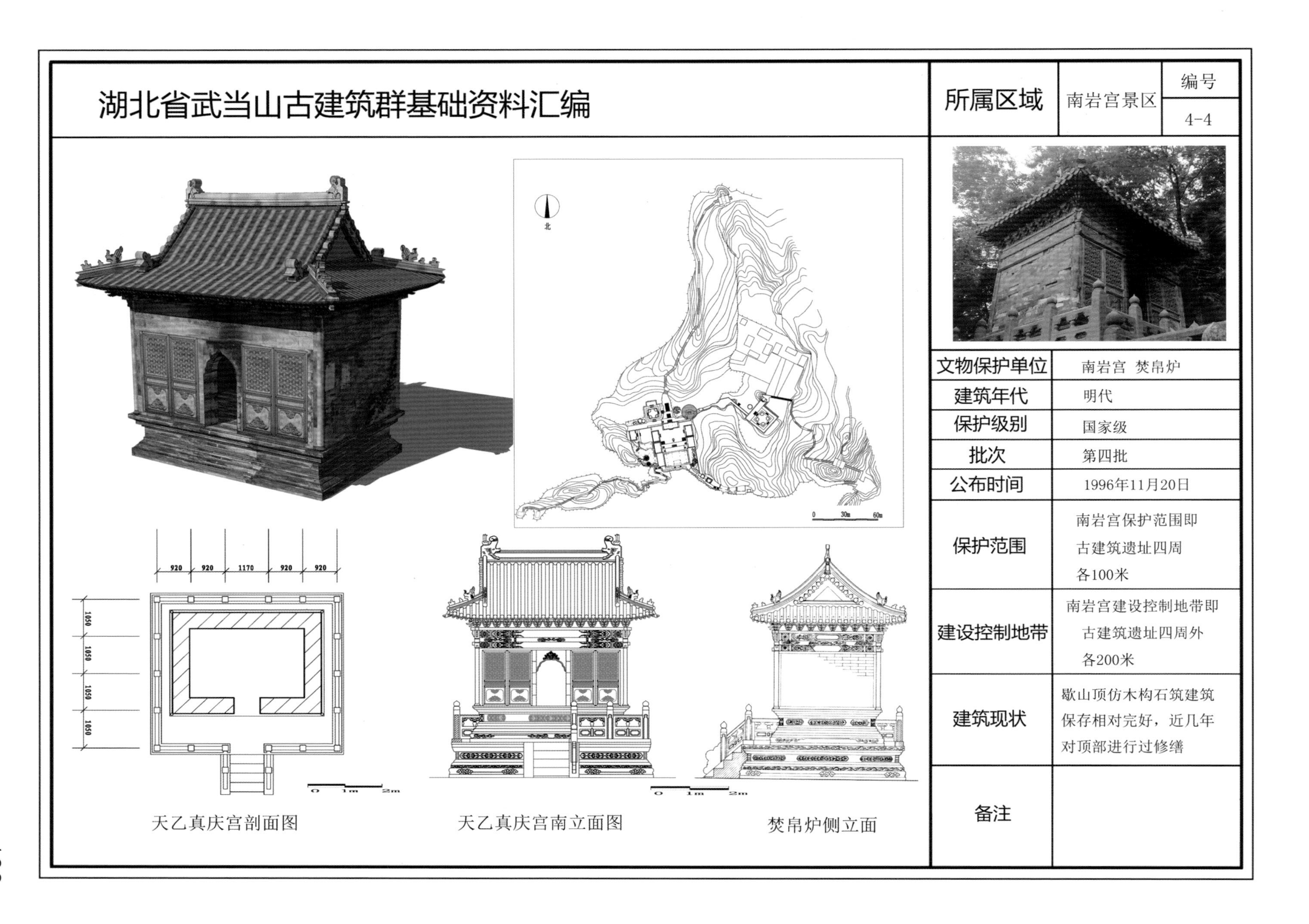

湖北省武当山古建筑群基础资料汇编

所属区域	南岩宫景区	编号 4-4
文物保护单位	南岩宫 焚帛炉	
建筑年代	明代	
保护级别	国家级	
批次	第四批	
公布时间	1996年11月20日	
保护范围	南岩宫保护范围即古建筑遗址四周各100米	
建设控制地带	南岩宫建设控制地带即古建筑遗址四周外各200米	
建筑现状	歇山顶仿木构石筑建筑保存相对完好，近几年对顶部进行过修缮	
备注		

天乙真庆宫剖面图

天乙真庆宫南立面图

焚帛炉侧立面

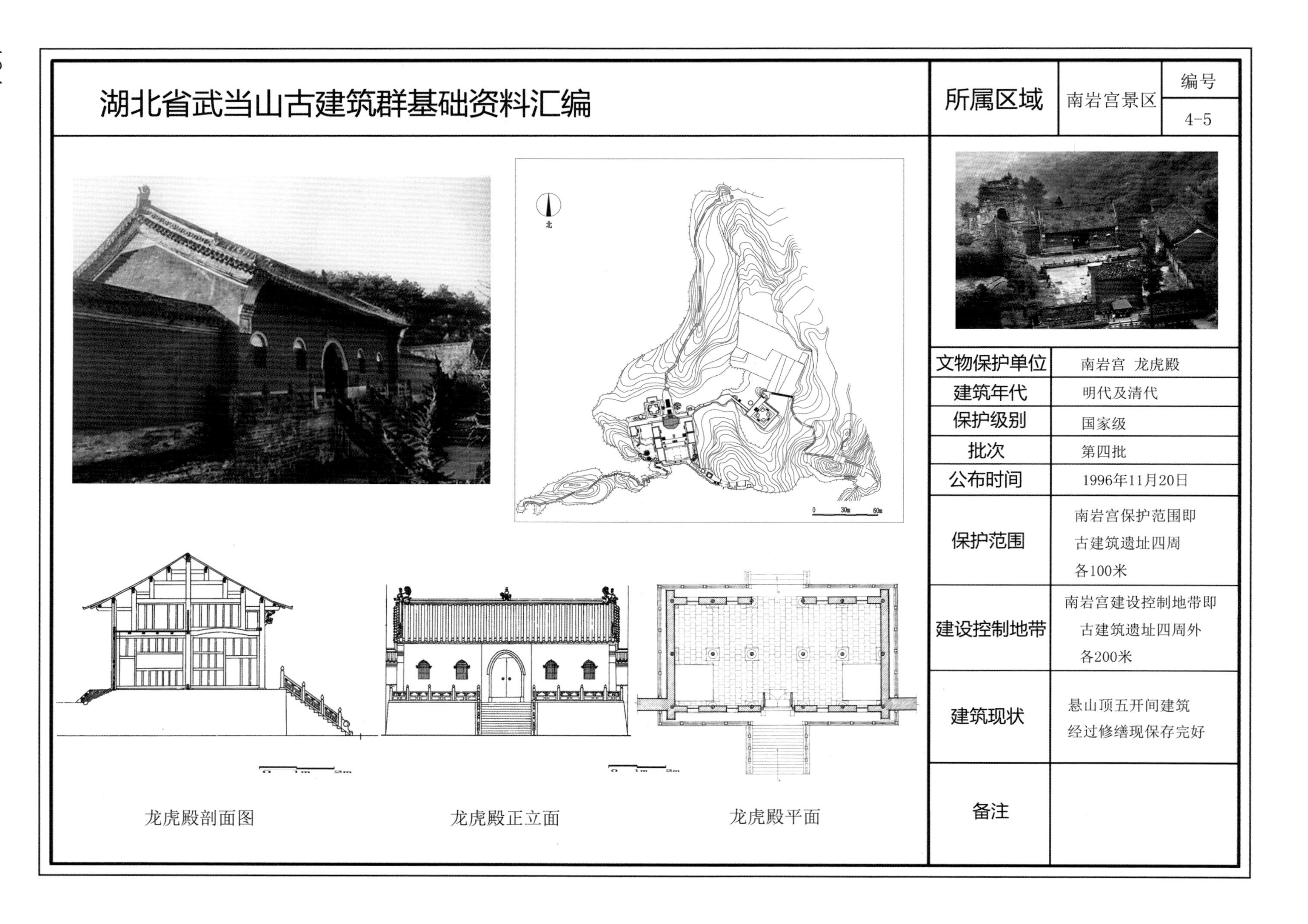

湖北省武当山古建筑群基础资料汇编

所属区域	南岩宫景区	编号 4-5

文物保护单位	南岩宫　龙虎殿
建筑年代	明代及清代
保护级别	国家级
批次	第四批
公布时间	1996年11月20日
保护范围	南岩宫保护范围即古建筑遗址四周各100米
建设控制地带	南岩宫建设控制地带即古建筑遗址四周外各200米
建筑现状	悬山顶五开间建筑经过修缮现保存完好
备注	

龙虎殿剖面图

龙虎殿正立面

龙虎殿平面

湖北省武当山古建筑群基础资料汇编

所属区域	南岩宫景区	编号 4-8

文物保护单位	南岩宫 两亭一堂
建筑年代	明代及清代
保护级别	国家级
批次	第四批
公布时间	1996年11月20日
保护范围	南岩宫保护范围即古建筑遗址四周各100米
建设控制地带	南岩宫建设控制地带即古建筑遗址四周外各200米
建筑现状	砖石结构保存完善，屋檐部分及部分木结构经过修缮，皇经堂为歇山顶建筑
备注	

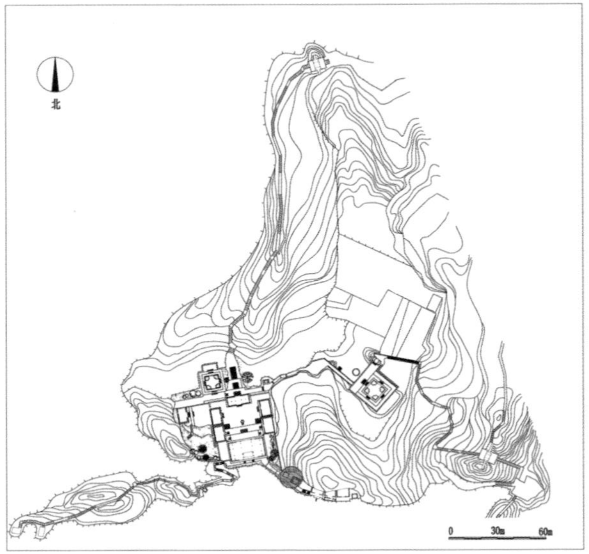

两亭一堂立面图

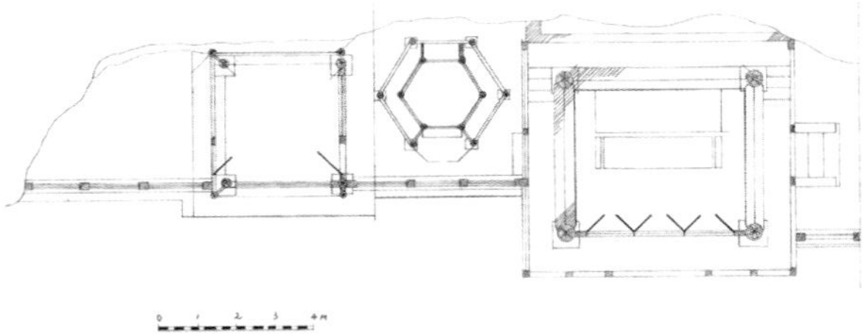

两亭一堂平面图

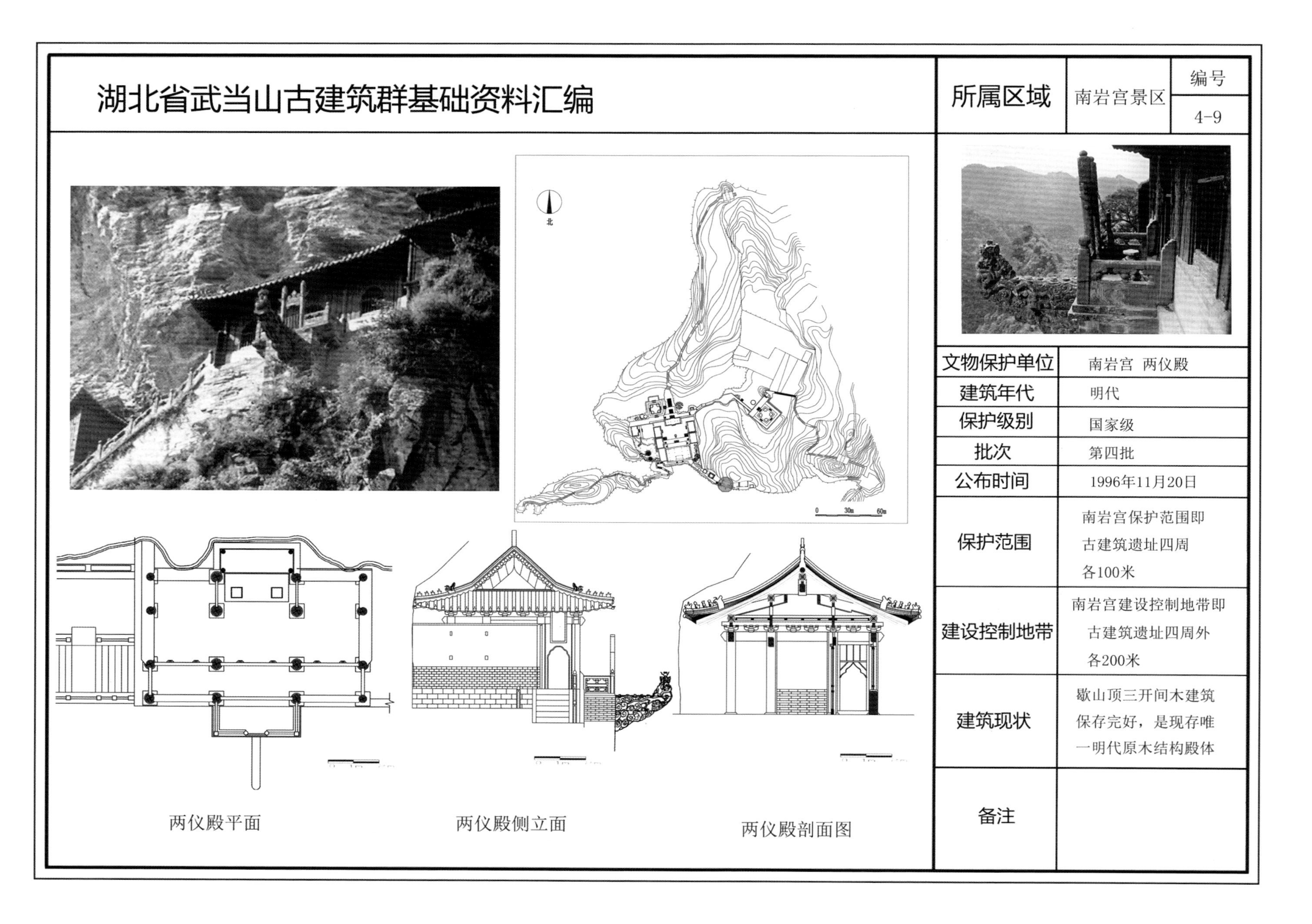

湖北省武当山古建筑群基础资料汇编

所属区域	南岩宫景区	编号 4-9

文物保护单位	南岩宫 两仪殿
建筑年代	明代
保护级别	国家级
批次	第四批
公布时间	1996年11月20日
保护范围	南岩宫保护范围即古建筑遗址四周各100米
建设控制地带	南岩宫建设控制地带即古建筑遗址四周外各200米
建筑现状	歇山顶三开间木建筑保存完好，是现存唯一明代原木结构殿体
备注	

两仪殿平面

两仪殿侧立面

两仪殿剖面图

湖北省武当山古建筑群基础资料汇编

所属区域	南岩宫景区	编号 4-10
文物保护单位	南岩宫 天乙真庆宫	
建筑年代	元代	
保护级别	国家级	
批次	第四批	
公布时间	1996年11月20日	
保护范围	南岩宫保护范围即古建筑遗址四周各100米	
建设控制地带	南岩宫建设控制地带即古建筑遗址四周外各200米	
建筑现状	歇山顶三开间石构建筑现保存完好	
备注	元代石殿，武当山现存最大规模石殿	

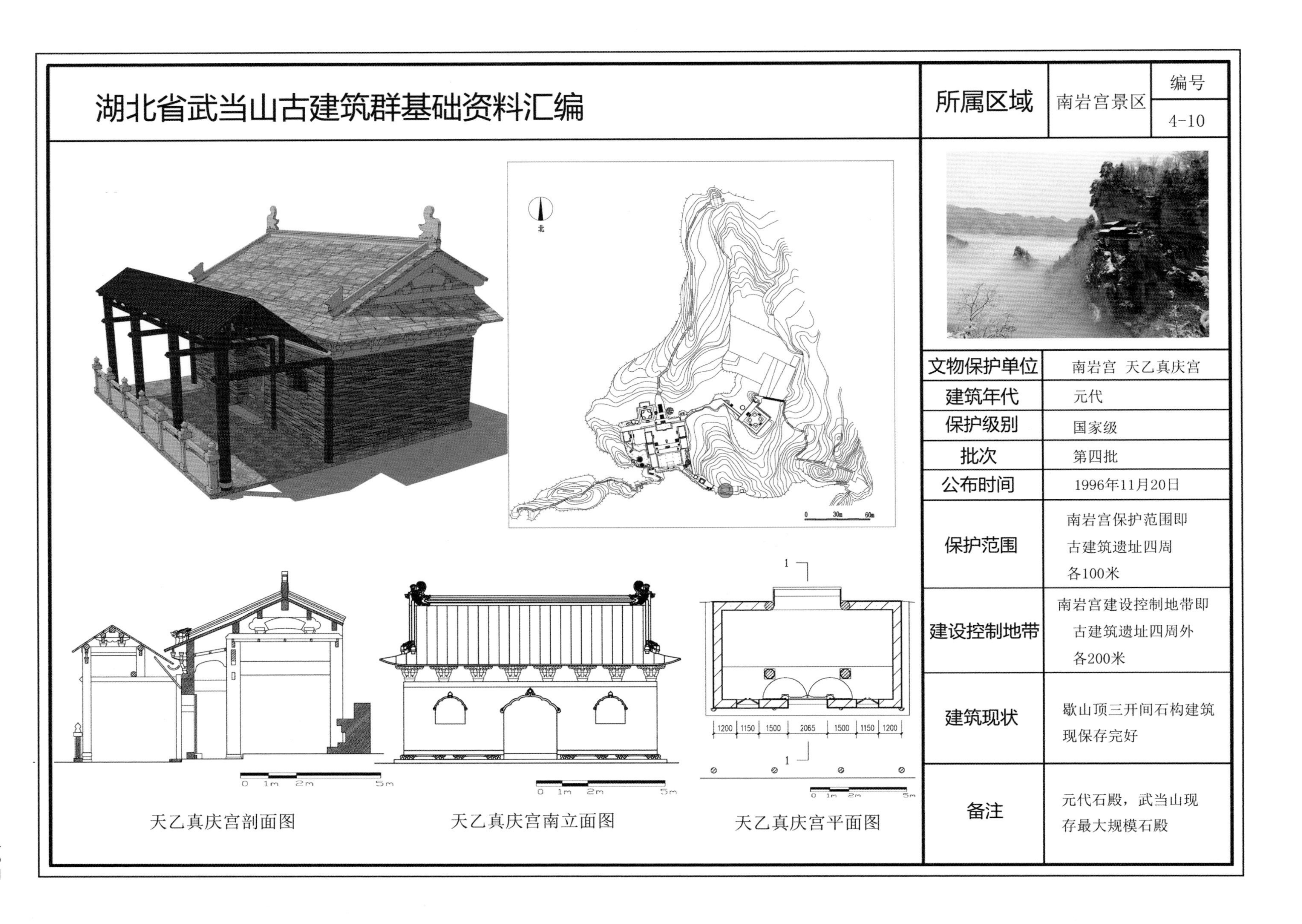

天乙真庆宫剖面图

天乙真庆宫南立面图

天乙真庆宫平面图

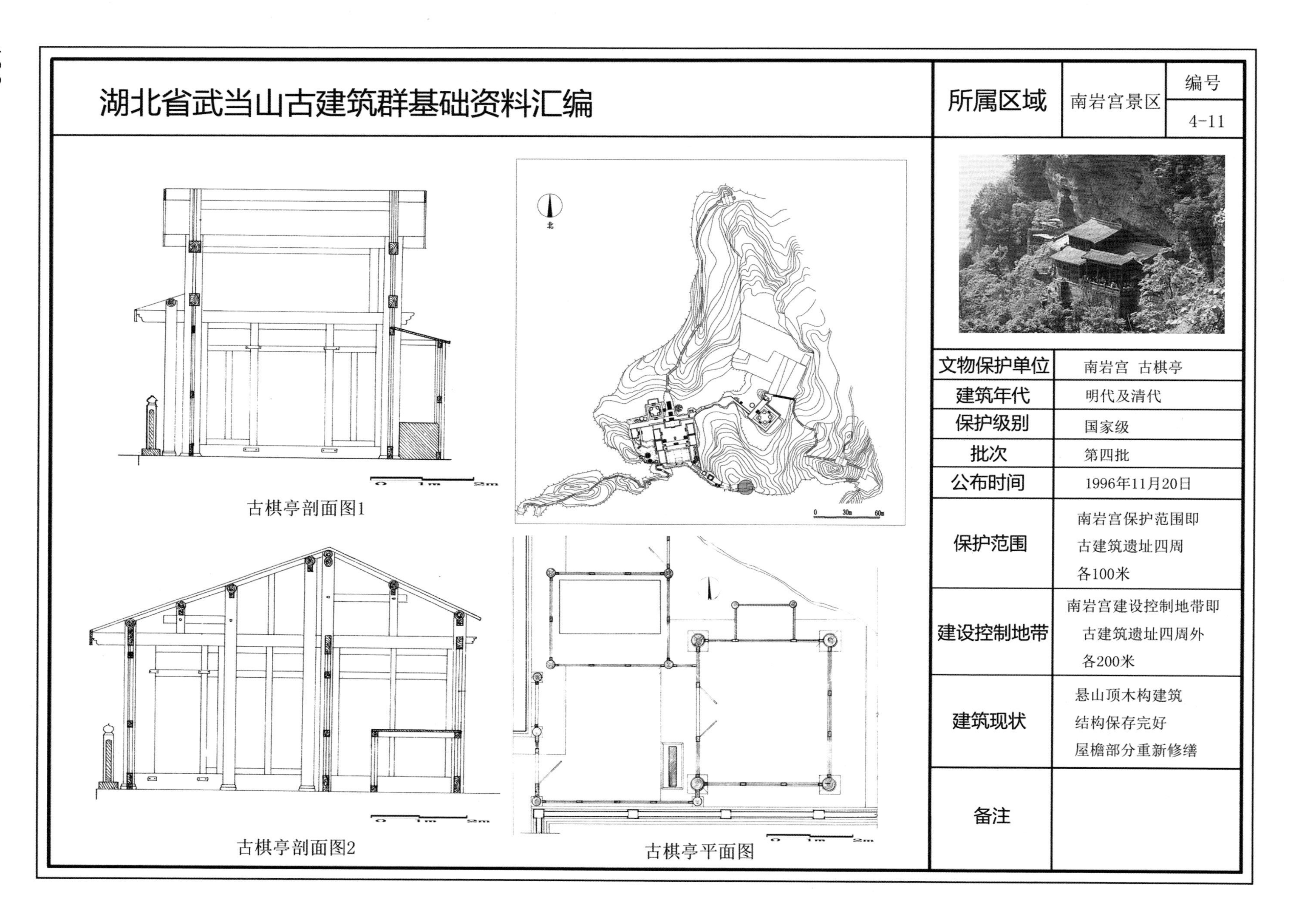

湖北省武当山古建筑群基础资料汇编

所属区域	南岩宫景区	编号 4-11
文物保护单位	南岩宫　古棋亭	
建筑年代	明代及清代	
保护级别	国家级	
批次	第四批	
公布时间	1996年11月20日	
保护范围	南岩宫保护范围即古建筑遗址四周各100米	
建设控制地带	南岩宫建设控制地带即古建筑遗址四周外各200米	
建筑现状	悬山顶木构建筑 结构保存完好 屋檐部分重新修缮	
备注		

古棋亭剖面图1

古棋亭剖面图2

古棋亭平面图

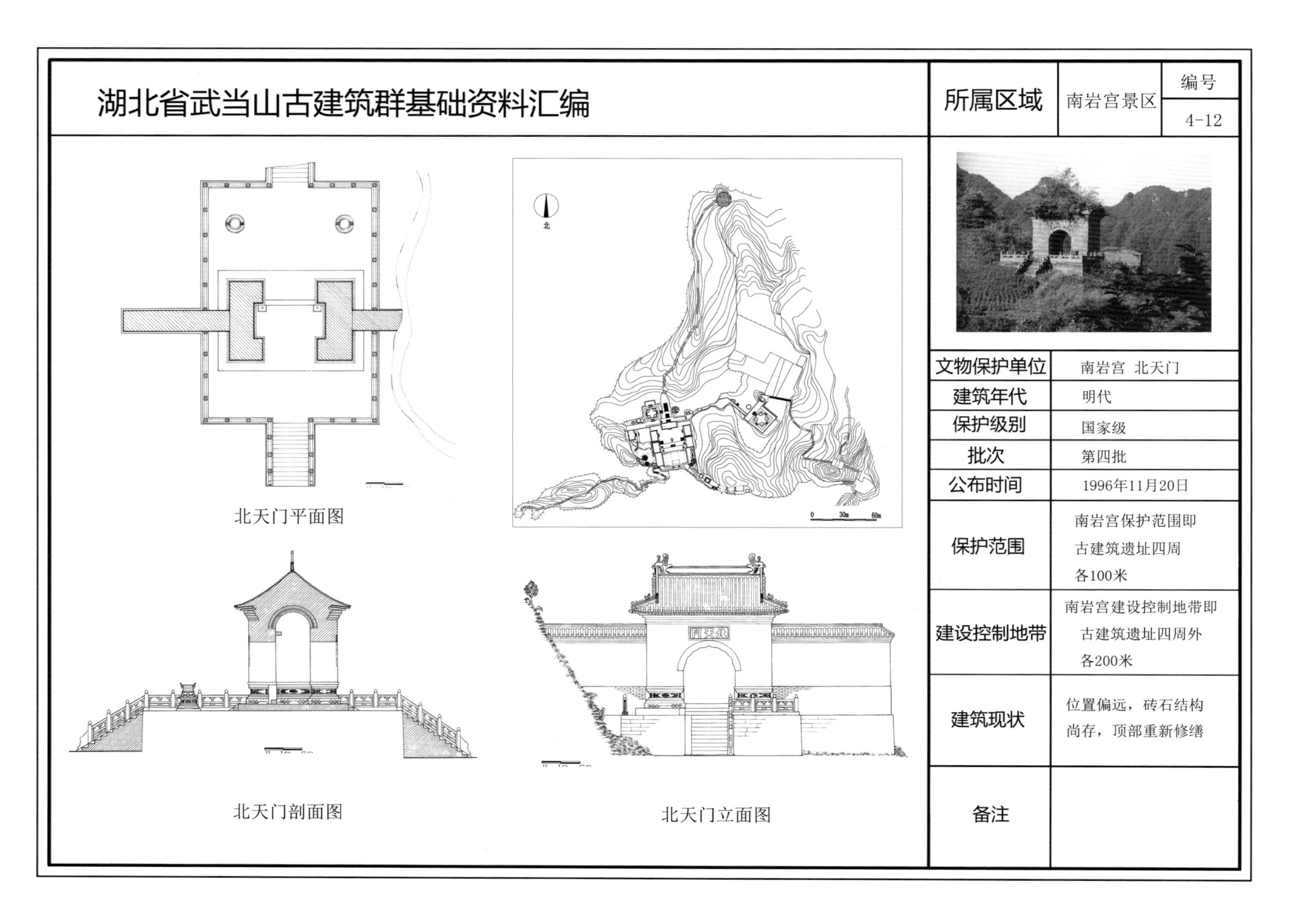

湖北省武当山古建筑群基础资料汇编

所属区域	南岩宫景区	编号 4-12
文物保护单位	南岩宫 北天门	
建筑年代	明代	
保护级别	国家级	
批次	第四批	
公布时间	1996年11月20日	
保护范围	南岩宫保护范围即古建筑遗址四周各100米	
建设控制地带	南岩宫建设控制地带即古建筑遗址四周外各200米	
建筑现状	位置偏远，砖石结构尚存，顶部重新修缮	
备注		

北天门平面图

北天门剖面图

北天门立面图

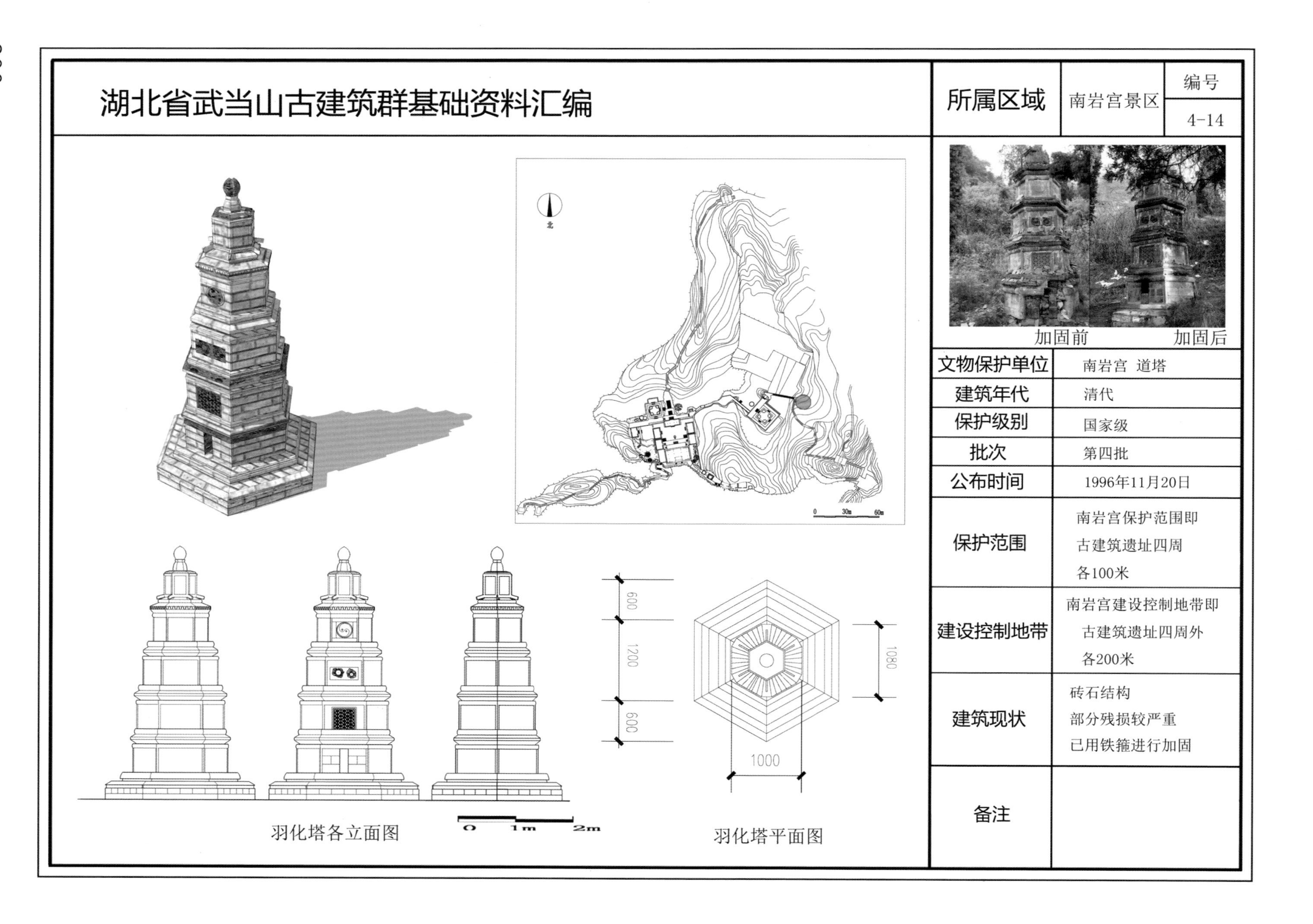

湖北省武当山古建筑群基础资料汇编

所属区域	南岩宫景区	编号 4-14

加固前　加固后

文物保护单位	南岩宫 道塔
建筑年代	清代
保护级别	国家级
批次	第四批
公布时间	1996年11月20日
保护范围	南岩宫保护范围即古建筑遗址四周各100米
建设控制地带	南岩宫建设控制地带即古建筑遗址四周外各200米
建筑现状	砖石结构 部分残损较严重 已用铁箍进行加固
备注	

羽化塔各立面图

羽化塔平面图

湖北省武当山古建筑群基础资料汇编

所属区域	金顶景区	编号 1-1

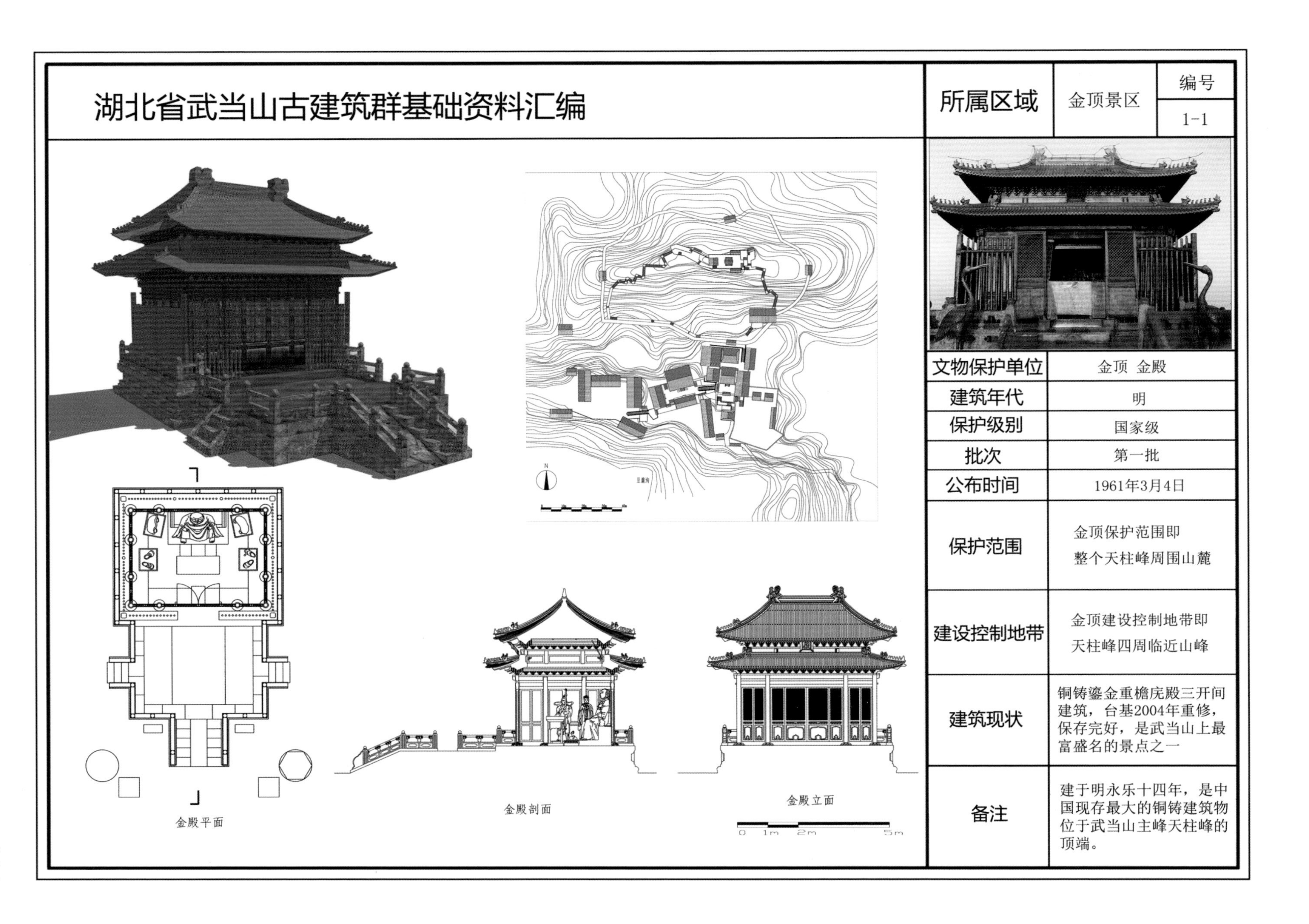

文物保护单位	金顶 金殿
建筑年代	明
保护级别	国家级
批次	第一批
公布时间	1961年3月4日
保护范围	金顶保护范围即 整个天柱峰周围山麓
建设控制地带	金顶建设控制地带即 天柱峰四周临近山峰
建筑现状	铜铸鎏金重檐庑殿三开间建筑，台基2004年重修，保存完好，是武当山上最富盛名的景点之一
备注	建于明永乐十四年，是中国现存最大的铜铸建筑物位于武当山主峰天柱峰的顶端。

湖北省武当山古建筑群基础资料汇编

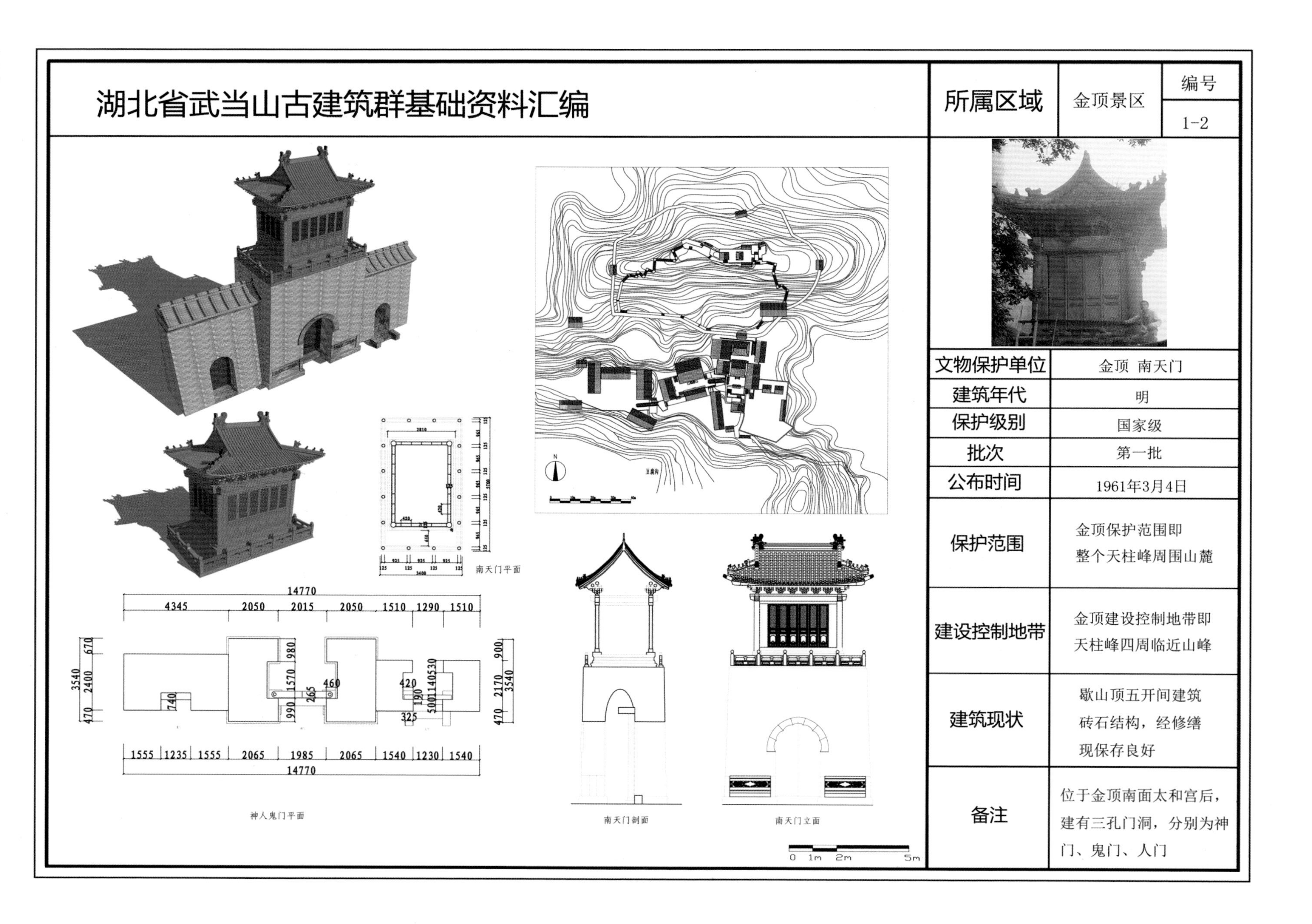

所属区域	金顶景区	编号 1-2
文物保护单位	金顶 南天门	
建筑年代	明	
保护级别	国家级	
批次	第一批	
公布时间	1961年3月4日	
保护范围	金顶保护范围即整个天柱峰周围山麓	
建设控制地带	金顶建设控制地带即天柱峰四周临近山峰	
建筑现状	歇山顶五开间建筑砖石结构，经修缮现保存良好	
备注	位于金顶南面太和宫后，建有三孔门洞，分别为神门、鬼门、人门	

湖北省武当山古建筑群基础资料汇编

所属区域	金顶景区	编号
		1-3

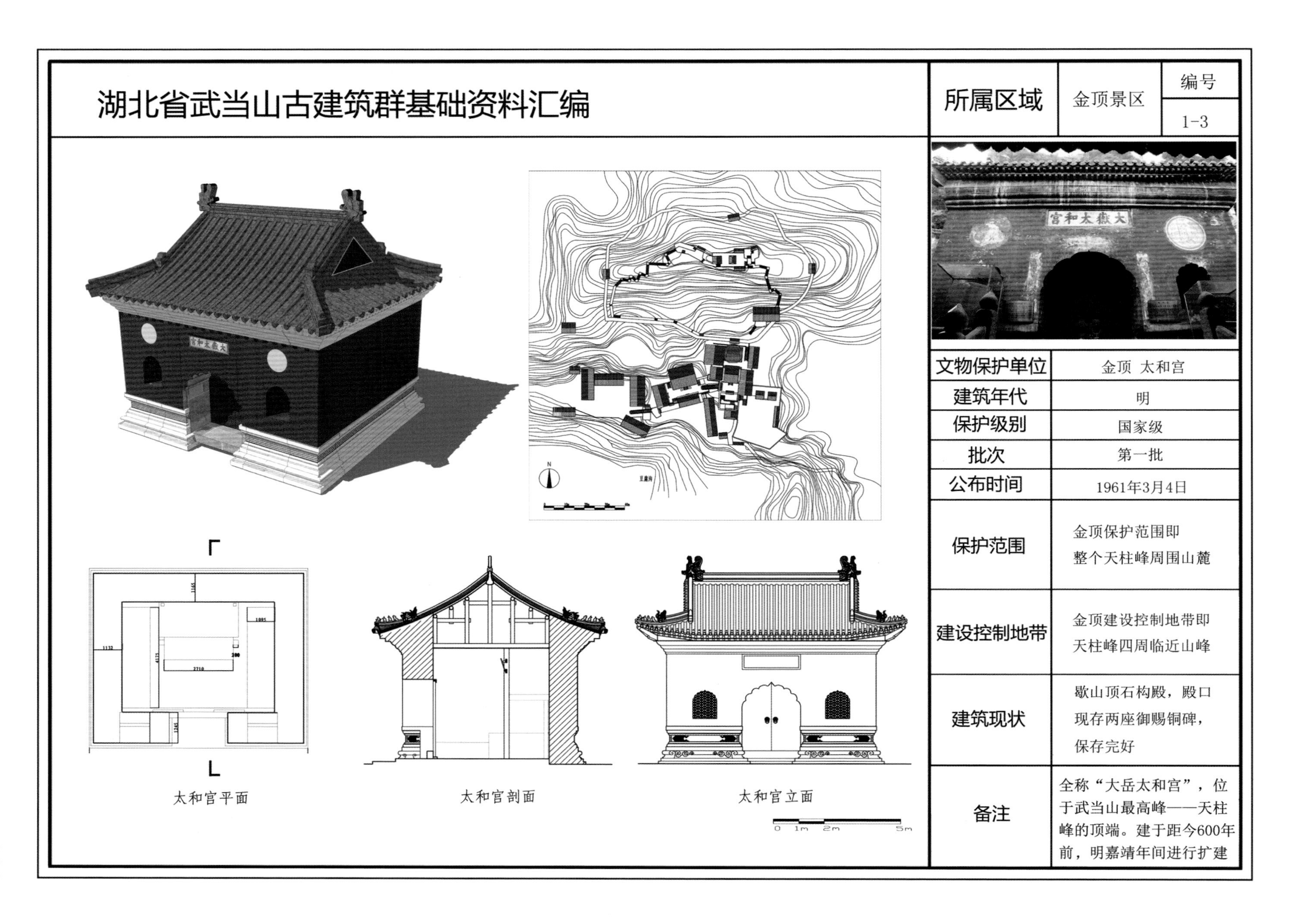

太和宫平面

太和宫剖面

太和宫立面

文物保护单位	金顶 太和宫
建筑年代	明
保护级别	国家级
批次	第一批
公布时间	1961年3月4日
保护范围	金顶保护范围即整个天柱峰周围山麓
建设控制地带	金顶建设控制地带即天柱峰四周临近山峰
建筑现状	歇山顶石构殿，殿口现存两座御赐铜碑，保存完好
备注	全称“大岳太和宫”，位于武当山最高峰——天柱峰的顶端。建于距今600年前，明嘉靖年间进行扩建

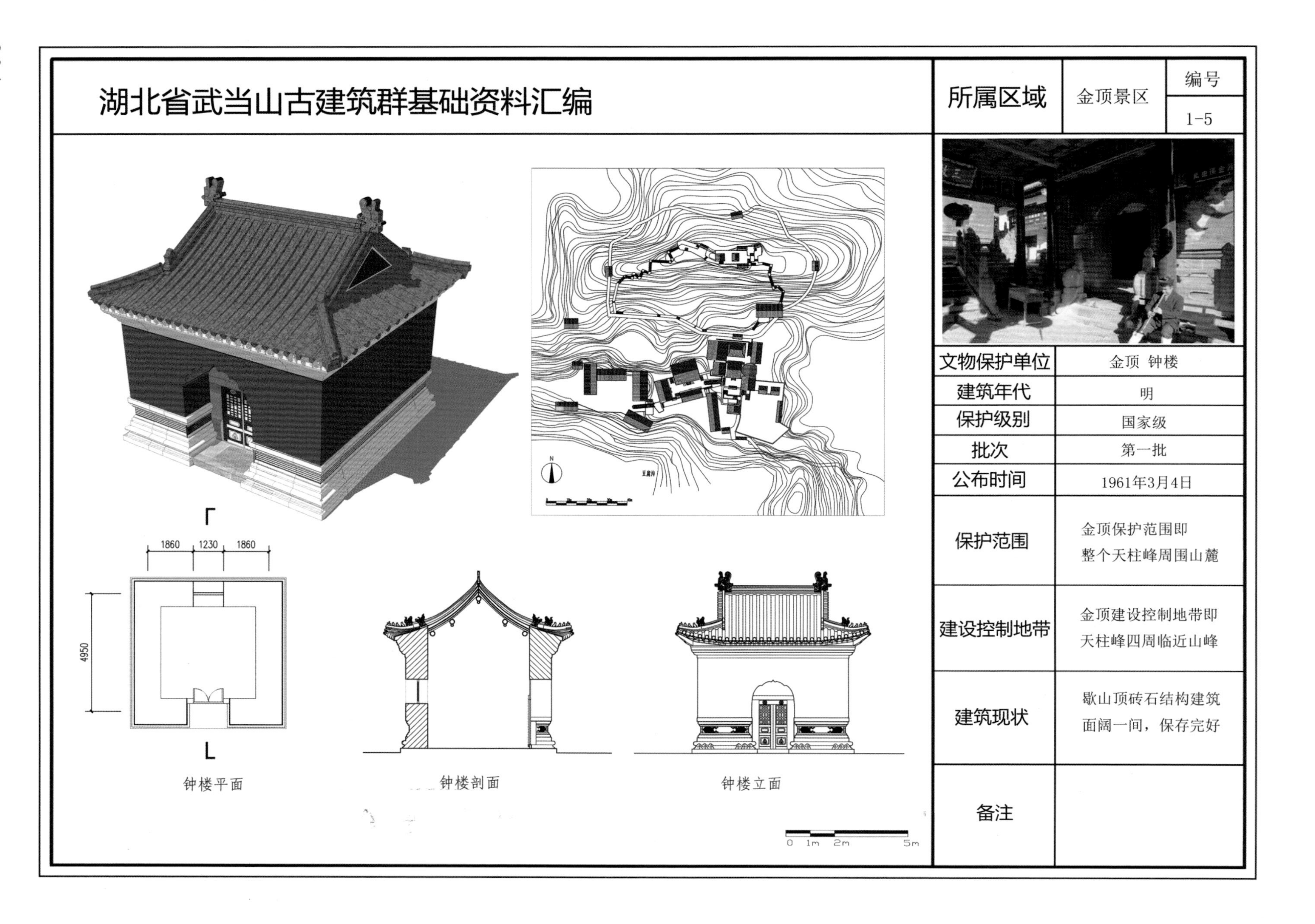

湖北省武当山古建筑群基础资料汇编

所属区域	金顶景区	编号	1-5
文物保护单位	金顶 钟楼		
建筑年代	明		
保护级别	国家级		
批次	第一批		
公布时间	1961年3月4日		
保护范围	金顶保护范围即整个天柱峰周围山麓		
建设控制地带	金顶建设控制地带即天柱峰四周临近山峰		
建筑现状	歇山顶砖石结构建筑面阔一间，保存完好		
备注			

湖北省武当山古建筑群基础资料汇编

所属区域	金顶景区	编号
		1-6

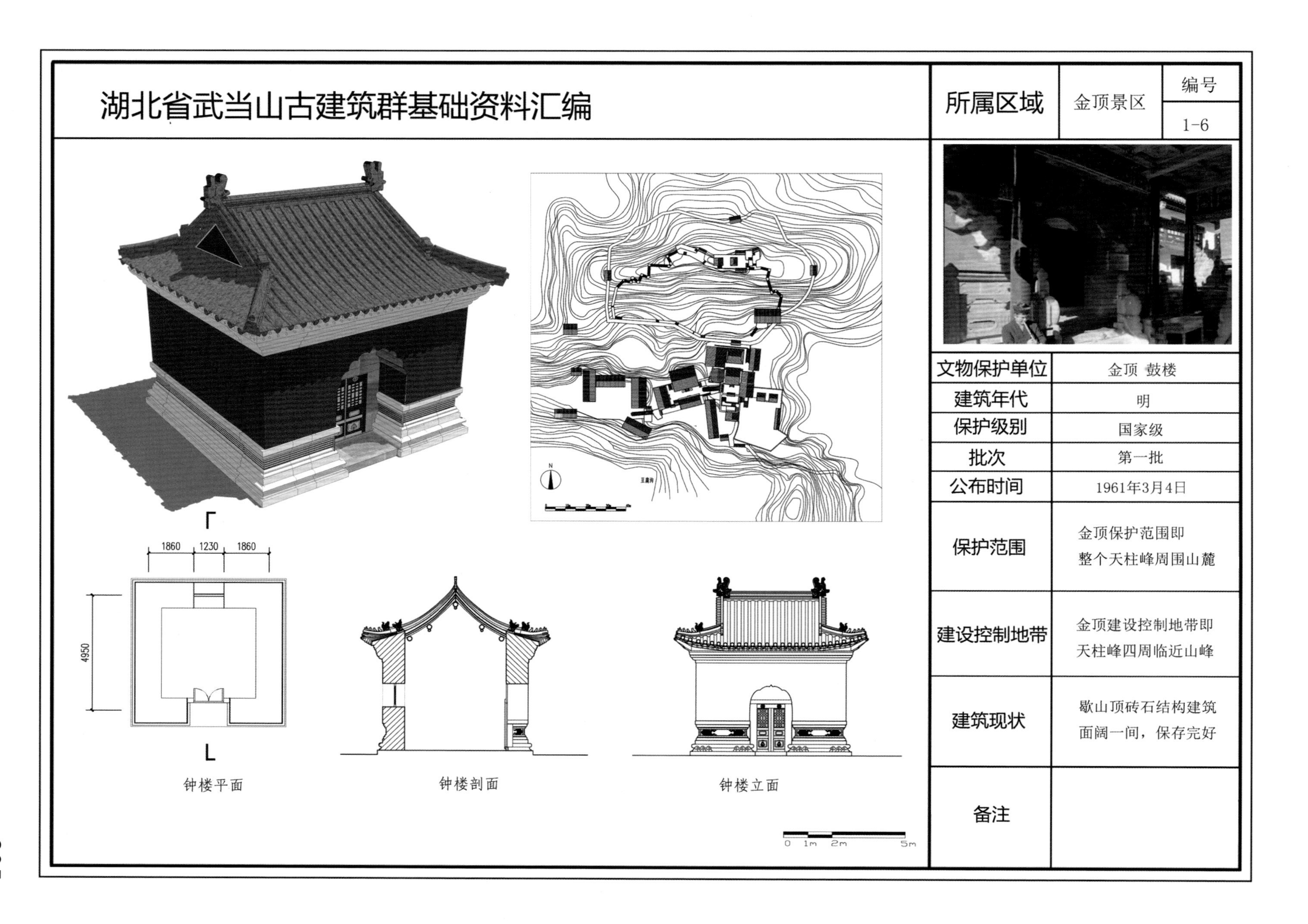

钟楼平面

钟楼剖面

钟楼立面

文物保护单位	金顶 鼓楼
建筑年代	明
保护级别	国家级
批次	第一批
公布时间	1961年3月4日
保护范围	金顶保护范围即整个天柱峰周围山麓
建设控制地带	金顶建设控制地带即天柱峰四周临近山峰
建筑现状	歇山顶砖石结构建筑面阔一间，保存完好
备注	

湖北省武当山古建筑群基础资料汇编

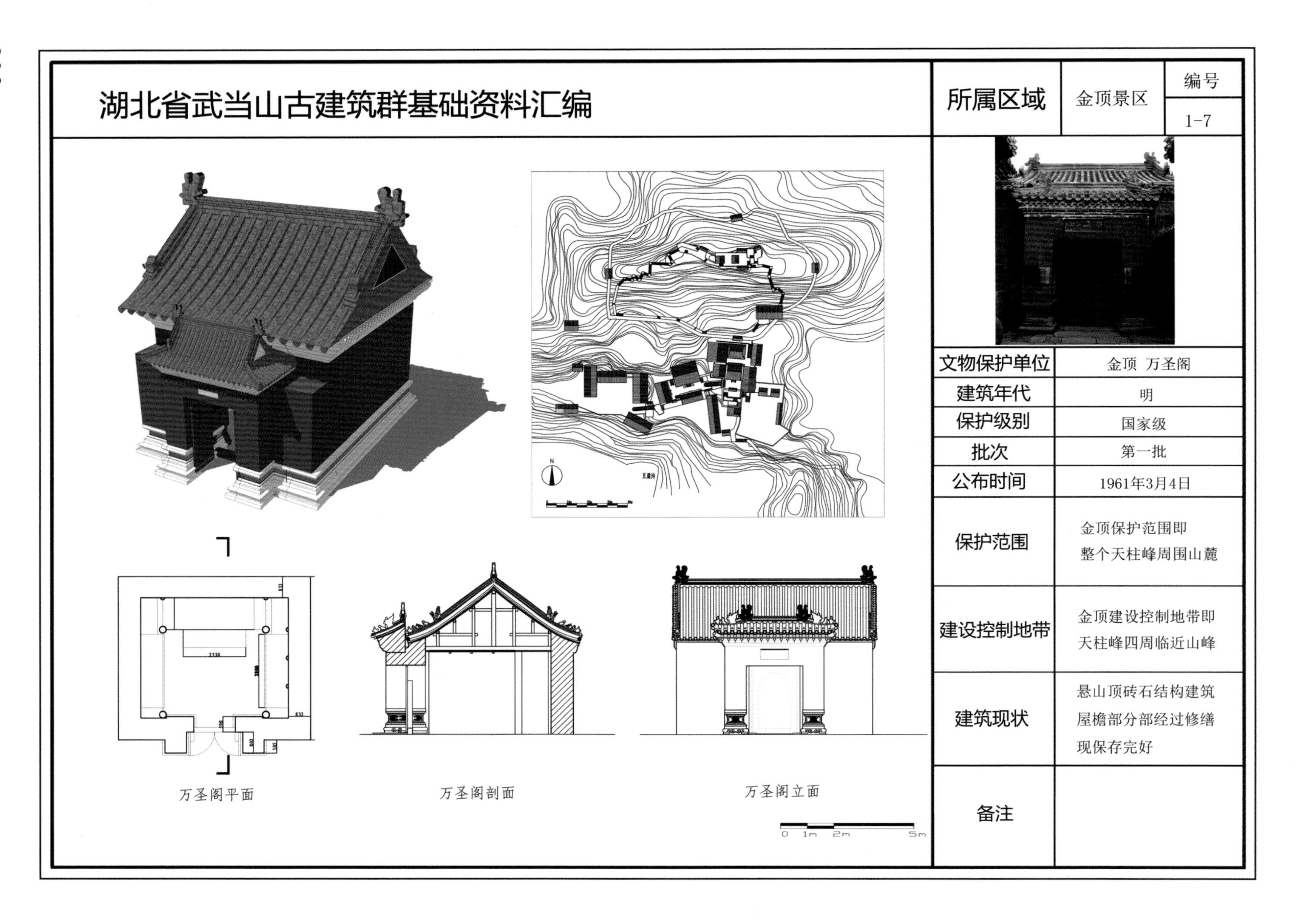

所属区域	金顶景区	编号 1-7
文物保护单位	金顶 万圣阁	
建筑年代	明	
保护级别	国家级	
批次	第一批	
公布时间	1961年3月4日	
保护范围	金顶保护范围即整个天柱峰周围山麓	
建设控制地带	金顶建设控制地带即天柱峰四周临近山峰	
建筑现状	悬山顶砖石结构建筑屋檐部分部经过修缮现保存完好	
备注		

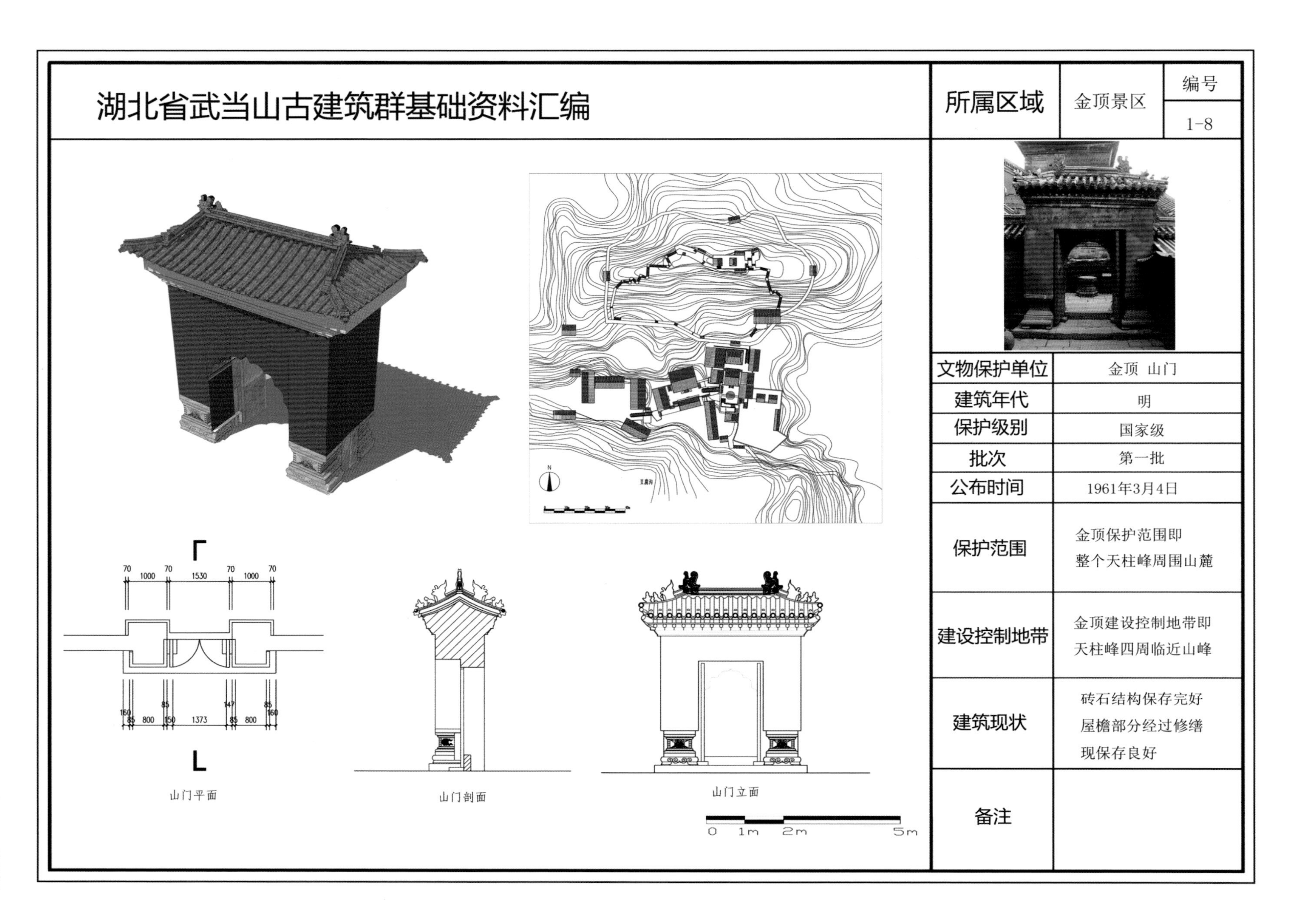

湖北省武当山古建筑群基础资料汇编

所属区域	金顶景区	编号 1-8
文物保护单位	金顶 山门	
建筑年代	明	
保护级别	国家级	
批次	第一批	
公布时间	1961年3月4日	
保护范围	金顶保护范围即整个天柱峰周围山麓	
建设控制地带	金顶建设控制地带即天柱峰四周临近山峰	
建筑现状	砖石结构保存完好 屋檐部分经过修缮 现保存良好	
备注		

山门平面

山门剖面

山门立面

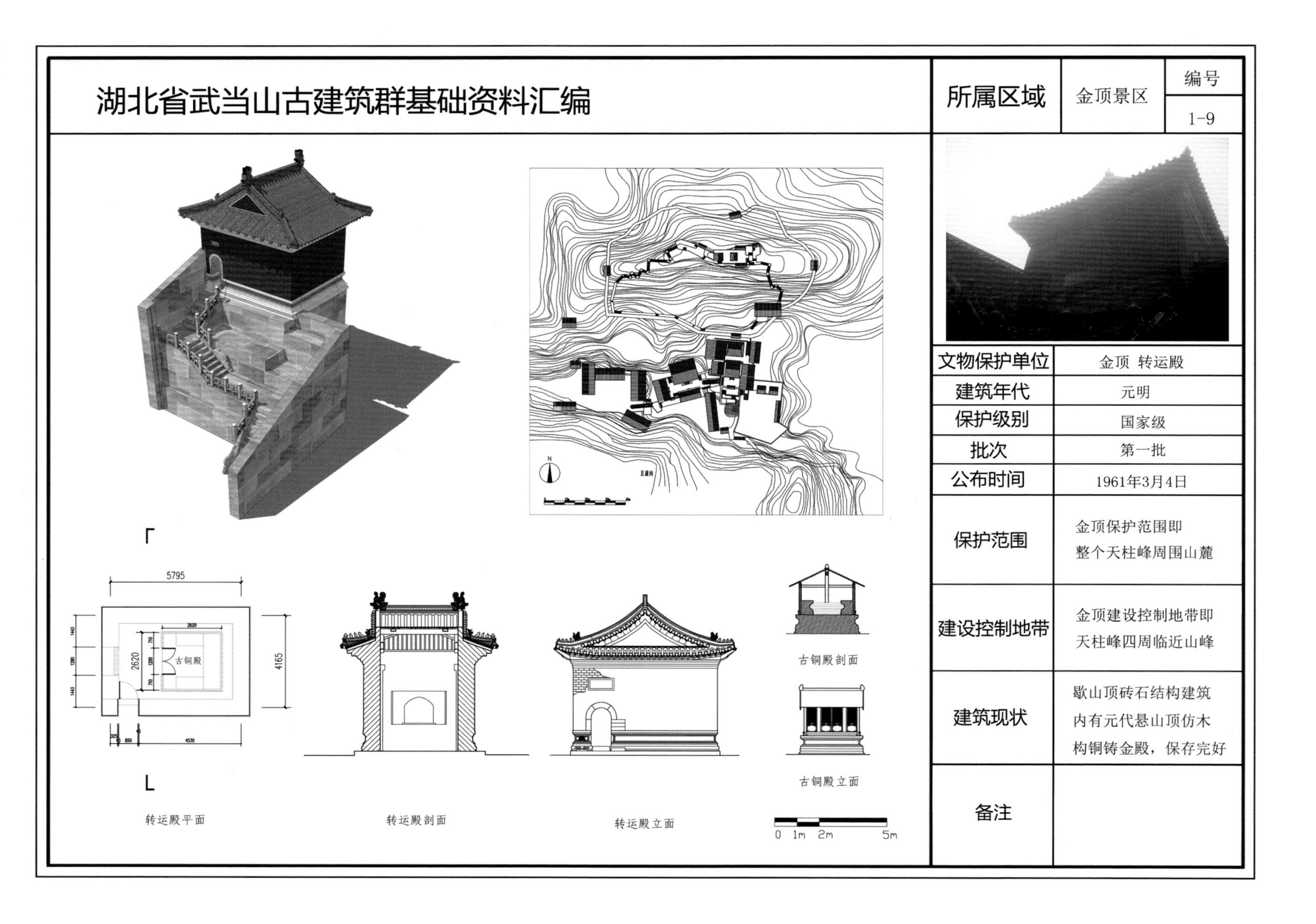

湖北省武当山古建筑群基础资料汇编

所属区域	金顶景区	编号 1-9
文物保护单位	金顶 转运殿	
建筑年代	元明	
保护级别	国家级	
批次	第一批	
公布时间	1961年3月4日	
保护范围	金顶保护范围即整个天柱峰周围山麓	
建设控制地带	金顶建设控制地带即天柱峰四周临近山峰	
建筑现状	歇山顶砖石结构建筑内有元代悬山顶仿木构铜铸金殿，保存完好	
备注		

转运殿平面

转运殿剖面

转运殿立面

古铜殿剖面

古铜殿立面

湖北省武当山古建筑群基础资料汇编

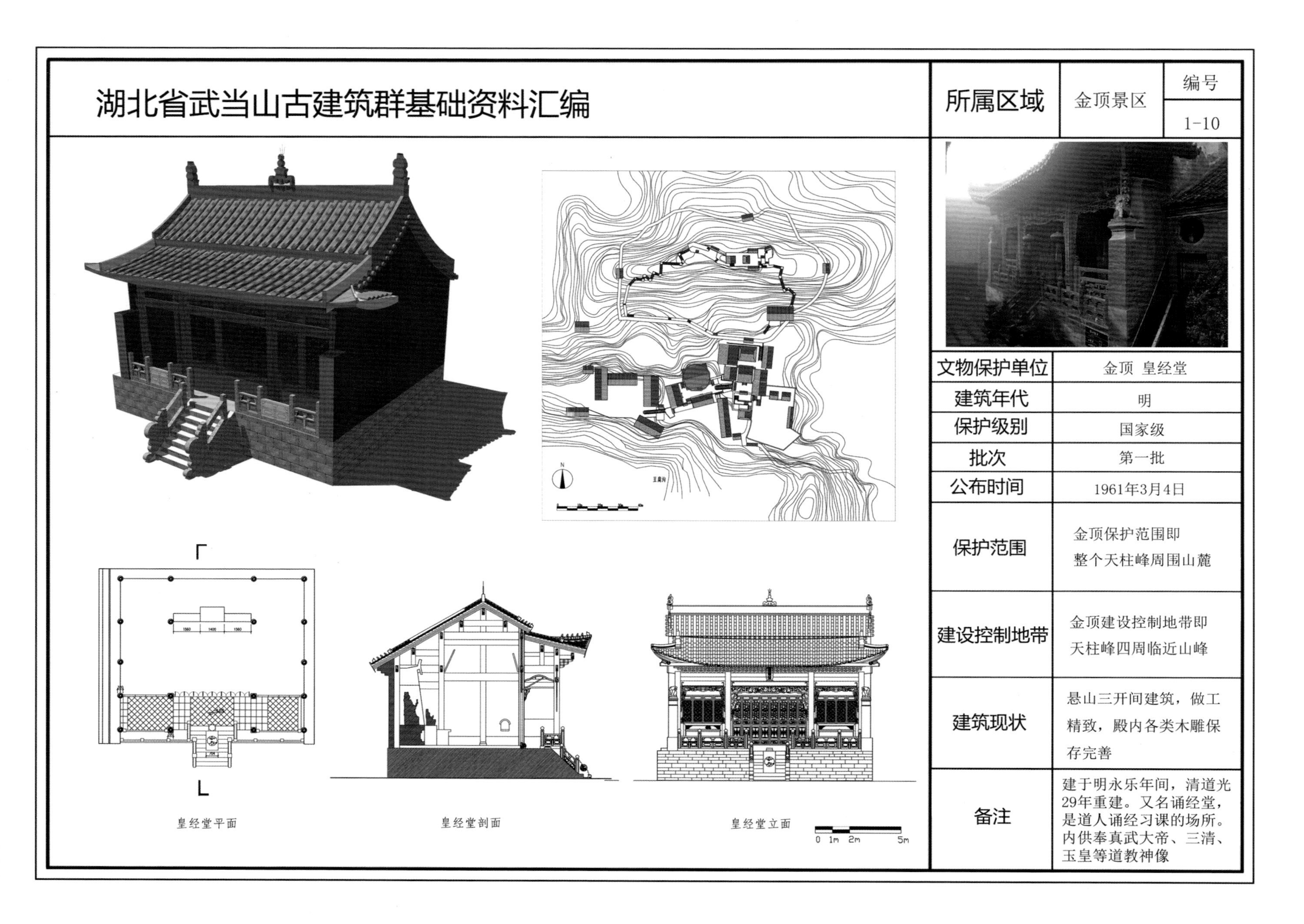

皇经堂平面

皇经堂剖面

皇经堂立面

所属区域	金顶景区	编号 1-10
文物保护单位	金顶 皇经堂	
建筑年代	明	
保护级别	国家级	
批次	第一批	
公布时间	1961年3月4日	
保护范围	金顶保护范围即整个天柱峰周围山麓	
建设控制地带	金顶建设控制地带即天柱峰四周临近山峰	
建筑现状	悬山三开间建筑，做工精致，殿内各类木雕保存完善	
备注	建于明永乐年间，清道光29年重建。又名诵经堂，是道人诵经习课的场所。内供奉真武大帝、三清、玉皇等道教神像	

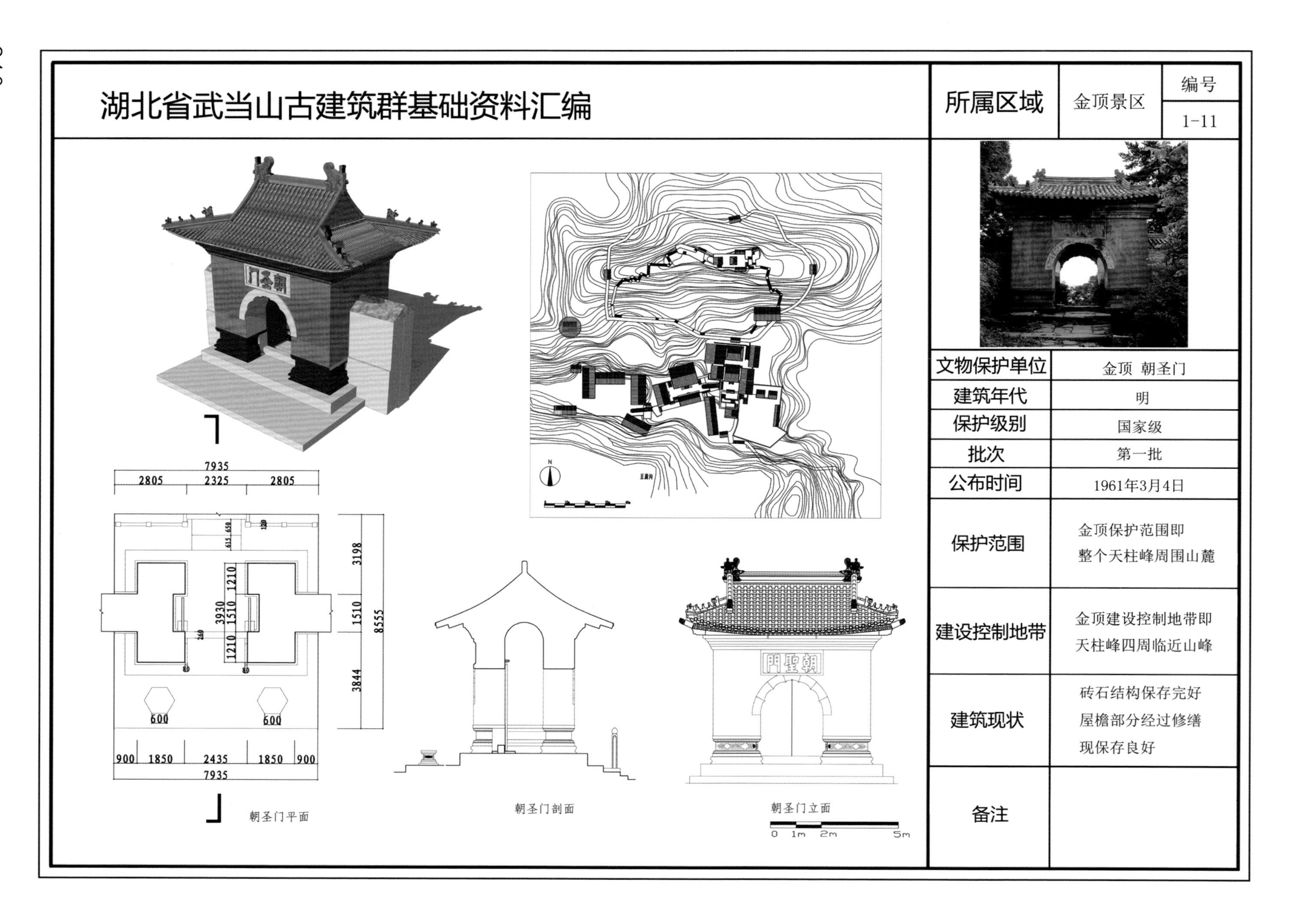

湖北省武当山古建筑群基础资料汇编

所属区域	金顶景区	编号 1-11
文物保护单位	金顶 朝圣门	
建筑年代	明	
保护级别	国家级	
批次	第一批	
公布时间	1961年3月4日	
保护范围	金顶保护范围即 整个天柱峰周围山麓	
建设控制地带	金顶建设控制地带即 天柱峰四周临近山峰	
建筑现状	砖石结构保存完好 屋檐部分经过修缮 现保存良好	
备注		

朝圣门平面

朝圣门剖面

朝圣门立面

湖北省武当山古建筑群基础资料汇编

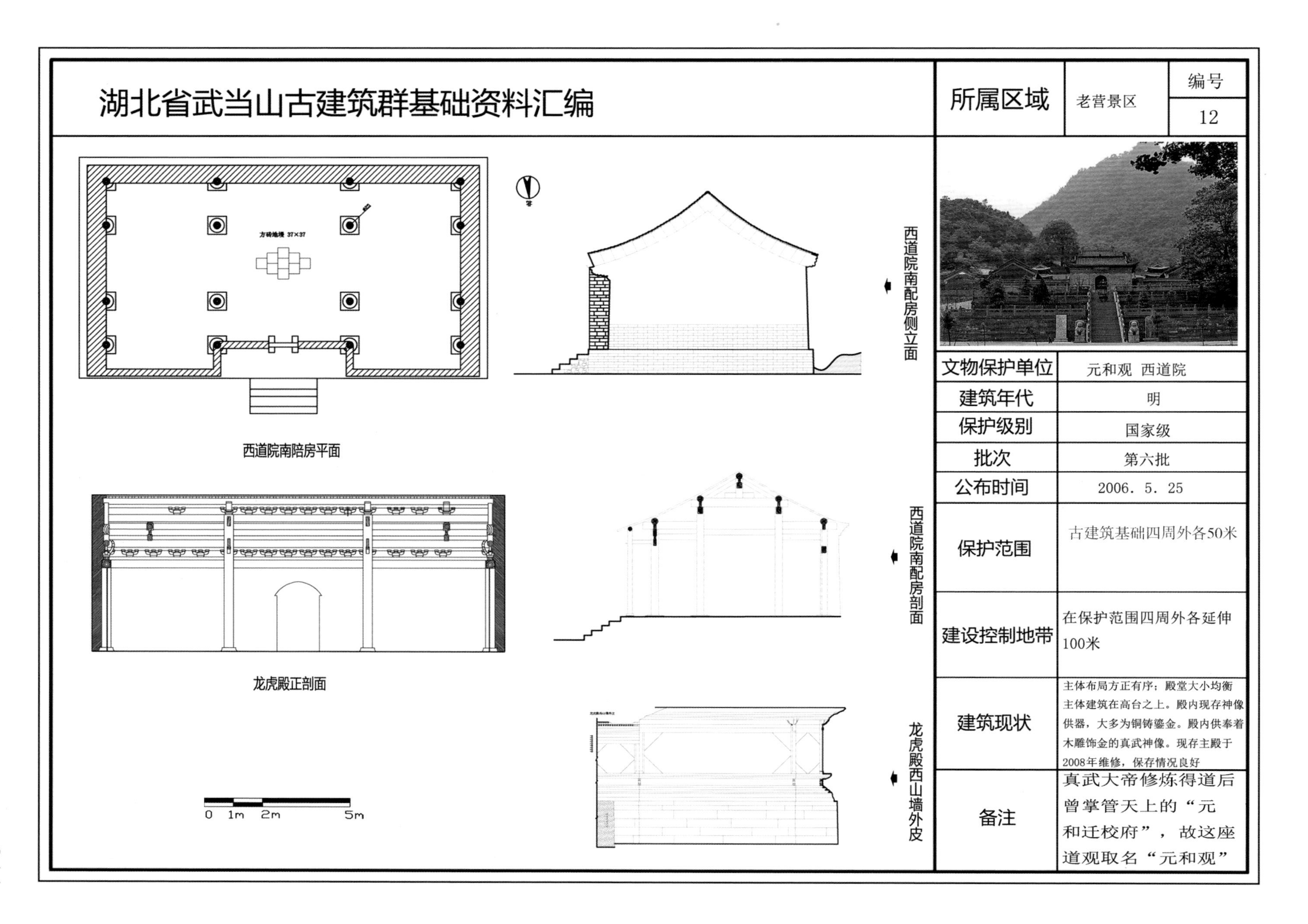

西道院南陪房平面

龙虎殿正剖面

所属区域	老营景区	编号 12
文物保护单位	元和观 西道院	
建筑年代	明	
保护级别	国家级	
批次	第六批	
公布时间	2006. 5. 25	
保护范围	古建筑基础四周外各50米	
建设控制地带	在保护范围四周外各延伸100米	
建筑现状	主体布局方正有序；殿堂大小均衡主体建筑在高台之上。殿内现存神像供器，大多为铜铸鎏金。殿内供奉着木雕饰金的真武神像。现存主殿于2008年维修，保存情况良好	
备注	真武大帝修炼得道后曾掌管天上的“元和迁校府”，故这座道观取名“元和观”	

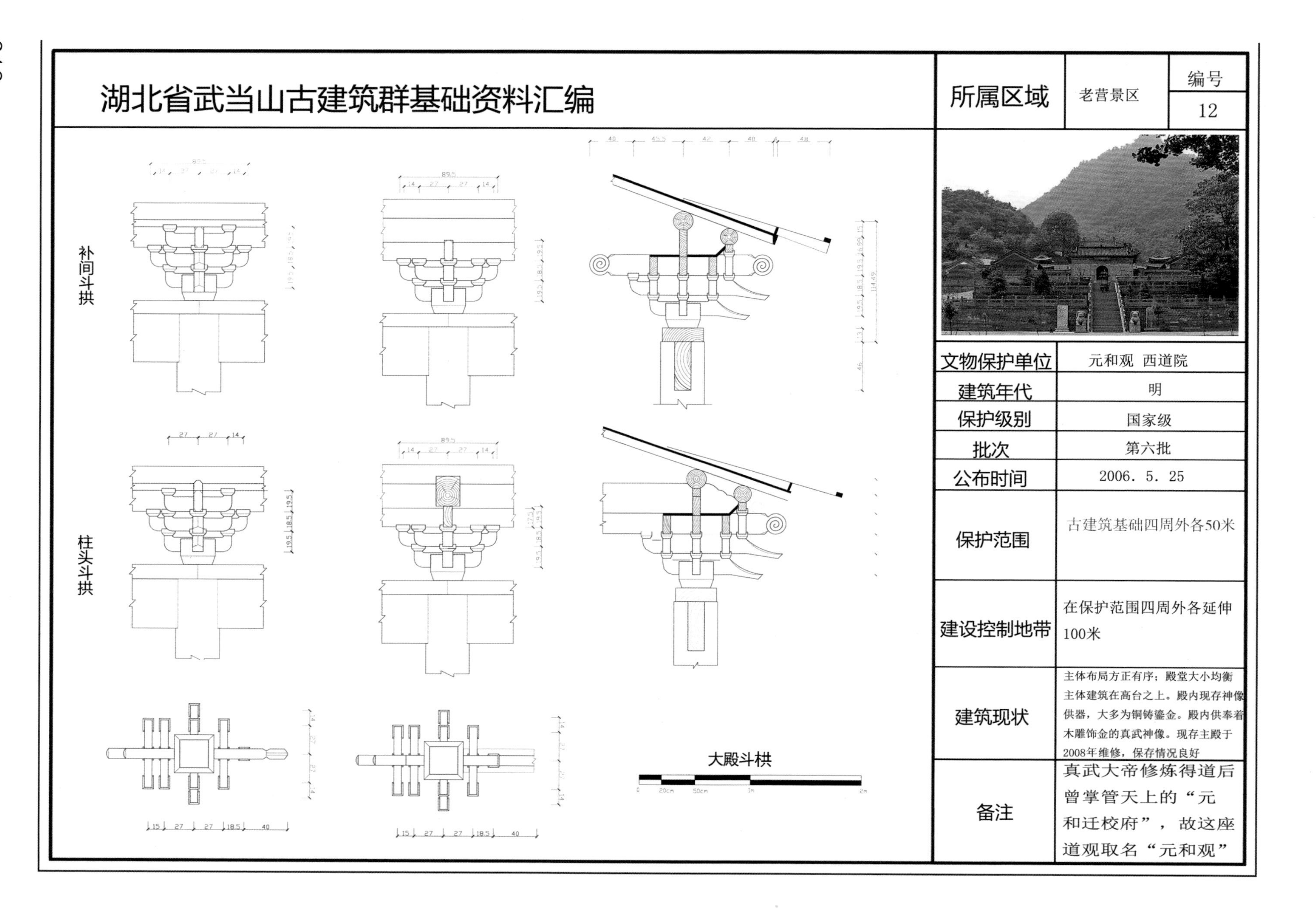

湖北省武当山古建筑群基础资料汇编

所属区域	老营景区	编号
		12

文物保护单位	元和观 西道院
建筑年代	明
保护级别	国家级
批次	第六批
公布时间	2006. 5. 25
保护范围	古建筑基础四周外各50米
建设控制地带	在保护范围四周外各延伸100米
建筑现状	主体布局方正有序；殿堂大小均衡主体建筑在高台之上。殿内现存神像供器，大多为铜铸鎏金。殿内供奉着木雕饰金的真武神像。现存主殿于2008年维修，保存情况良好
备注	真武大帝修炼得道后曾掌管天上的“元和迁校府”，故这座道观取名“元和观”

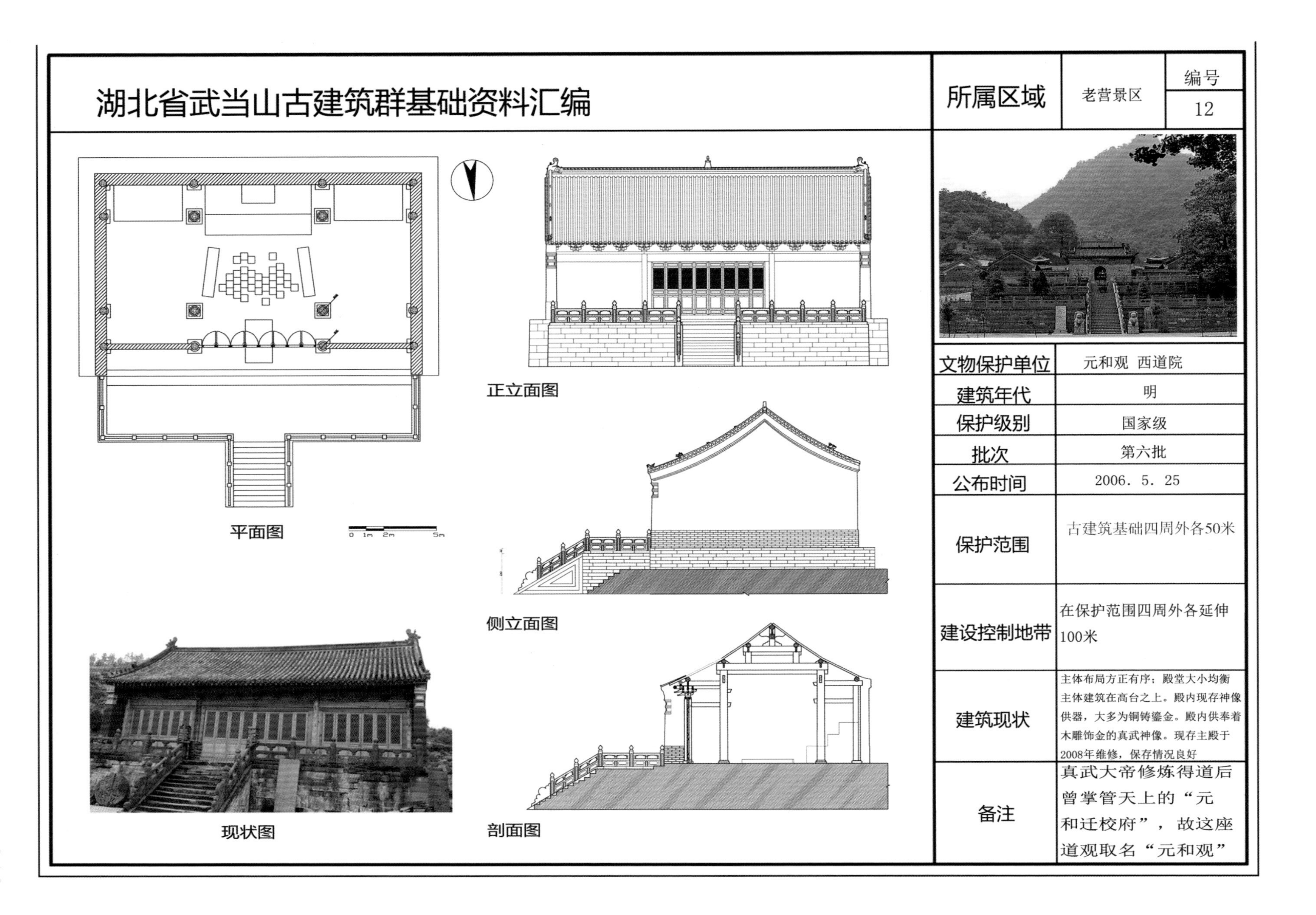

湖北省武当山古建筑群基础资料汇编

所属区域	老营景区	编号
		12

文物保护单位	元和观 西道院
建筑年代	明
保护级别	国家级
批次	第六批
公布时间	2006. 5. 25
保护范围	古建筑基础四周外各50米
建设控制地带	在保护范围四周外各延伸100米
建筑现状	主体布局方正有序；殿堂大小均衡主体建筑在高台之上。殿内现存神像供器，大多为铜铸鎏金。殿内供奉着木雕饰金的真武神像。现存主殿于2008年维修，保存情况良好
备注	真武大帝修炼得道后曾掌管天上的“元和迁校府”，故这座道观取名“元和观”

平面图

正立面图

侧立面图

剖面图

现状图

湖北省武当山古建筑群基础资料汇编

N

0 10m 20m 30m 40m

1 2 3 4 5 6 7 8 9 10 11 12 13 14 15 16 17 18

建筑清单

所属区域	太子坡景区
保护级别	国家级

建筑编号	建筑名称	年代	建筑保护等级
25-1	北天门	明 1983年维修	国家级
25-2	照壁与 焚香炉、祭坛	明 1983年维修	国家级
25-3	龙虎殿	明清 1983年维修	国家级
25-4	南配房	明清 1983年维修	国家级
25-5	北配房	明清 1983年维修	国家级
25-6	大殿	明清 1983年维修	国家级
25-7	太子殿	明 1983年维修	国家级
25-8	五云楼	清 1983年维修	国家级
25-9	藏经阁	明 1983年维修	国家级
25-10	客堂 照壁	清 1983年维修	国家级
25-11	皇经堂	明清 1983年维修	国家级
25-12	北道房	清 现代维修	国家级
25-13	三层楼	现代	国家级
25-14	斋堂	现代	国家级
25-15	二道门	明 1983年维修	国家级
25-16	三道门	明 1983年维修	国家级
25-17	南天门	明 1983年维修	国家级
25-18	复真桥	明 1983年维修	国家级

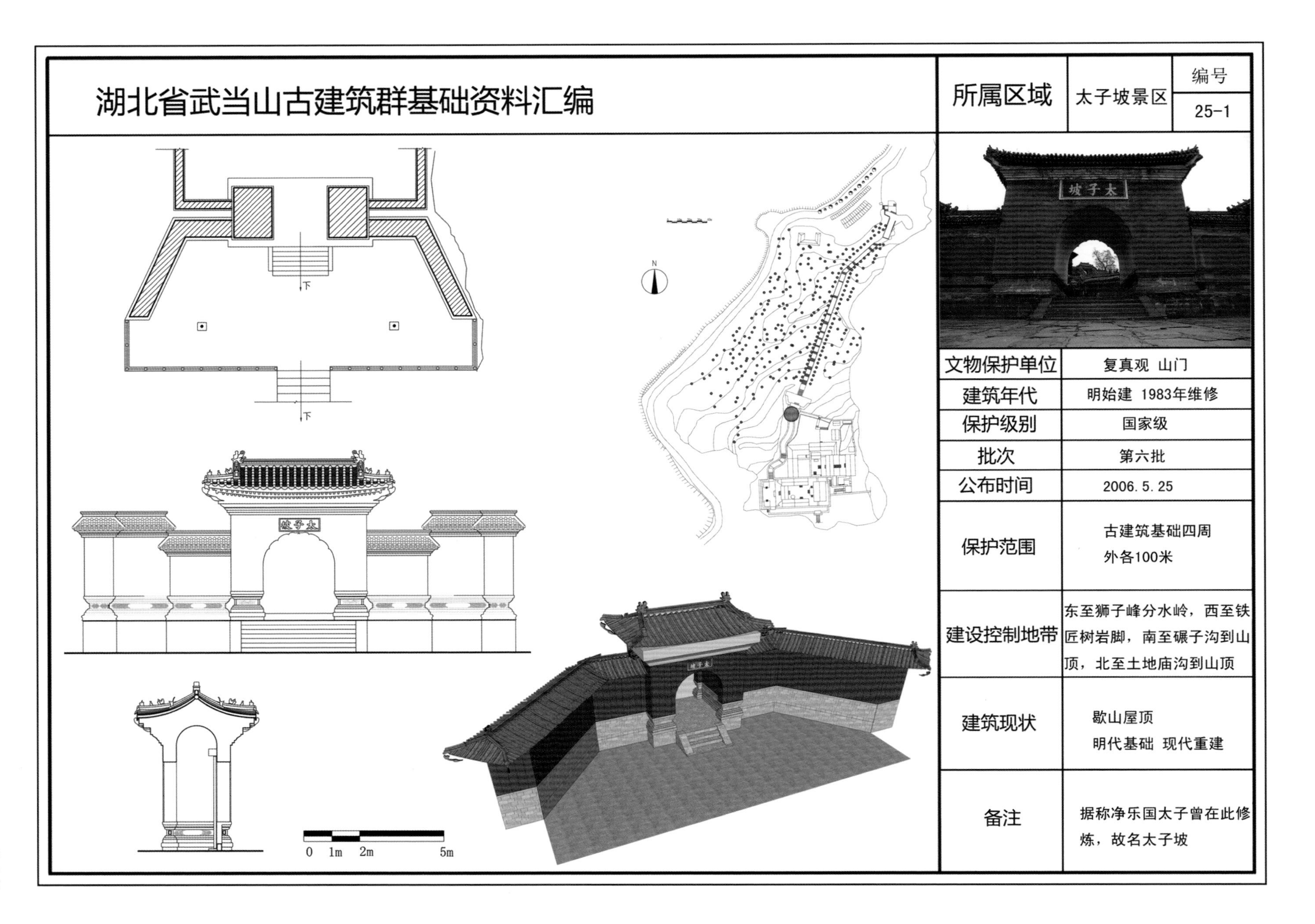

湖北省武当山古建筑群基础资料汇编

所属区域	太子坡景区	编号 25-1
文物保护单位	复真观 山门	
建筑年代	明始建 1983年维修	
保护级别	国家级	
批次	第六批	
公布时间	2006. 5. 25	
保护范围	古建筑基础四周外各100米	
建设控制地带	东至狮子峰分水岭，西至铁匠树岩脚，南至碾子沟到山顶，北至土地庙沟到山顶	
建筑现状	歇山屋顶 明代基础 现代重建	
备注	据称净乐国太子曾在此修炼，故名太子坡	

湖北省武当山古建筑群基础资料汇编

所属区域	太子坡景区	编号 25-2

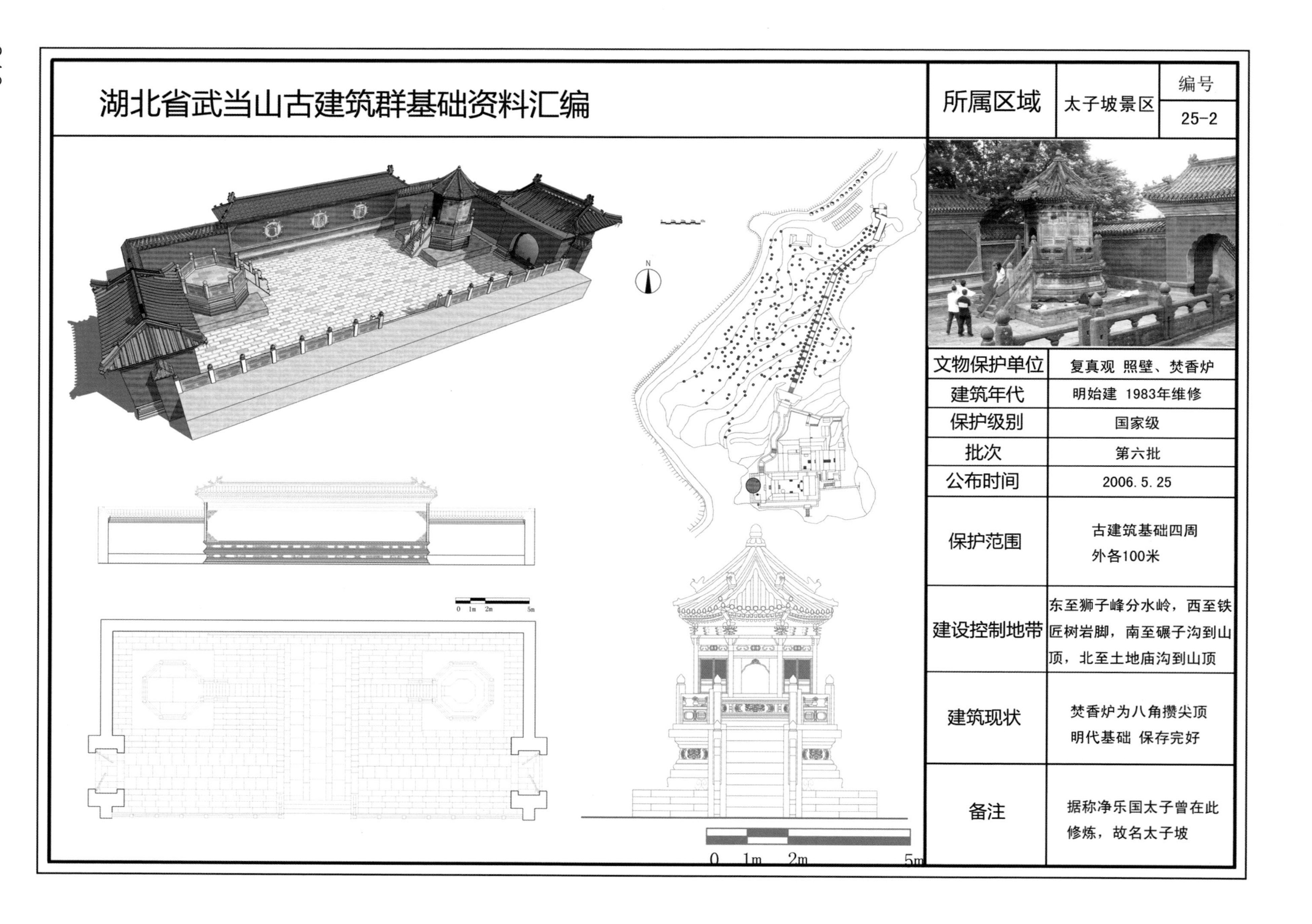

文物保护单位	复真观 照壁、焚香炉
建筑年代	明始建 1983年维修
保护级别	国家级
批次	第六批
公布时间	2006. 5. 25
保护范围	古建筑基础四周外各100米
建设控制地带	东至狮子峰分水岭，西至铁匠树岩脚，南至碾子沟到山顶，北至土地庙沟到山顶
建筑现状	焚香炉为八角攒尖顶 明代基础 保存完好
备注	据称净乐国太子曾在此修炼，故名太子坡

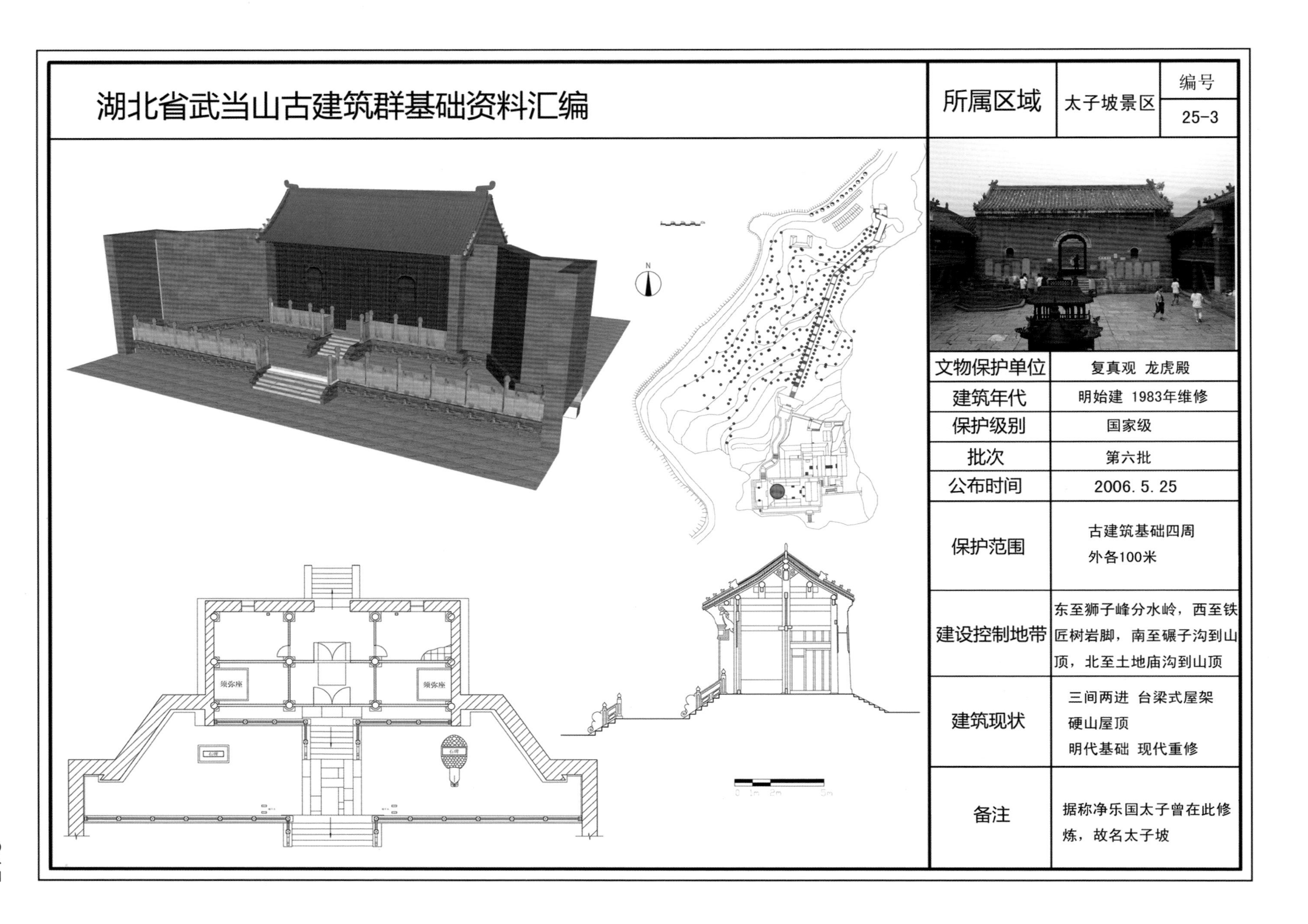

湖北省武当山古建筑群基础资料汇编

所属区域	太子坡景区	编号 25-3
文物保护单位	复真观 龙虎殿	
建筑年代	明始建 1983年维修	
保护级别	国家级	
批次	第六批	
公布时间	2006. 5. 25	
保护范围	古建筑基础四周外各100米	
建设控制地带	东至狮子峰分水岭，西至铁匠树岩脚，南至碾子沟到山顶，北至土地庙沟到山顶	
建筑现状	三间两进 台梁式屋架 硬山屋顶 明代基础 现代重修	
备注	据称净乐国太子曾在此修炼，故名太子坡	

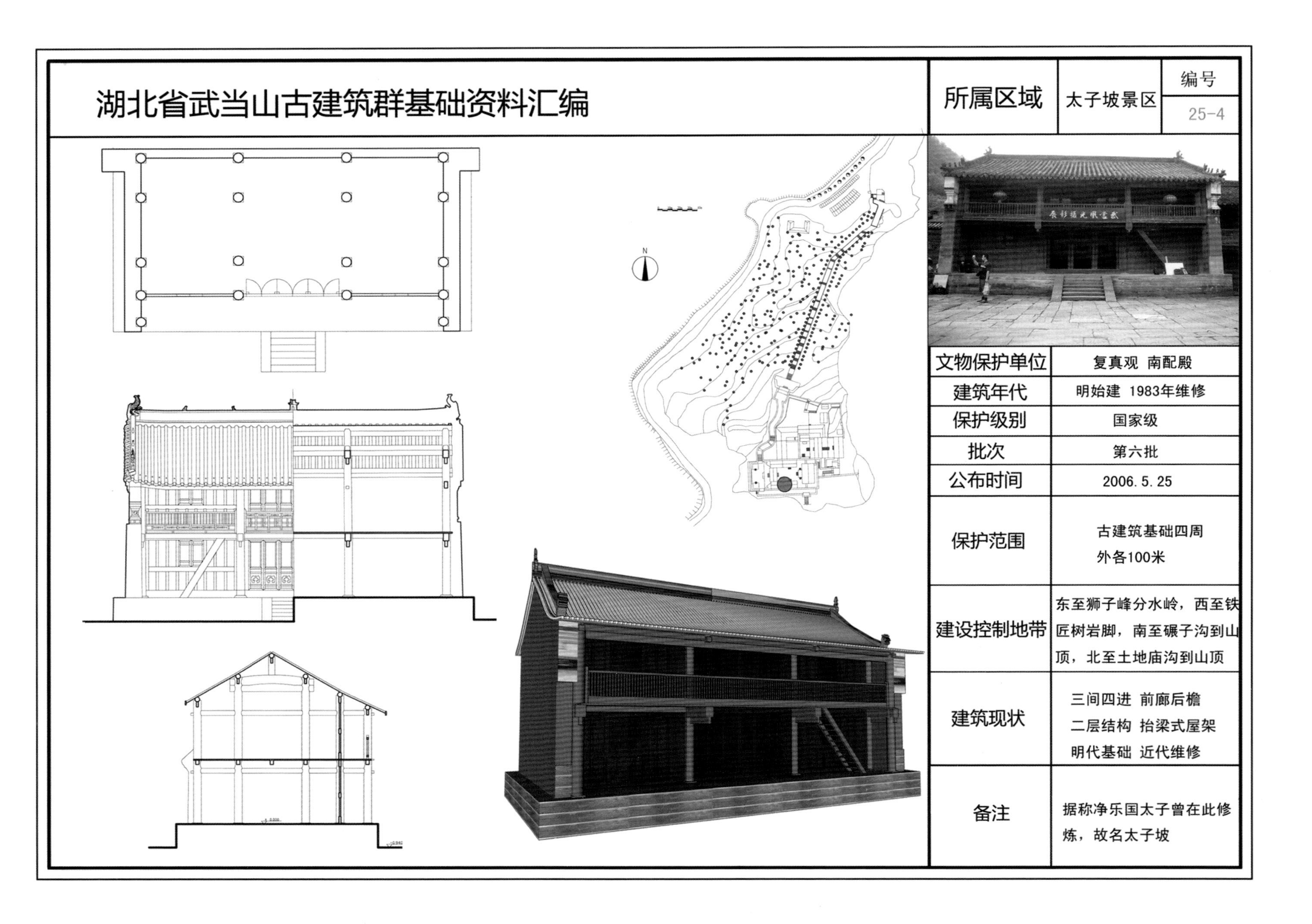

湖北省武当山古建筑群基础资料汇编

所属区域	太子坡景区	编号 25-4
文物保护单位	复真观 南配殿	
建筑年代	明始建 1983年维修	
保护级别	国家级	
批次	第六批	
公布时间	2006. 5. 25	
保护范围	古建筑基础四周外各100米	
建设控制地带	东至狮子峰分水岭，西至铁匠树岩脚，南至碾子沟到山顶，北至土地庙沟到山顶	
建筑现状	三间四进 前廊后檐 二层结构 抬梁式屋架 明代基础 近代维修	
备注	据称净乐国太子曾在此修炼，故名太子坡	

湖北省武当山古建筑群基础资料汇编

所属区域	太子坡景区	编号 25-5

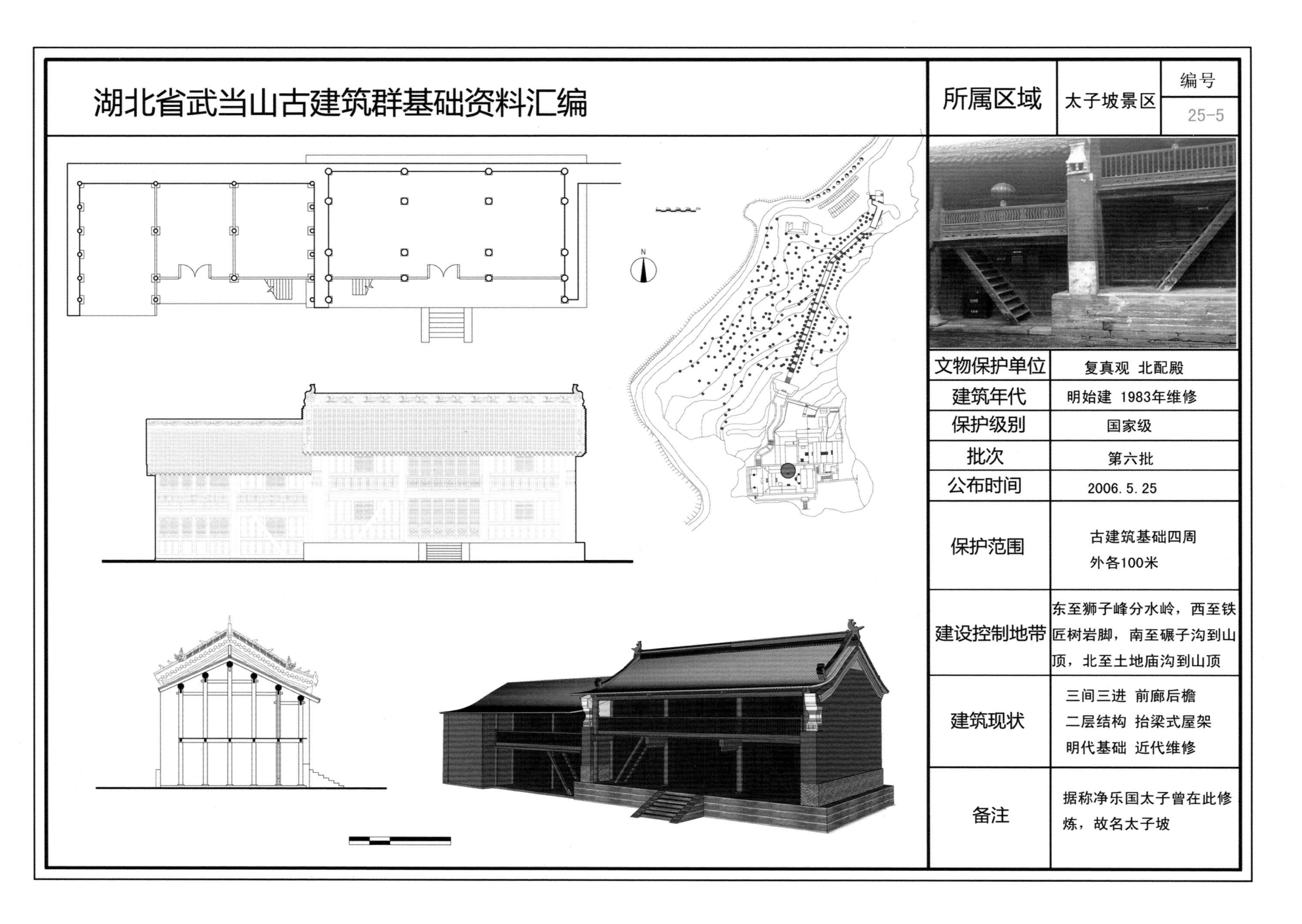

文物保护单位	复真观 北配殿
建筑年代	明始建 1983年维修
保护级别	国家级
批次	第六批
公布时间	2006.5.25
保护范围	古建筑基础四周外各100米
建设控制地带	东至狮子峰分水岭，西至铁匠树岩脚，南至碾子沟到山顶，北至土地庙沟到山顶
建筑现状	三间三进 前廊后檐 二层结构 抬梁式屋架 明代基础 近代维修
备注	据称净乐国太子曾在此修炼，故名太子坡

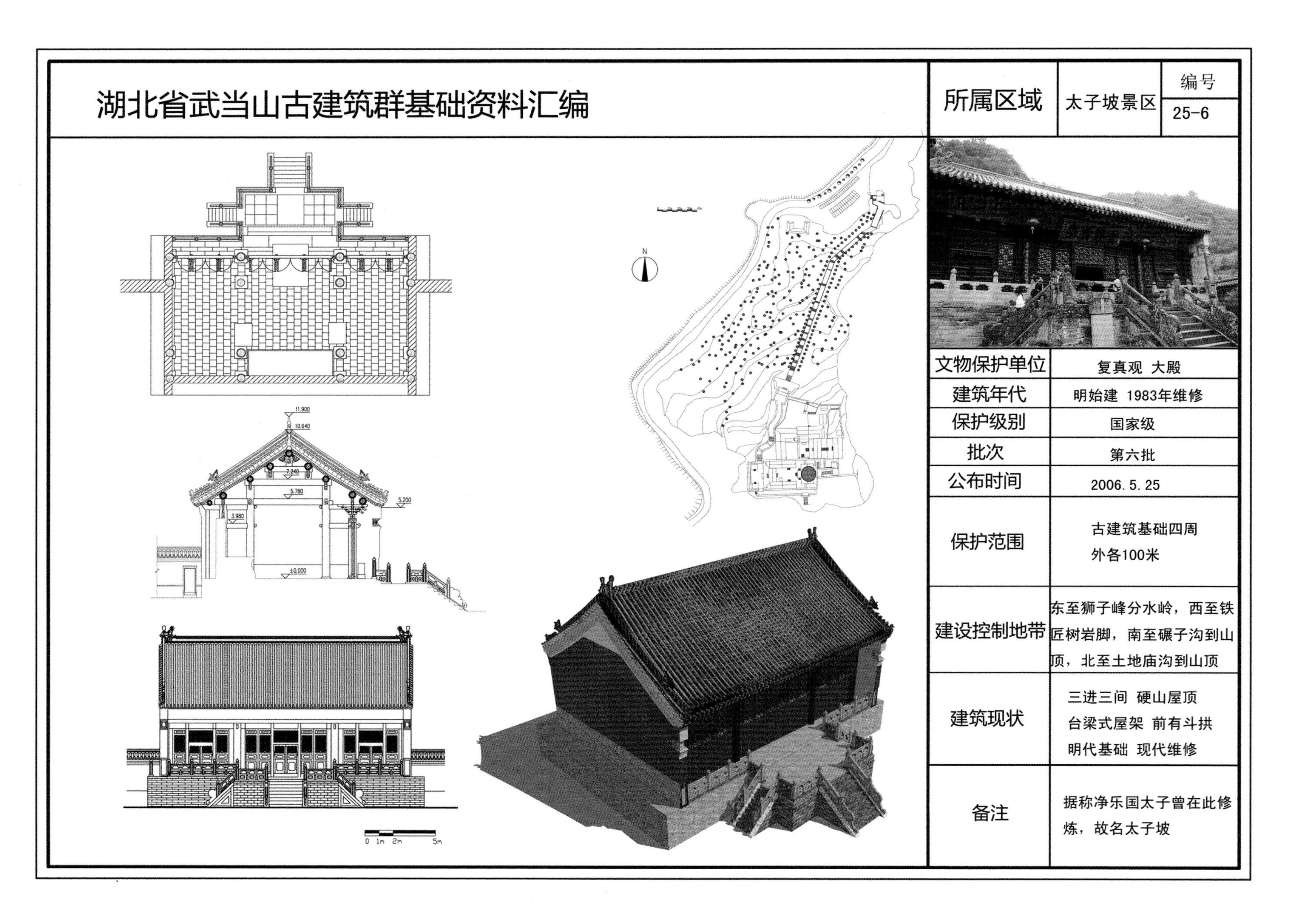

湖北省武当山古建筑群基础资料汇编

所属区域	太子坡景区	编号 25-6
文物保护单位	复真观 大殿	
建筑年代	明始建 1983年维修	
保护级别	国家级	
批次	第六批	
公布时间	2006.5.25	
保护范围	古建筑基础四周外各100米	
建设控制地带	东至狮子峰分水岭，西至铁匠树岩脚，南至碾子沟到山顶，北至土地庙沟到山顶	
建筑现状	三进三间 硬山屋顶 台梁式屋架 前有斗拱 明代基础 现代维修	
备注	据称净乐国太子曾在此修炼，故名太子坡	

湖北省武当山古建筑群基础资料汇编

所属区域	太子坡景区	编号 25-7

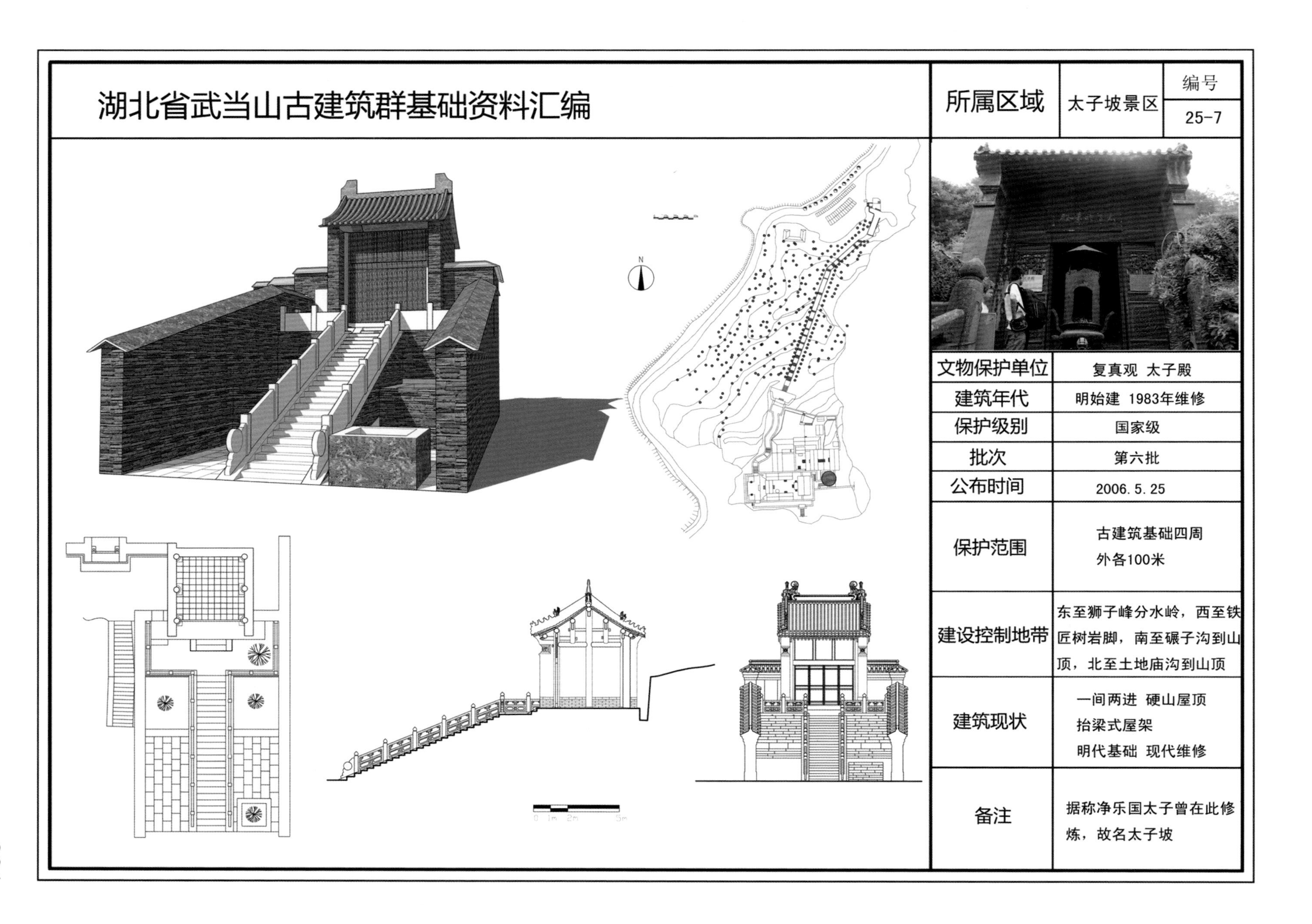

文物保护单位	复真观 太子殿
建筑年代	明始建 1983年维修
保护级别	国家级
批次	第六批
公布时间	2006. 5. 25
保护范围	古建筑基础四周外各100米
建设控制地带	东至狮子峰分水岭，西至铁匠树岩脚，南至碾子沟到山顶，北至土地庙沟到山顶
建筑现状	一间两进 硬山屋顶 抬梁式屋架 明代基础 现代维修
备注	据称净乐国太子曾在此修炼，故名太子坡

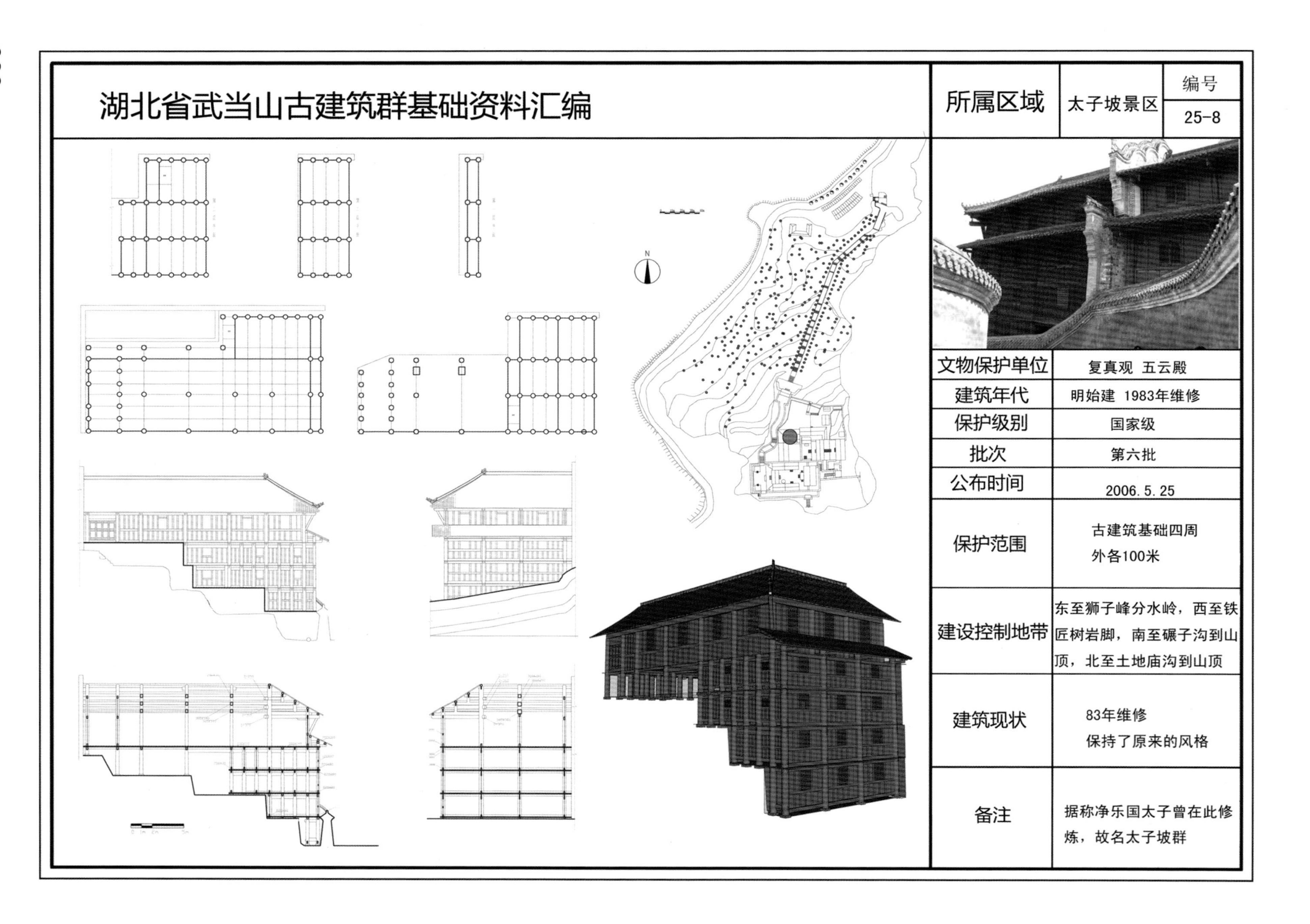

湖北省武当山古建筑群基础资料汇编

所属区域	太子坡景区	编号 25-8
文物保护单位	复真观 五云殿	
建筑年代	明始建 1983年维修	
保护级别	国家级	
批次	第六批	
公布时间	2006.5.25	
保护范围	古建筑基础四周外各100米	
建设控制地带	东至狮子峰分水岭，西至铁匠树岩脚，南至碾子沟到山顶，北至土地庙沟到山顶	
建筑现状	83年维修 保持了原来的风格	
备注	据称净乐国太子曾在此修炼，故名太子坡群	

湖北省武当山古建筑群基础资料汇编

所属区域	太子坡景区	编号 25-9

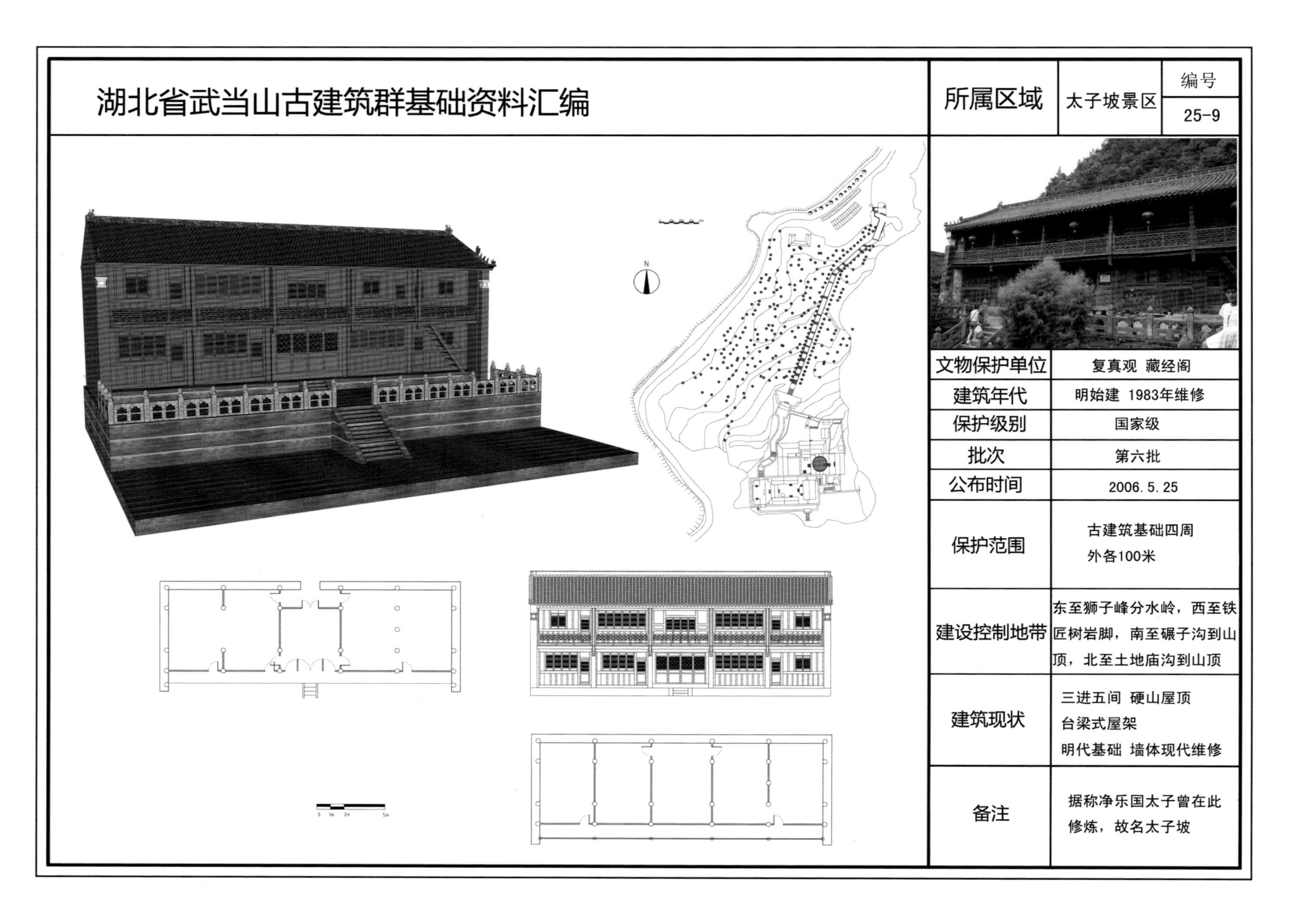

文物保护单位	复真观 藏经阁
建筑年代	明始建 1983年维修
保护级别	国家级
批次	第六批
公布时间	2006. 5. 25
保护范围	古建筑基础四周外各100米
建设控制地带	东至狮子峰分水岭，西至铁匠树岩脚，南至碾子沟到山顶，北至土地庙沟到山顶
建筑现状	三进五间 硬山屋顶 台梁式屋架 明代基础 墙体现代维修
备注	据称净乐国太子曾在此修炼，故名太子坡

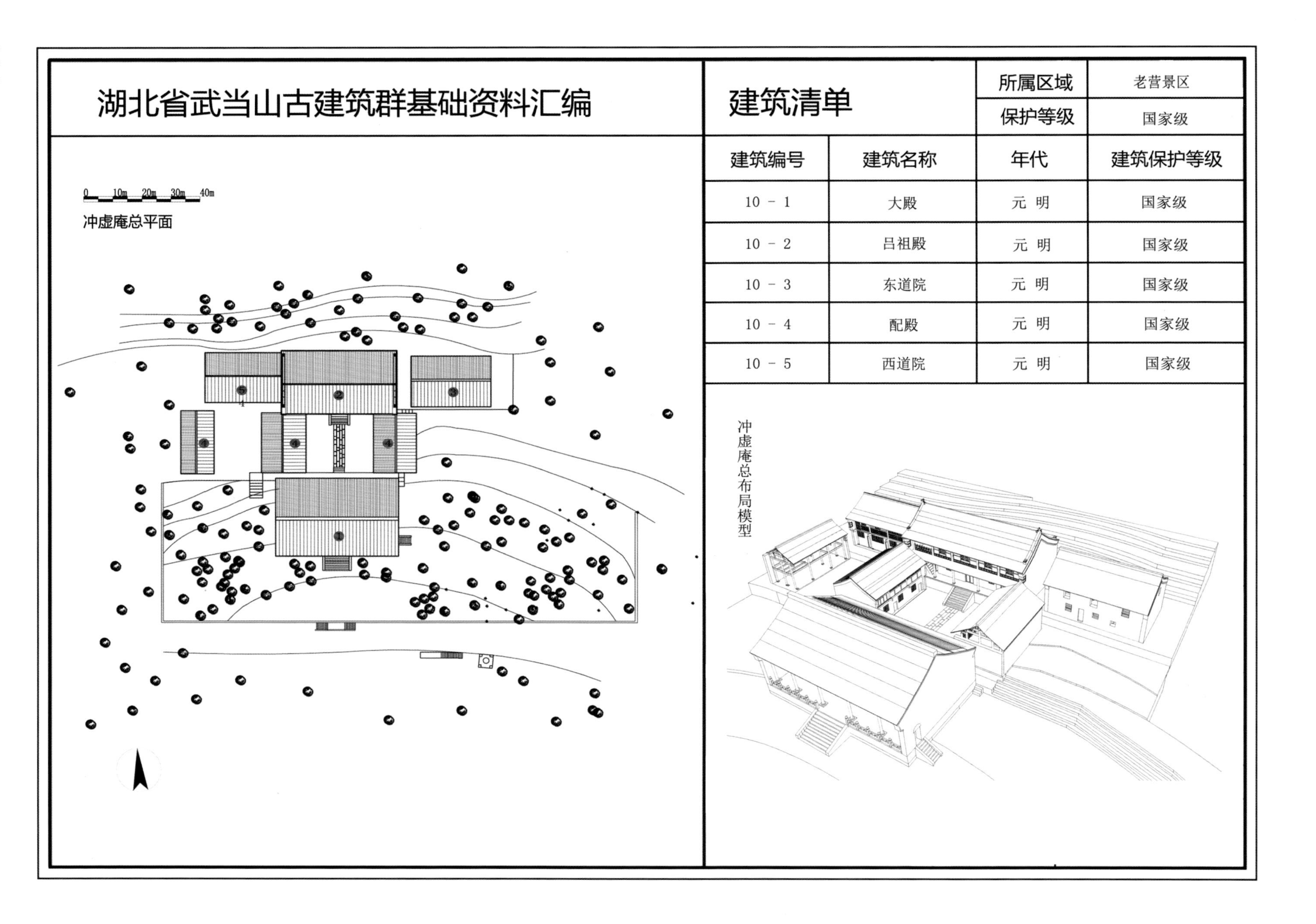

冲虚庵总平面

建筑清单

所属区域	老营景区
保护等级	国家级

建筑编号	建筑名称	年代	建筑保护等级
10 － 1	大殿	元 明	国家级
10 － 2	吕祖殿	元 明	国家级
10 － 3	东道院	元 明	国家级
10 － 4	配殿	元 明	国家级
10 － 5	西道院	元 明	国家级

冲虚庵总布局模型

湖北省武当山古建筑群基础资料汇编

所属区域	老营景区	编号 10－1

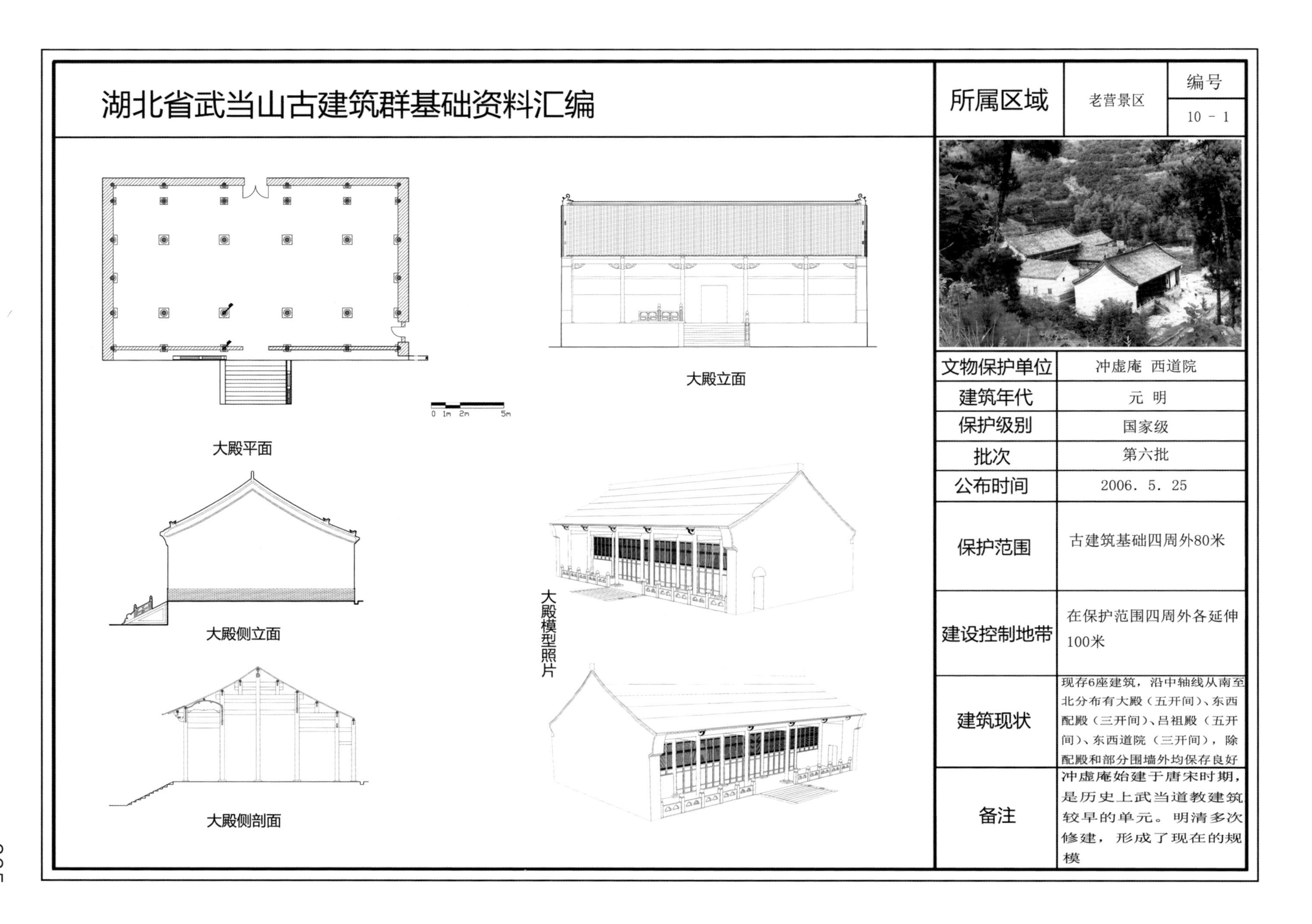

文物保护单位	冲虚庵 西道院
建筑年代	元 明
保护级别	国家级
批次	第六批
公布时间	2006. 5. 25
保护范围	古建筑基础四周外80米
建设控制地带	在保护范围四周外各延伸100米
建筑现状	现存6座建筑，沿中轴线从南至北分布有大殿（五开间）、东西配殿（三开间）、吕祖殿（五开间）、东西道院（三开间），除配殿和部分围墙外均保存良好
备注	冲虚庵始建于唐宋时期，是历史上武当道教建筑较早的单元。明清多次修建，形成了现在的规模

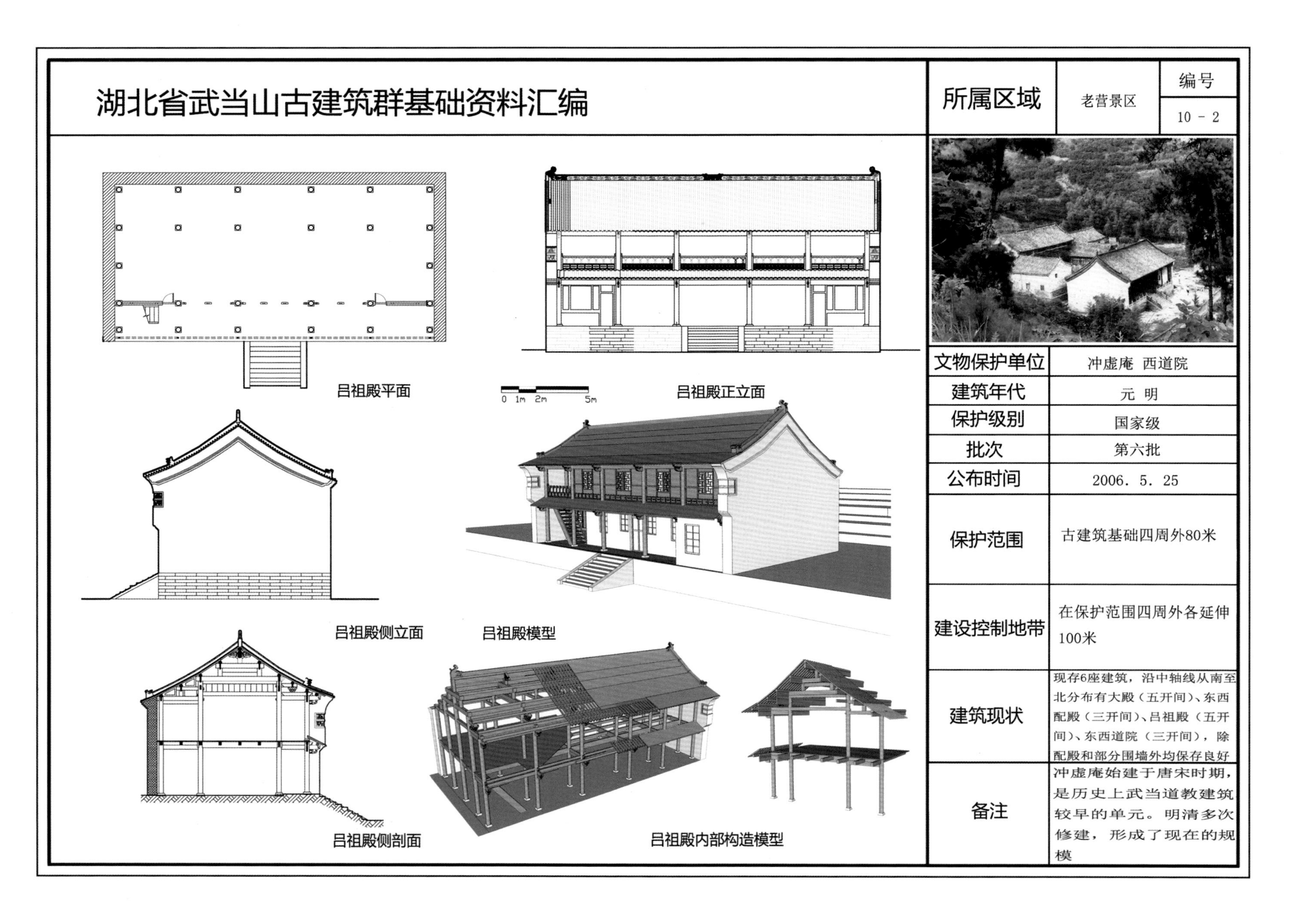

湖北省武当山古建筑群基础资料汇编

所属区域	老营景区	编号	10 - 2
文物保护单位	冲虚庵 西道院		
建筑年代	元 明		
保护级别	国家级		
批次	第六批		
公布时间	2006. 5. 25		
保护范围	古建筑基础四周外80米		
建设控制地带	在保护范围四周外各延伸100米		
建筑现状	现存6座建筑，沿中轴线从南至北分布有大殿（五开间）、东西配殿（三开间）、吕祖殿（五开间）、东西道院（三开间），除配殿和部分围墙外均保存良好		
备注	冲虚庵始建于唐宋时期，是历史上武当道教建筑较早的单元。明清多次修建，形成了现在的规模		

吕祖殿平面

吕祖殿正立面

吕祖殿侧立面

吕祖殿模型

吕祖殿侧剖面

吕祖殿内部构造模型

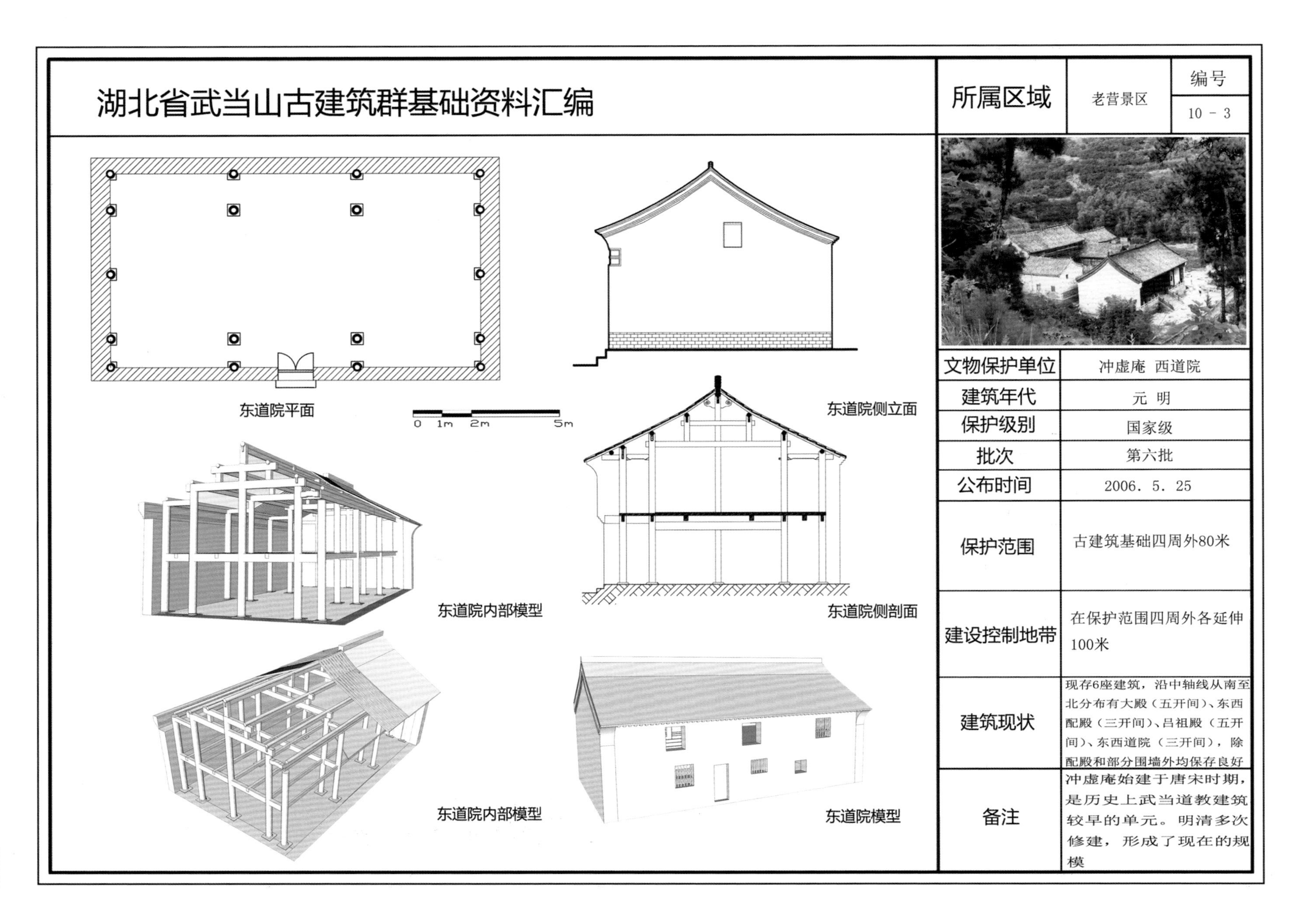

湖北省武当山古建筑群基础资料汇编

所属区域	老营景区	编号 10 - 3

文物保护单位	冲虚庵 西道院
建筑年代	元 明
保护级别	国家级
批次	第六批
公布时间	2006. 5. 25
保护范围	古建筑基础四周外80米
建设控制地带	在保护范围四周外各延伸100米
建筑现状	现存6座建筑，沿中轴线从南至北分布有大殿（五开间）、东西配殿（三开间）、吕祖殿（五开间）、东西道院（三开间），除配殿和部分围墙外均保存良好
备注	冲虚庵始建于唐宋时期，是历史上武当道教建筑较早的单元。明清多次修建，形成了现在的规模

东道院平面

东道院侧立面

东道院内部模型

东道院侧剖面

东道院内部模型

东道院模型

湖北省武当山古建筑群基础资料汇编

所属区域	老营景区	编号 10 - 4

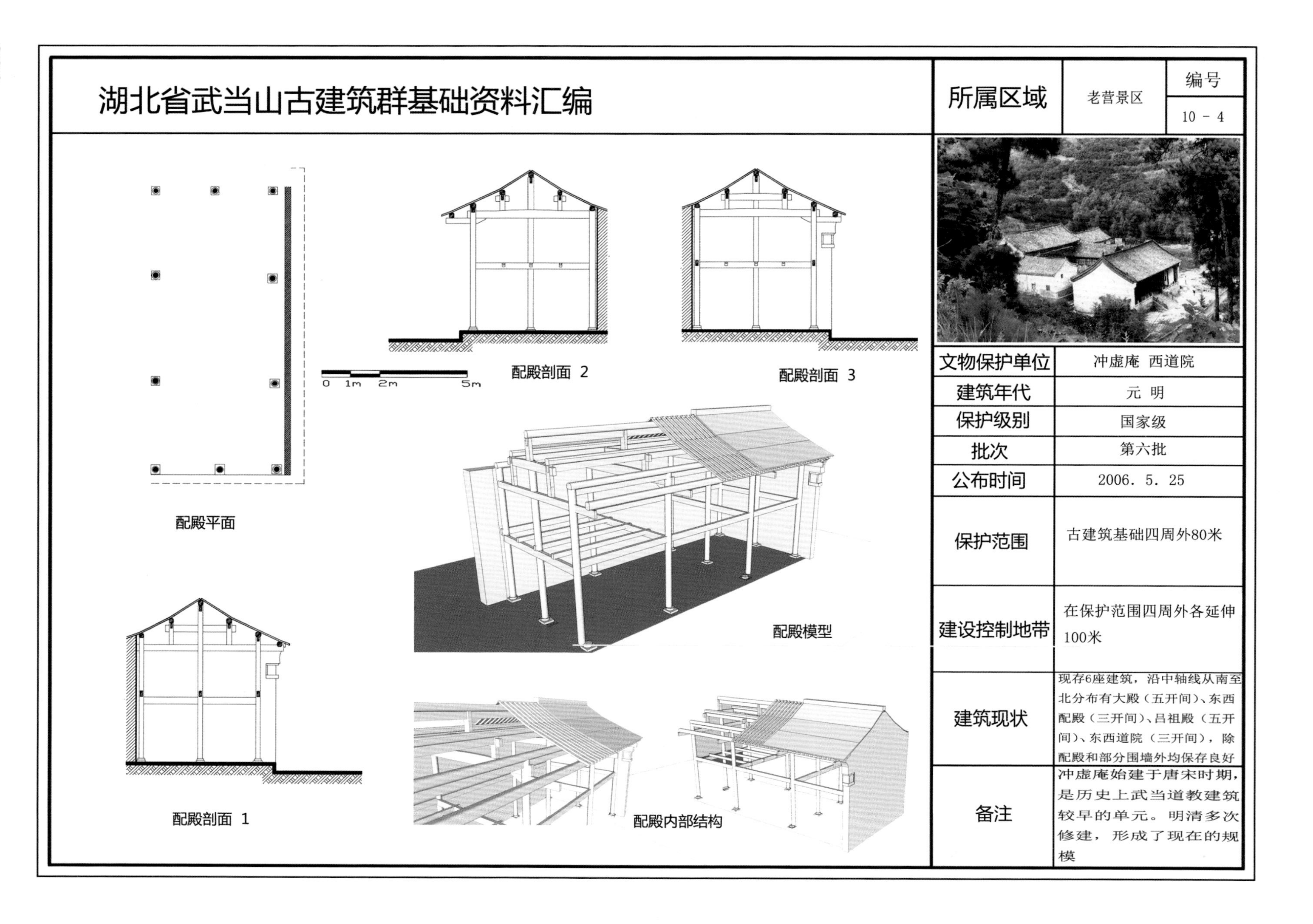

文物保护单位	冲虚庵 西道院
建筑年代	元 明
保护级别	国家级
批次	第六批
公布时间	2006. 5. 25
保护范围	古建筑基础四周外80米
建设控制地带	在保护范围四周外各延伸100米
建筑现状	现存6座建筑，沿中轴线从南至北分布有大殿（五开间）、东西配殿（三开间）、吕祖殿（五开间）、东西道院（三开间），除配殿和部分围墙外均保存良好
备注	冲虚庵始建于唐宋时期，是历史上武当道教建筑较早的单元。明清多次修建，形成了现在的规模

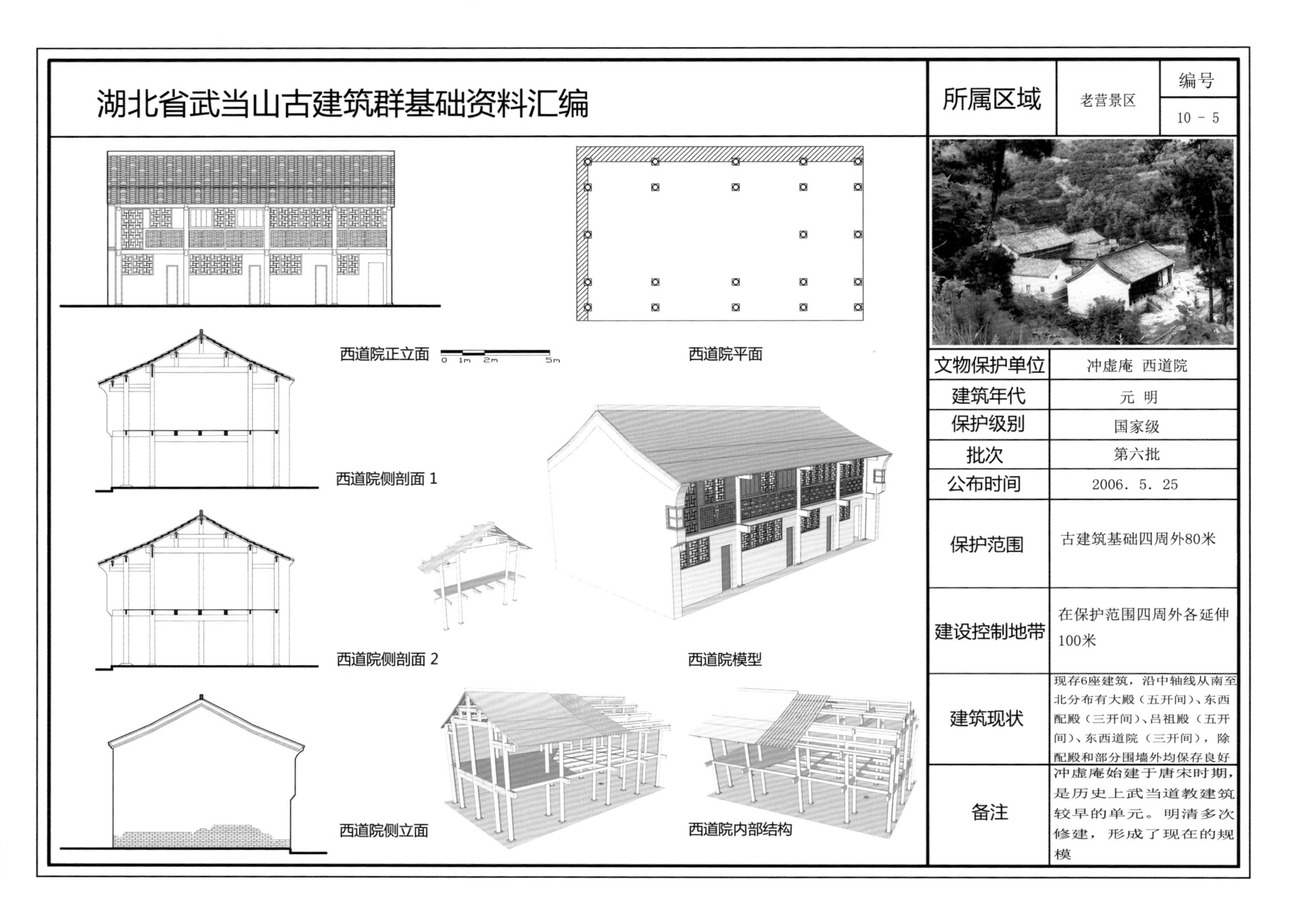

湖北省武当山古建筑群基础资料汇编

所属区域	老营景区	编号 10－5
文物保护单位	冲虚庵 西道院	
建筑年代	元 明	
保护级别	国家级	
批次	第六批	
公布时间	2006．5．25	
保护范围	古建筑基础四周外80米	
建设控制地带	在保护范围四周外各延伸100米	
建筑现状	现存6座建筑，沿中轴线从南至北分布有大殿（五开间）、东西配殿（三开间）、吕祖殿（五开间）、东西道院（三开间），除配殿和部分围墙外均保存良好	
备注	冲虚庵始建于唐宋时期，是历史上武当道教建筑较早的单元。明清多次修建，形成了现在的规模	

西道院正立面

西道院平面

西道院侧剖面 1

西道院侧剖面 2

西道院模型

西道院侧立面

西道院内部结构

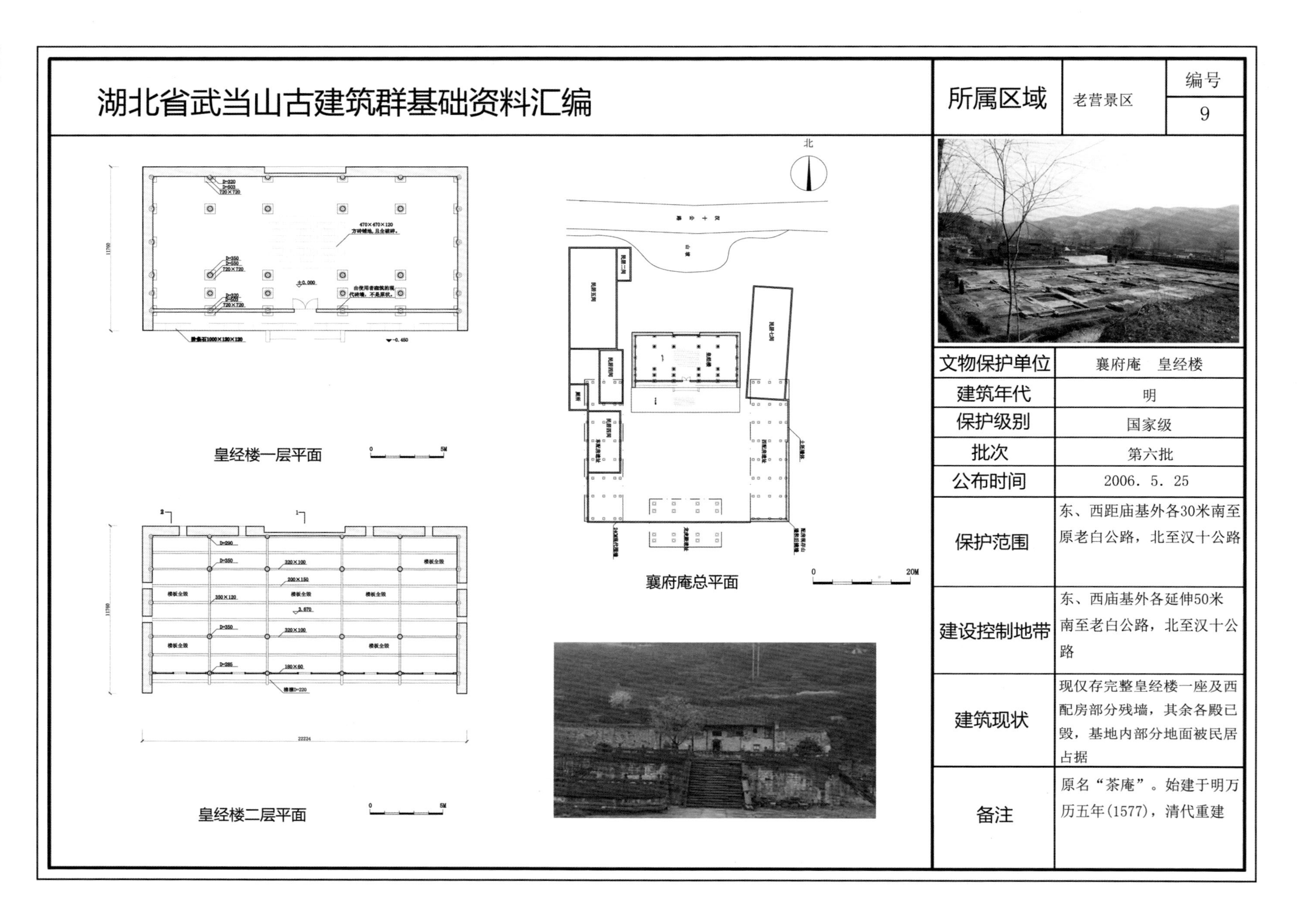

湖北省武当山古建筑群基础资料汇编

所属区域	老营景区	编号 9

文物保护单位	襄府庵　皇经楼
建筑年代	明
保护级别	国家级
批次	第六批
公布时间	2006. 5. 25
保护范围	东、西距庙基外各30米南至原老白公路，北至汉十公路
建设控制地带	东、西庙基外各延伸50米南至老白公路，北至汉十公路
建筑现状	现仅存完整皇经楼一座及西配房部分残墙，其余各殿已毁，基地内部分地面被民居占据
备注	原名“茶庵”。始建于明万历五年(1577)，清代重建

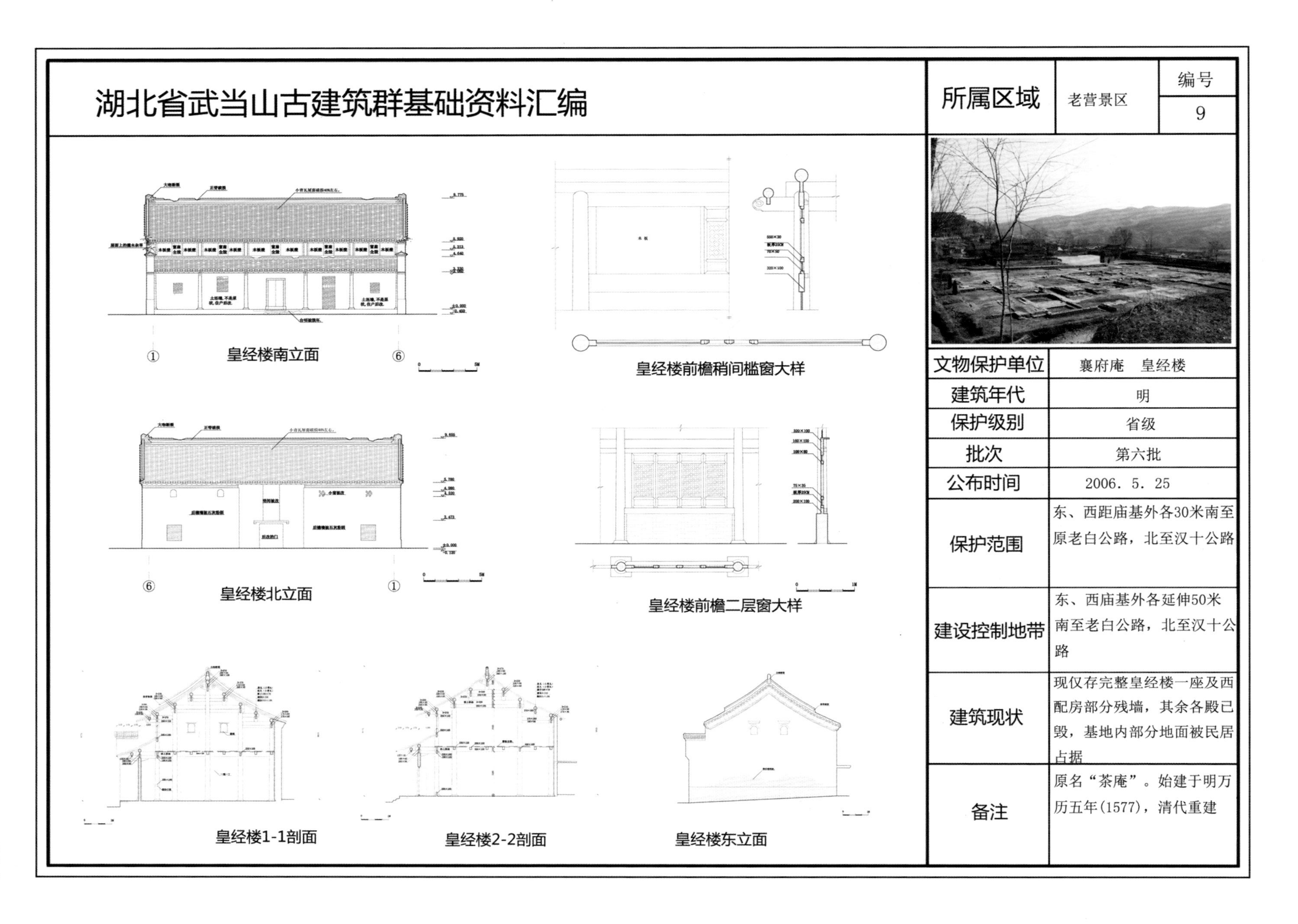

湖北省武当山古建筑群基础资料汇编

所属区域	老营景区	编号 9

文物保护单位	襄府庵　皇经楼
建筑年代	明
保护级别	省级
批次	第六批
公布时间	2006. 5. 25
保护范围	东、西距庙基外各30米南至原老白公路，北至汉十公路
建设控制地带	东、西庙基外各延伸50米南至老白公路，北至汉十公路
建筑现状	现仅存完整皇经楼一座及西配房部分残墙，其余各殿已毁，基地内部分地面被民居占据
备注	原名“茶庵”。始建于明万历五年(1577)，清代重建

皇经楼南立面

皇经楼前檐稍间槛窗大样

皇经楼北立面

皇经楼前檐二层窗大样

皇经楼1-1剖面

皇经楼2-2剖面

皇经楼东立面

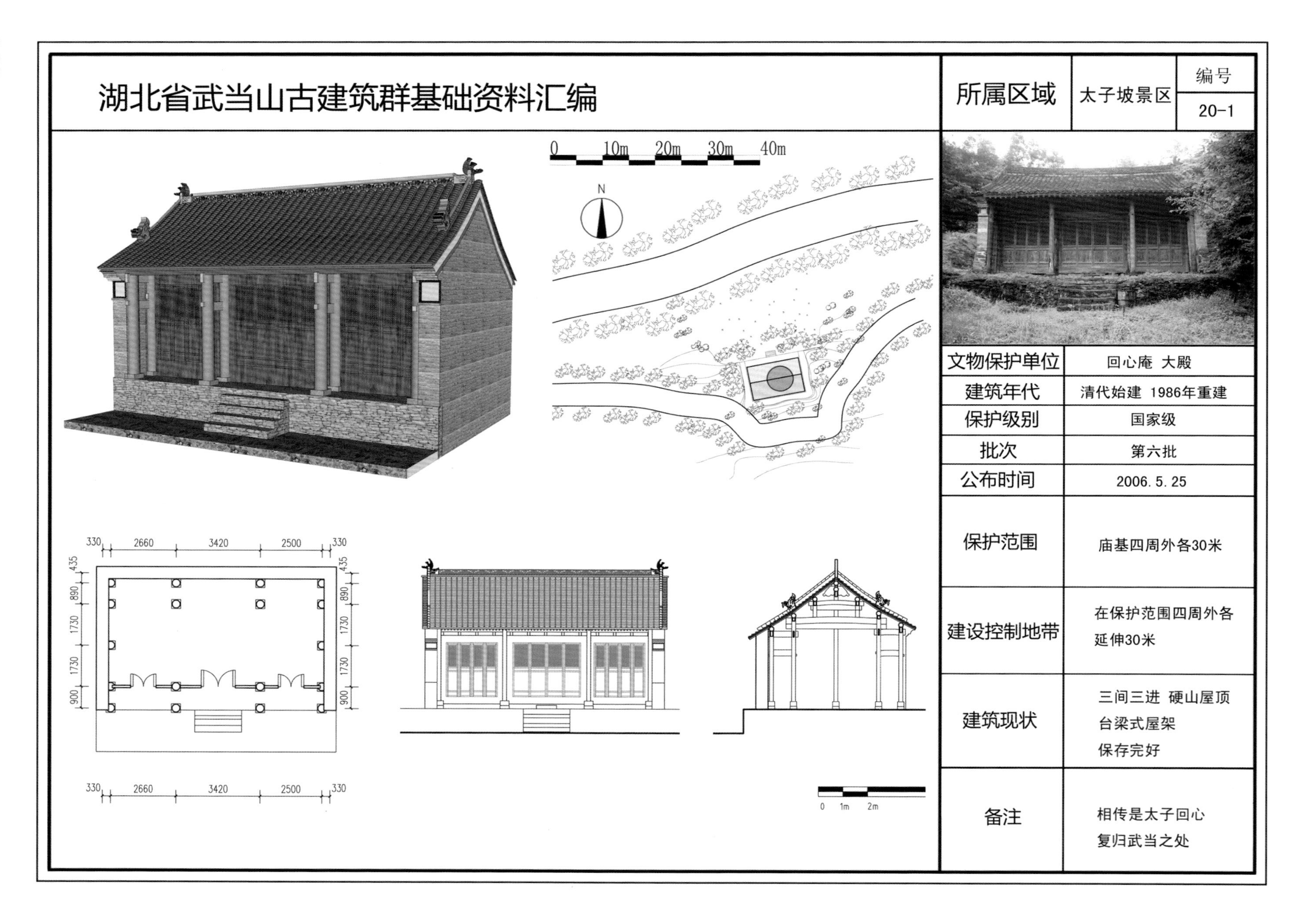

湖北省武当山古建筑群基础资料汇编

所属区域	太子坡景区	编号 20-1
文物保护单位	回心庵 大殿	
建筑年代	清代始建 1986年重建	
保护级别	国家级	
批次	第六批	
公布时间	2006. 5. 25	
保护范围	庙基四周外各30米	
建设控制地带	在保护范围四周外各延伸30米	
建筑现状	三间三进 硬山屋顶 台梁式屋架 保存完好	
备注	相传是太子回心 复归武当之处	

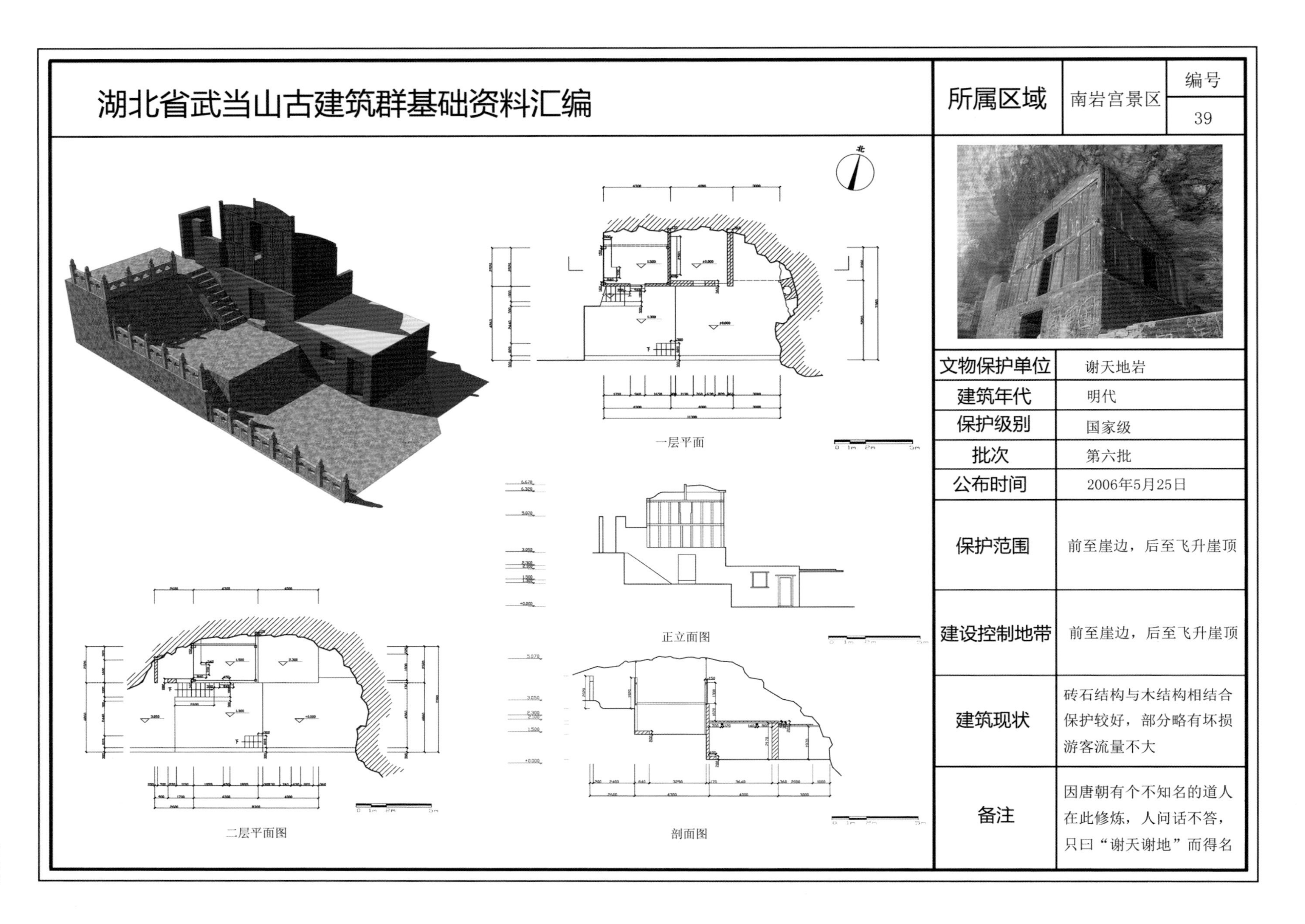

所属区域	南岩宫景区	编号 39
文物保护单位	谢天地岩	
建筑年代	明代	
保护级别	国家级	
批次	第六批	
公布时间	2006年5月25日	
保护范围	前至崖边，后至飞升崖顶	
建设控制地带	前至崖边，后至飞升崖顶	
建筑现状	砖石结构与木结构相结合保护较好，部分略有坏损游客流量不大	
备注	因唐朝有个不知名的道人在此修炼，人问话不答，只曰“谢天谢地”而得名	

参考书目

[1] 武当山志编纂委员会 . 武当山志 . 北京：新华出版社，1994

[2]（明）任自垣，（宣德六年）敕建大岳太和山志，杨立志点校 . 明代武当山志二种 . 武汉：湖北人民出版社，1999

[3]（明）凌云翼，大岳太和山志，杨立志点校 . 明代武当山志二种 . 武汉：湖北人民出版社，1999

[4]《明史》，北京：中华书局，1999

[5] 中国武当文化丛书编纂委员会 . 武当山历代志书集注 . 武汉：湖北科学技术出版社，2003

[6] 国家文物局主编 . 中国文物地图集 : 湖北分册（上下）. 西安：西安地图出版社，2002

[7] 张良皋主编 . 武当山古建筑群 . 北京：中国地图出版社，2006

[8] 湖北省建设厅编著 . 世界文化遗产——武当山古建筑群 . 北京：中国建筑工业出版社，2005

[9] 鲍丽蓓 . 武当山明成祖敕建道宫建筑空间形态分析 . 上海：上海交通大学，2012

[10] 梅莉，秦随光 . 武当山历史地位的变迁 . 湖北大学学报（哲学社会科学版），2004

[11]（元）张守清 . 玄天上帝启圣录 [A]. 道藏（19 册）[C]. 北京 : 文物出版社，1987

[12]（元）刘道明 . 武当福地总真集 [A]. 道藏（19 册）[C]. 北京 : 文物出版社，1987

[13]（明）方升 . 大岳志略（五卷）[M]. 北京 : 全国图书馆缩微文献复制中心，1992

[14] 武当山志编纂委员会 . 武当山志 [M]. 北京 : 新华出版社，1994

[15] 杨立志 . 明成祖与武当道教 [J]. 江汉论坛 ,1990（12）

[16] 王光德 , 杨立志 . 武当道教史略 [M]. 北京 : 中国地图出版社，1993

[17] 祝笋 . 武当山古建筑群 [M]. 北京 : 中国水利水电出版社，2004

[18]《全国重点文物保护单位》编辑委员会 . 全国重点文物保护单位 [M]. 北京 : 文物出版社，2004

后记

2010 年是武当山研究——特别是武当山古建筑群基础测绘——的一个丰收年。武当山古建筑群的大规模测绘开始于 2010 年 7 月 9 日，而两仪殿的精细测绘开始于 2010 年 11 月，也是得益于国家的“指南针计划”。我至今仍清楚地记得当年华中科技大学 150 名老师、学生浩浩荡荡冒雨挺进武当山的情景，更难忘最初我们发现“精细测绘”项目时的喜悦！如今，五年过去，这本书也最终交稿了。

本书的完成首先要感谢湖北省文化厅古建筑保护中心、武汉大学、华中科技大学的科研人员的辛勤劳动和无私奉献！可以毫无愧色地说，团队干干净净地完成了这项国家级课题的研究工作，没有任何私利，甚至在很多情况下是自己贴钱、贴时间，努力完成好这件“自己的作品”！但武当山是伟大的世界文化遗产，我们因参与此项工作而自豪！

本书的完成要感谢国家文物局、湖北省文物局领导的支持和帮助，特别是黎朝斌局长。黎局是当年我从上海迁回武汉工作的引路人，也是这个项目最开始力排众议去北京申请和最后到南京出版的最坚定的支持者。“不经渔父引，怎得见沧海”！正是由于学者型领导的慧眼独具，我们才最终获得了国家局的这次难得的机会，并最终让成果付梓成书。

本书的完成也要感谢中信建筑设计研究总院 ICOMOS 共享遗产研究中心的同事们：是他们在最近的一年时间里辛苦收集补充资料、编写校订、配图、校审，完全义务又极专业地完成了任务。

当然还要感谢东南大学出版社戴丽副社长及杨凡编辑，没有她们的努力和大量卓有成效的工作，本书成不了“十二五”国家重点图书！

2015 年是“十二五”的收官之年，这本书终于要与大家见面了！随着时代的进步，历史建筑的精细测绘也越来越受到社会的重视。相信即将到来的“十三五”，这方面会有更长足的发展。

愿本书的出版能为武当山的研究尽一点力，能为历史建筑的精细测绘做一个样板。

诚如此，夫复何求？

丁援

2015 年 9 月 23 日

于武昌沙湖